无机反应

与无机材料研究

雷炳新　王珊珊　杨刚宾　编著

中国水利水电出版社
www.waterpub.com.cn

内 容 提 要

本书遵循无机化学的发展趋势,从无机化学的反应理论入手,对当前具有实用意义的无机材料进行了深入研究。全书共分 10 章,主要内容包括绪论、氧化还原反应、沉淀反应、酸碱反应、配位平衡、物质的结构、无机非金属材料、无机金属材料、无机功能材料、无机化学的进展等。

图书在版编目(CIP)数据

无机反应与无机材料研究 / 雷炳新,王珊珊,杨刚宾编著. -- 北京:中国水利水电出版社,2014.9(2022.10重印)
ISBN 978-7-5170-2419-4

Ⅰ. ①无… Ⅱ. ①雷… ②王… ③杨… Ⅲ. ①无机化学—化学反应—研究②无机材料—研究 Ⅳ. ①O611.3 ②TB321

中国版本图书馆CIP数据核字(2014)第199664号

策划编辑:杨庆川 责任编辑:杨元泓 封面设计:马静静

书　　名	无机反应与无机材料研究
作　　者	雷炳新　王珊珊　杨刚宾　编著
出版发行	中国水利水电出版社
	(北京市海淀区玉渊潭南路 1 号 D 座 100038)
	网址:www.waterpub.com.cn
	E-mail:mchannel@263.net(万水)
	sales@mwr.gov.cn
	电话:(010)68545888(营销中心)、82562819(万水)
经　　售	北京科水图书销售有限公司
	电话:(010)63202643、68545874
	全国各地新华书店和相关出版物销售网点
排　　版	北京鑫海胜蓝数码科技有限公司
印　　刷	三河市人民印务有限公司
规　　格	184mm×260mm　16 开本　15.75 印张　383 千字
版　　次	2015年4月第1版　2022年10月第2次印刷
印　　数	3001-4001册
定　　价	55.00 元

前　言

　　无机化学是研究无机物质的组成、性质、结构和反应的科学,它是化学中最古老的分支学科。它涵盖了所有化学分支所需要的基础理论和化学元素的基础知识。在社会的进步和科学技术的发展过程中具有举足轻重的作用。面对生命科学、材料科学、信息科学等其他学科迅速发展的挑战和人类对认识和改造自然提出的新要求,当前无机化学的发展趋向主要是新材料合成和应用,以及新研究领域的开辟和建立。当前无机化学和其他化学的分支一样,正从描述性的科学向推理性的科学过渡,从定性向定量过渡,从理论向实用深入。

　　本书依照无机化学的发展趋势,从无机化学的反应理论入手,深入研究当前具有实用意义的无机材料。本书的特点主要表现在以下几个方面。

　　(1)注重科学原理,以无机反应中的基本原理和共性规律为主,兼顾无机反应的实际应用。

　　(2)各个章节的阐述中尽量结合材料化学领域的最新进展。在无机材料方面,展开了对光学材料,多孔晶体材料,纳米相功能材料,电、磁功能材料及其衍生物,金属氢化物等的研究。

　　本书内容共分为10章:第1章为绪论,简要介绍了无机化学的发展、无机化学及其分支、无机化学的分类与特点、无机材料的发展等;第2～5章主要从反应机理的角度讨论了氧化还原反应、沉淀反应、酸碱反应、配位平衡等几个重要的无机反应;第6章阐述了物质的结构;第7～9章分别对几种无机材料进行了研究,即无机非金属材料、无机金属材料、无机功能材料等;第10章探讨了无机化学的进展,分别对分子筛与微孔材料、无机纳米化学、稀土材料、新能源材料等进行研究。

　　本书由雷炳新、王珊珊、杨刚宾撰写,具体分工如下:

　　第6章第1节～第3节、第7章、第9章、第10章:雷炳新(海南师范大学);

　　第2章～第5章、第6章第4节:王珊珊[哈尔滨工业大学(威海)海洋科学与技术学院];

　　第1章、第8章:杨刚宾(洛阳理工学院)。

　　本书在编撰的过程中参考了大量书籍,在此对相关作者表示衷心的感谢。由于作者的水平有限,书中难免存在疏漏和不当之处,恳请读者批评指正。

作　者

2014 年 5 月

目　录

第1章 绪 论

1.1 无机化学的发展

无机化学是研究无机物质的组成、结构、反应、性质和应用的科学,它是化学科学中历史最悠久的分支学科。无机化学的研究对象繁多,涉及元素周期表中的所有元素。无机化学从分子、团簇、纳米、介观、体相等多层次、多尺度上研究物质的组成和结构以及物质的反应与组装,探索物质的性质和功能。它涉及物质存在的气、液、固、等离子体等各种相态,具有研究对象和反应复杂、涉及结构和相态多样以及构效关系敏感等特点。

无机化学学科在自身发展中不断与其他学科交叉与融合,形成了以传统基础学科为依托、面向材料和生命科学的发展态势,其学科内涵大为拓展。

1.1.1 无机化学学科的发展规律

无机化学是众多化学分支学科中最早形成的学科,也是最基础的学科。在无机化学形成一门独立的化学分支学科以前,可以说一部化学发展史也就是无机化学发展史。

1. 萌芽阶段

从远古到公元前 1500 年,人类逐步学会了在烈火中由黏土制出陶器、由矿石烧出金属、从谷物酿造出酒、给丝麻等织物染上颜色等,积累了不少零星的化学知识。

公元前 1500 年到公元 1650 年间,化学被炼丹术、炼金术所控制。炼丹术和炼金术是化学的原始形式,它的指导思想是深信物质在一定条件下能转化而得到新的物质。由于当时的科学技术水平和人类的认识能力有限,人们不知道当时的炼丹、炼金所追求的是一种虚幻,因而他们在实践中屡遭失败,使炼丹、炼金日益走向衰落,并使这段时期的化学走入了歧途,使得化学研究的方向只能专注到实用方面,来用化学方法提纯并制造物质。因此,那个时期的化学具有实用性的特点。

从 1650 年到 1775 年的这个阶段,是近代化学的孕育阶段。随着冶金工业和实验室经验的积累,人们总结感性知识,并进行化学变化的理论研究,使化学成为自然科学的一个分支。这一阶段开始的标志是英国化学家波意耳为化学元素指明了科学的概念。这一时期,不仅从科学实践上,还从思想上为近代化学的发展作了准备。因此,这一时期成为近代化学的孕育阶段。

2. 发展阶段

18 世纪,法国科学家拉瓦锡提出了元素的概念,结束了"燃素说"。在这一阶段,先后建立了道尔顿的原子说、罗蒙诺索夫的质量守恒定律、阿伏伽德罗的分子论、赫斯的赫斯定律,俄国化学家门捷列夫发现了元素周期律,即元素性质随着相对原子质量的递增呈现周期性变化,他按照周期律预言了 15 种未知元素。周期律的建立奠定了现代无机化学的基础,为系统地整理元素和化合物性质、预言新元素的发现和性质提供了强有力的基础。1803 年道尔顿原子论的创立,标志着无机化学进入了发展阶段。

3.复兴阶段

在相当长的一段时期内,相对于化学其他学科的发展,无机化学发展缓慢。直到 20 世纪初期,稀有气体的发现完善了元素周期表,一些元素的原子质量精确测定、工业合成氨方法的发明、原子结构和分子结构理论的建立、现代测试分析技术的应用,使无机化学的研究由宏观深入到微观,把无机物的性质、反应性与其分子、原子结构联系起来。维尔纳配位理论的提出,格氏试剂的发明,叶绿素、血红素的合成预示着无机化学沿着向其他领域渗透的方向发展,并产生了许多新的边缘学科,从而促进了无机化学的复兴。

4.振兴阶段

20 世纪 40 年代末,随着原子能工业和电子工业的兴起,对具有特殊电、磁、光、声、热或力性能的新型无机材料的需求也日益增加,从而建立了大规模的无机新材料工业体系;另外,随着无机结构理论(化学键理论,包括价键理论、晶体场理论、分子轨道法、配位场理论、金属键理论等)的发展、现代物理技术的引入和无机化学与其他学科的互相渗透,产生了一系列新的边缘学科,无机化学进入了蓬勃发展阶段。

5.现阶段

现代化学时期又被称为科学相互渗透的现代化学时期。从 21 世纪开始,在化学领域中,无机化学将构筑分子与固体之间的多层次桥梁通道,打通微观、介观、宏观的界限,打破化学家合成高纯化合物和电子学家制造芯片与器件的分工。无机化学各个新兴分支,如配位化学、生物无机化学、固体无机化学、无机合成化学、理论无机化学等取得了重要进展,推动着无机化学学科向前飞速发展。

如今,无机化学的发展由宏观到微观、由定性到定量、由稳定态到亚稳定态、由经验上升到理论并用理论指导实践,进而开创新的研究。为适应需要,无机化学向着合成具有特殊性能的新材料、新物质,解决和其他自然科学相互渗透过程中所不断产生的新问题,并向探索生命科学和宇宙起源的方向发展。

1.1.2 无机化学发展趋势

随着科学发展和技术进步,无机化学不仅将继续深化与化学内部其他分支学科的融合,还将不断加强与化学以外学科的交叉,从而产生新的学科生命力,发展新的学科分支。目前,无机化学学科的发展趋势主要表现为以下几方面。

1.与其他学科的交叉与融合加强

除了与化学内部分支学科的交叉与融合外,还与其他许多学科存在交叉融合现象。

(1)无机化学与生命科学的交叉

无机化学与生命科学的交叉使人们不是仅局限于关注金属配合物与生物大分子相互作用及其模拟,而是从活性分子、活体细胞和组织等多个层次研究无机物质与生物体相互作用的分子机制、热力学及动力学平衡和代谢过程,同时还更加关注生物启发的无机智能材料在生物体自修复、生物信息响应和传导、生物成像与治疗,以及生物免疫体系构筑的研究。

（2）无机化学与能源化学、绿色化学和环境科学的交叉

无机化学与能源化学、绿色化学和环境科学的交叉则更加关注材料的表/界面及活性位点的控制，以及无机合成过程的高效、低耗和洁净过程研究，更加注重支撑社会可持续发展的合成化学及过程问题。

（3）无机化学与物质科学和信息科学的交叉

除了继续探索新材料、研究构效关系外，还将更加关注新现象、新原理的发现，并将借助量子力学和凝聚态理论深化对物质微观结构和性质的认识。

（4）无机化学与材料科学的交叉

无机化学与材料科学的交叉则更加注重面向功能材料及其器件需求的绿色、高效合成和可控制备研究。

（5）无机化学与物质科学和材料科学的交叉

这种交叉融合不仅催生了纳米科学与纳米技术等具有重大科学意义和应用背景的新兴学科，还将继续发挥其在纳米材料的合成、表/界面、微结构和组装控制等方面的优势，并将逐步建立适于纳米尺度及其反应变化过程的理论和模型，深化对材料结构/微结构与性质的关联规律的认识，为不断发现纳米材料的新性能和新效应以及纳米材料的真正应用奠定物质和理论基础。

2. 理论与实验研究更趋紧密结合

基于结构和表征技术的发展，无机化学将针对不同尺度和时间变化过程的体系，应用和发展量子化学和凝聚态理论，发展化学信息学和数据库技术，更加注重理论指导下面向功能的组成和结构设计，从而逐步建立综合无机化学合成、材料设计和构效关系的模拟计算系统，深化对无机化学反应过程的认识，建立适于无机化学合成和性质研究的实验—理论—模拟系统。

除此之外，无机化学的研究对象还具有多尺度特点，为全面考察物质在分子、团簇、聚集体、纳米结构和体相等多尺度下的理化效应及其组装和复合效应提供了条件，也为纳米科学、能源科学、信息科学等领域的科学研究和技术发展创造了更多机会。

3. 非常规合成方法发展加速

合成方法多样化、微型化已成趋势，组合化学、微流芯片合成、生物和自然启发的高效绿色合成等方法日益受到人们的关注；合成条件的极端化也将在新材料的探索中扮演更重要的角色，模拟太空条件下的高真空/无重力合成、模拟深海条件下高压/高离子浓度合成，以及模拟地质演变过程中的高温/高压合成等方法也将受到重视；模拟宇宙演化过程的强电场、磁场等条件的无机合成化学也将得到发展。

4. 由过程工程加速向应用的转化

无机反应的热力学、动力学平衡和物质转换平衡是过程工程的重要基础，随着无机化学对新物质和功能材料的理论设计及模拟方法的完善，面向功能和器件无机合成方法的发展，以及性质和功能研究及规律性认识的深化，基于无机合成化学的基础研究成果将加速向化工、医药、材料及器件等实际应用领域的转化，对相关知识产权的争夺也将成为国际上新的竞争焦点，无机合成及材料的知识产权将成为各国的重要经济支撑点，并将影响包括国家安全在内的关键领域。

1.2　无机化学及其分支

　　无机化学是化学最早的一个分支学科,相对有机化学而言,它是研究无机物质的科学,是研究除碳氢化合物及其衍生物之外的所有元素的单质和化合物的组成、结构、性质、变化规律及应用的化学分支。

　　通常无机化合物与有机化合物相对,指不含 $C-H$ 键的化合物。1828 年维勒成功地由无机的氰酸铵 NH_4OCN 合成了有机的尿素 $CO(NH_2)_2$,打破了区分有机化合物和无机化合物的标准,即是否为生物体来源,建立了新的区分标准,即根据性质上的不同来区分二者。

　　无机化学主要是研究不含碳化合物的化学,其重要分支有配位化学、生物无机化学、固体无机化学、无机合成化学、理论无机化学等。随着无机化学的发展,按照被研究对象的不同,无机化学有以下多种分支。

　　1.现代无机合成

　　现代无机合成化学首先要创造新型结构,寻求分子多样性;同时应注意发展新合成反应、新合成路线和方法、新制备技术及对与此相关的反应机理的研究。

　　①注意复杂和特殊结构无机物的高难度合成,如团簇、层状化合物及其特定的多型体、各类层间的嵌插结构及多维结构的无机物。

　　②研究特殊聚集态的合成,如超微粒、纳米态、微乳与胶束、无机膜、非晶态、玻璃态、陶瓷、单晶、晶须、微孔晶体等。

　　③在极端条件下,如超高压、超高温、超高真空、超低温、强磁场、激光、等离子体等,得到各种各样的新化合物、新物相和新物态。

　　2.配位化学

　　配位化学作为无机化学中最早衍生出来的一个重要分支和方向,其研究的主要对象是金属的原子或离子与无机、有机的离子或分子相互反应形成配位化合物的特点以及它们的成键、结构、反应、分类和制备。

　　有记载的最早的配合物是 18 世纪初用作颜料的普鲁士蓝。1798 年又发现了 $COCl_3\cdot 6NH_3$ 是 $COCl_3$ 与 NH_3 形成的稳定性强的化合物,对其组分和性质的研究开创了配位化学领域。1893 年,瑞士化学家维尔纳最先提出这类化合物的正确化学式和配位理论,在配位化合物中引进副价概念,提出元素在主价以外还有副价,从而解释了配位化合物的存在以及它在溶液中的解离。在配位化合物中,中心原子与配位体之间以配位键相结合。解释配位键的理论有价键理论、晶体场理论和分子轨道理论。配位化学与有机化学、分析化学等领域以及生物化学、药物化学、化学工业有密切关系,应用非常广泛。

　　3.理论无机化学

　　理论无机化学是以原子的玻尔行星模型为起始,现在的理论无机化学以理论化学和计算化学作为基础,通过定量、半定量的计算或定性分析,得出复杂分子应具有的性质。由于多电子体系的精确量子力学计算比较困难,包括分子轨道理论和配位场理论等的半定量和半实验的方法,以及密度泛函理论之类的近似方法都被应用于理论无机化学中。

4. 固体无机化学

固体无机化学是研究固体物质的制备、组成、结构和性质的科学。现代科学技术如空间技术、激光、能源、计算机、电子技术等都需要特殊性能的新固体材料,比如具有耐高温、耐辐射、耐腐蚀、耐老化、高韧性的结构材料,或具有特殊光、电、磁、声、气性能的功能材料,而这些材料通常多为无机材料。固体无机化学就是研究它们的制备和性质,如人工合成的硼氮聚合物比金刚石还硬,人工合成的一系列 Nb_3M 金属间化合物具有超导性。目前合成的固体无机化合物已在高温超导、激光、发光、高密度存储、永磁、结构陶瓷、太阳能、核能利用与传感等领域取得了重要的应用。

5. 金属有机化学

金属有机化学是无机化学与有机化学互相渗透产生的边缘学科,它打破了无机化学与有机化学的传统界限。金属有机化合物是指含有碳—金属键的化合物。第一个金属有机化合物——蔡斯盐发现于 1827 年,但其结构在 100 多年后才被测定。

由于金属有机化合物的本身结构和功能的特殊性,以及广泛的应用前景,特别是与有机催化联系在一起,成为 20 世纪最活跃的研究领域,并将在 21 世纪成为大有作为的一个学科,预期有更大的发展。

(1)金属有机化合物的合成、结构和性能研究

至今还有不少元素周期表上的金属元素尚无合成的金属有机化合物,在 21 世纪将会有更多具有各种特殊功能的金属有机化合物被用作功能材料。

(2)金属有机导向的有机反应

金属有机化合物在有机合成的均相催化反应中起着十分重要的作用。

当今无机化学发展的总趋势是:由宏观到微观、由定性到定量、由稳定态到亚稳定态、由经验上升到理论并用理论指导实践,进而开创新的研究。为适应需要,合成具有特殊性能的新材料、新物质,解决和其他自然科学相互渗透过程中所不断产生的新问题,并向探索生命科学和宇宙起源的方向发展。

6. 非金属化学

20 世纪非金属无机化学最突出的两个领域是稀有气体和硼烷化学。

在稀有气体的研究方面,1995 年共合成了上百种含氧化合物,1963 年又合成了 KrF_2。1995 年芬兰赫尔辛基大学合成了一系列新型稀有气体化合物,为合成氖甚至氦的类似化合物带来了希望。

在硼烷化学研究方面,由于硼烷具有丰富多彩的多面体结构,至今仍吸引中外许多理论化学家、结构化学家去进行结构与价键相互关系的研究,预料在这方面还会有新的进展。硼烷化学最有希望的领域是硼烷和碳硼烷的金属配合物的研究。

7. 生物无机化学

生物无机化学是无机化学和生物化学相互渗透而形成的一门边缘学科,是应用无机化学理论和方法研究元素及其化合物与生物体系及其模拟体系的相互作用、结构和生物活性的关系。生物无机化学正在全面拓宽研究的覆盖面,除了早已为人们所熟悉的 Fe、Cu、Zn、Co 等金属蛋白以及宏量元素 Mg、Ca、K、Na 等生物分子外,近年来,人们相继发现和分离了一系列新

的金属蛋白，其中包括镍酶、锰酶、含钼酶、含钨酶以及硒酶等。与传统的生物化学发展了从氨基酸、肽、蛋白质到核酸的过程一样，生物无机化学已全面开展了核酸中金属离子的研究，涉及核酸的结构、稳定性、基因转录与表达、信息的传递与调制、细胞分化与发育等各个核酸研究领域。这必将为解决基因组工程、蛋白质组工程中的问题以及理解大脑的功能与记忆的本质等重大问题作出贡献。

当前，生物无机化学研究的重要领域包括：金属蛋白质和金属酶的结构及其生物功能的化学基础；金属离子及其配合物与生物大分子的互相作用（尤其是对核酸序列的识别和切割）；生物体系中的能量转换与电子传递过程；金属离子与细胞的互相作用；离子载体；无机药物与生物分子的作用；利用生物材料（特别是生物矿物材料）、生物的成矿功能或仿生技术制备新型的功能材料等。2003 年，美国科学家彼得·阿格雷和罗德里克·麦金农因在研究金属离子的细胞膜通道方面的开创性贡献获得了诺贝尔化学奖，该成果被认为在防治肾脏病、心脏病、肌肉病、神经系统病方面提供了有价值的依据。

8. 核化学和放射化学

从 20 世纪上半叶发现放射性元素、核裂变、人工放射性，到核反应堆的建立，核爆炸的破坏，核电站和核武器的发展等，核化学和放射化学一直是十分活跃和开创性的前沿领域。可以设想 21 世纪重粒子加速器的流强增大，使产生超重元素的原子数目大增，再加上分离、探测仪器的改进，超重元素的化学研究将实现。

今年来，核医学和放射性药物的研究与发展也相当迅猛。21 世纪将在单电子断层扫描仪药物方面有新的突破；将会用放射性标记和专一性极强的"人抗人"单克隆抗体作为"生物导弹"定向杀死癌细胞；中枢神经系统显像将推动脑化学和脑科学的发展。

9. 原子簇化学和稀土化学

20 世纪 70 年代后由于化学模拟生物固氮、金属原子簇化合物的催化功能、生物金属原子簇、超导及新型材料等方面的需要，促使其快速发展。

20 世纪经过大量的研究工作，发现稀土元素在光、电、磁、催化等方面具有独特的功能。如含稀土元素的分子筛在石油催化裂化中可大大提高汽油产率；在高温超导材料中也缺少不了稀土元素；在农业生产中有增产粮食的作用；硫氧钇铕可使彩色电视机的亮度提高一倍。21世纪有待获得单一稀土元素的快速简易的好方法，作为材料研究，在激光、发光、信息、永磁、超导、能源、催化、传感、生物领域将会作为主攻方向。

10. 超分子化学

化学研究对象主要在"原子和分子及其各种凝聚态"层次。"化学键理论"主要指"共价键"、"离子键"和"金属键"理论。基于同一分子内部各原子之间结合的"共价键"理论所描述的化学，可以视为"单分子化学"。实际上，一种或多种分子可以通过分子间的互相作用而结合成有组织的聚集体，并具有明确的微观结构和宏观性质，这种"聚集体"不同于"离子晶体"和"金属晶体"，它们称为"超分子"。"超分子"内部各"分子"之间的互相作用力包括金属离子的配位键、氢键、堆积作用、静电作用和疏水作用等。在已有的对"单分子"结构和性质认识的基础上，可以设计和合成具有特定结构、性质和功能的"超分子化合物"，并实现"超分子自组装"，即一种或多种分子倚靠分子之间的互相作用力，自发地形成更大型的"超分子"体系。"超分子化学"的诞生为化学科学开辟了新的思维观念和新的合成途径,人们可能使用具有特定结构和功能的基团与分子,按一定的规律,自组装为具有设想结构和光、电、磁、分离、催化等功能的"超分子"。"超分子化学"已成为当前配位化学、材料科学和生命科学等的研究热点之一,在生物、医药、光电子、分离、催化等方面显示出良好的应用前景。"超分子化学"在"无机"领域的研究方向主要包括"晶体工程"、"配位聚合物"和"金属纳米分子"等。

11. 无机合成化学

无机合成化学是研究合成无机化合物的方法与反应机理的学科。无机合成是以得到一种或多种无机产物为目的而进行的一系列化学反应。无机合成通常表现为通过物理或化学方法操纵的一步或多步反应。在现代的实验室应用中,无机合成的方法通常暗示整个过程可靠、可被重复且可在多个实验室中应用。

1.3 无机材料的分类与特点

传统的无机材料是工业和基本建设所必需的基础材料,新型无机材料则是现代高新技术、新兴产业和传统工业技术改造的物质基础,也是现代国防和生物医学所不可缺少的重要部分,它本身也被视为当代新技术的核心而普遍受到重视。

1.3.1 无机材料的分类

无机材料是由硅酸盐、铝酸盐、磷酸盐、锗酸盐、硼酸盐等原料和(或)氧化物、氮化物、硫化物、硅化物、碳化物、硼化物、卤化物等原料经一定的工艺制备而成的材料,是除金属材料、高分子材料以外所有材料的总称。无机材料种类繁多,用途各异,目前还没有统一完善的分类方法。通常将无机材料分为传统的和新型的无机材料两大类。

1. 传统无机材料

传统意义上的无机材料是指以 SiO_2 及其硅酸盐化合物为主要成分制成的材料,主要有陶瓷、玻璃、水泥和耐火材料四种。其中,陶瓷材料历史最悠久,应用甚为广泛。此外,搪瓷、磨料、铸石(辉绿岩、玄武岩等)、碳素材料、非金属矿(石棉、云母、大理石等)也属于传统的无机材料。传统的无机材料是工业和基本建设所必需的基础材料。

(1)陶瓷(ceramic)

传统陶瓷也就是我们经常见到的普通陶瓷,如日用陶瓷、卫生陶瓷、建筑陶瓷、化工陶瓷、电瓷以及其他工业用陶瓷,它以黏土为主要原料,与其他天然矿物原料经过粉碎混练、成形、煅烧等过程而制成的各种制品。

根据陶瓷坯体结构及其基本物理性能的差异,陶瓷制品可分为陶器和瓷器。陶器包括粗陶器、普陶器和细陶器。陶器的坯体结构较疏松,致密度较低,有一定吸水率,断口粗糙无光,没有半透明性,断面成面状或贝壳状。

(2)玻璃(glass)

玻璃是由熔体过冷所制得的非晶态材料。根据其形成网络的组分不同,玻璃又可分为硅酸盐玻璃、硼酸盐玻璃、磷酸盐玻璃等,其网络形成体分为 SiO_2、B_2O_3 和 P_2O_5。

（3）水泥（cement）

水泥是指加入适量水后可成塑性浆体,既能在空气中硬化又能在水中硬化,并能够将砂、石等材料牢固地胶结在一起的细粉状水硬性材料。

水泥的种类很多,目前已达一百多种。按其用途和性能可分为通用水泥、专用水泥和特性水泥三大类。

①通用水泥为大量土木工程所使用的一般用途的水泥,如普通硅酸盐水泥、矿渣硅酸盐水泥、火山灰质硅酸盐水泥、粉煤灰硅酸盐水泥和复合硅酸盐水泥等。

②专用水泥指有专门用途的水泥,如油井水泥、砌筑水泥等。

③特性水泥则是某种性能比较突出的一类水泥,如快硬硅酸盐水泥、抗硫酸盐硅酸盐水泥、中热硅酸盐水泥、膨胀硫铝酸盐水泥、自应力铝酸盐水泥等。

（4）耐火材料（refractory materials）

耐火材料是用作高温窑炉等热工设备的结构材料,以及用作工业高温容器和部件的材料,并能承受相应的物理化学变化及机械作用。大部分耐火材料是以天然矿石（如耐火黏土、硅石、菱镁矿、白云母等）为原料制造的。采用某些工业原料和人工合成原料制备耐火材料已成为一种发展趋势。

耐火材料种类很多,按矿物组成可分为氧化硅质、硅酸铝质、镁质、白云石质、橄榄石质、尖晶石质、含碳质、含锆质耐火材料及特殊耐火材料;按其制造方法可分为天然矿石和人造制品;按其形状可分为块状制品和不定形耐火材料;按其热处理方式可分为不烧制品、烧成制品和熔铸制品;按其耐火度可分为普通、高级及特级耐火制品;按化学性质可分为酸性、中性及碱性耐火材料;按其密度可分为轻质及重质耐火材料;按制品的形状和尺寸可分为标准砖、异型砖、特异型砖、管和耐火器皿等。还可按其应用分为高炉用、水泥窑用、玻璃窑用、陶瓷窑用耐火材料等。

2.新型无机材料

新型无机材料（advanced inorganic materials）是 20 世纪 40 年代随着新技术的发展,而陆续涌现出一系列应用于高性能领域的先进无机材料。它是用氧化物、氮化物、碳化物、硼化物、硫化物、硅化物以及各种无机非金属化合物经特殊的先进工艺制成的材料,主要包括新型陶瓷、特种玻璃、人工晶体、半导体材料、薄膜材料、无机纤维、多孔材料等。

（1）新型陶瓷（advanced ceramic）

新型陶瓷又称为特种陶瓷,是指以精制的高纯天然无机物或人工合成的无机化合物为原料,采用精密控制的制造加工工艺烧结,具有优异特性,主要用于各种现代工业及尖端科学技术领域的高性能陶瓷。

新型陶瓷包括结构陶瓷（structural ceramic）和功能陶瓷（functional ceramic）。

①结构陶瓷指已具有优良的力学性能（高强度、高硬度、耐磨损）、热学性能（抗热冲击、抗蠕变）和化学性能（抗氧化、抗腐蚀）的陶瓷材料,主要应用于高强度、高硬度、高刚性的切削刀具和要求耐高温、耐腐蚀、耐磨损、耐热冲击等的结构部件,包括氮化硅系统、碳化硅系统和氧化锆系统、氧化铝系统的高温结构陶瓷等。

②功能陶瓷指利用其电、磁、声、光、热等直接效应和耦合效应所提供的一种或多种性质来实现某种使用功能的陶瓷材料,主要包括装置瓷（即电绝缘瓷）、电容器陶瓷、压电陶瓷、磁性陶

瓷(又称为铁氧体)、导电陶瓷、超导陶瓷、半导体陶瓷(又称为敏感陶瓷)、热学功能陶瓷(热释电陶瓷、导热陶瓷、低膨胀陶瓷、红外辐射陶瓷等)、化学功能陶瓷(多孔陶瓷载体等)、生物功能陶瓷等。

(2)薄膜材料(film materials)

薄膜材料也称无机涂层,是相对于体材料而言,指采用特殊的方法,在体材料的表面沉积或制备的一层性质与体材料性质完全不同的物质层,从而具有特殊的材料性能或性能组合。

薄膜材料的分类方式很多,按其功能特性,薄膜材料可分为半导体薄膜,主要有半导体单晶薄膜、薄膜晶体管、太阳能电池、场致发光薄膜等;电学薄膜,包括集成电路(IC)中的布线、透明导电膜、绝缘膜、压电薄膜等;信息记录用薄膜,如磁记录材料、巨磁电阻材料、光记录元件材料等;各种热、气敏感薄膜;光学薄膜,包括防反射膜、薄膜激光器等。

(3)特种玻璃(special glass)

特种玻璃又称为新型玻璃,是指采用精制、高纯或新型原料,通过新工艺在特殊条件下或严格控制形成过程制成的具有特殊功能或特殊用途的非晶态材料,包括经玻璃晶化获得的微晶玻璃。

特种玻璃包括 SiO_2 含量在 85% 以上或 55% 以下的硅酸盐玻璃、非硅酸盐氧化物玻璃(硼酸盐、磷酸盐、锗酸盐、碲酸盐、铝酸盐及氧氮玻璃、氧碳玻璃等)以及非氧化物玻璃(卤化物、氮化物、硫化物、硫卤化物、金属玻璃等)等。

根据用途不同,特种玻璃分为防辐射玻璃、激光玻璃、生物玻璃、多孔玻璃和非线性光学玻璃等。

(4)无机纤维(inorganic fibre)

纤维是指长径比非常大、有足够高的强度和柔韧性的长形固体。

根据化学键特征,纤维可分为无机、有机、金属三大类。其中无机纤维,按材料来源,可分为天然矿物纤维和人造纤维;按化学组成,可分为单质纤维(如碳纤维、硼纤维等)、硬质纤维(如碳化硅纤维、氮化硅纤维等)、氧化物纤维(如石英纤维、氧化铝纤维、氧化锆纤维等)、硅酸盐纤维(如玻璃纤维、陶瓷纤维和矿物纤维等);按晶体结构,可分为晶须(根截面直径约 $1\sim20\mu m$,长约几厘米的发形或针状单晶体)、单晶纤维和多晶纤维;按应用,可分为普通纤维、光导纤维、增强纤维等。

(5)人工晶体(synthetic crystal)

人工晶体指采用精密控制的人工方法合成和生长的具有多种独特物理性能的无机功能单晶材料,主要用于实现电、光、声、热、磁、力等不同能量形式的交互作用的转换。

人工晶体分类方法很多,按化学分类,可分为无机晶体和有机晶体(包括有机－无机复合晶体)等;按生长方法分类,可分为水溶性晶体和高温晶体等;按形态(或维度)分类,可分为块体晶体、薄膜晶体、超薄层晶体和纤维晶体等;按其物理性质(功能)分类,可分为半导体晶体、激光晶体、非线性光学晶体、光折变晶体、电光晶体、磁光晶体、声光晶体、闪烁晶体等。

(6)多孔材料(porous materials)

多孔材料是指具有很高孔隙率和很大比表面积的一类材料。孔材料包括各种无机气凝胶、有机气凝胶、多孔半导体材料、多孔金属材料等,其共同特点是密度小,孔隙率高,比表面积大,对气体有选择性透过作用。多孔材料由于具有较大的吸附容量和许多特殊的性能,而在吸附、分离、催化等领域得到广泛的应用。

多孔材料可以按其孔径分为三类：小于 2nm 为微孔（micropore）；2～50nm 为介孔（meso-pore）大于 50nm 为大孔（macropore），有时也将小于 0.7nm 的微孔称为超微孔材料。

（7）半导体材料（semiconductor materials）

半导体材是指其电阻率介于导体和绝缘体之间，数值一般在 10^4～10^{10} Ω·cm 范围内，并对外界因素，如电场、磁场、光温度、压力及周围环境气氛非常敏感的材料。

半导体材料的种类繁多，按其成分，可分为由同一种元素组成的元素半导体和由两种或两种以上元素组成的化合物半导体；按其结构，可分为单晶态、多晶态和非晶态；按物质类别，可分为无机材料和有机材料；按其形态，可分为块体材料和薄膜材料；按其性能，多数材料在通常状态下就呈半导体性质，但有些材料需在特定条件下才表现出半导体性能。

1.3.2　无机材料的特点

对于无机材料的特点，可以从以下几个方面来理解。

（1）晶体结构方面

无机材料中质点间结合力主要为离子键、共价键或离子—共价混合键。这些化学键所具有高键能、高键强、大极性的特点，赋予这类材料以高熔点、高强度、耐磨损、高硬度、耐腐蚀和抗氧化的基本属性，同时具有宽广的导电性、导热性和透光性以及良好的铁电性、铁磁性和压电性，举世瞩目的高温超导性也是在这类材料上发现的。

（2）化学组成方面

随着无机新材料的发展，无机材料已不局限于硅酸盐，还包括其他含氧酸盐、氧化物、氮化物、碳与碳化物、硼化物、氟化物、硫系化合物、硅、锗、Ⅲ-Ⅴ族及Ⅱ-Ⅵ族化合物等。

（3）形态上和显微结构方面

在形态上和显微结构上，也日益趋于多样化，薄膜（二维）、纤维（一维）、纳米（零维）材料，多孔材料，单晶和非晶材料占有越来越重要的地位。

（4）合成与制备方面

在合成与制备上，为了取得优良的材料性能，新型无机材料在制备上普遍要求高纯度、高细度的原料，并在化学组成、添加物的数量和分布、晶体结构和材料微观结构上能精确加以控制。

（5）应用领域

在应用领域上已成为传统工业技术改造和现代高新技术、新兴产业以及发展现代国防和生物医学所不可缺少的重要组成部分，广泛应用于化工、冶金、信息、通讯、能源、环境、生物、空间、军事、国防等各个方面。

1.4　无机材料的发展

1.4.1　材料的发展概述

泥土可能是人类制造物品中使用和加工的最早材料，若要把天然泥土做成某种实用的形状（如罐子）就必须将其加热。这一进展可能是在人类发现了火，并且控制、利用火的方法成熟以后才出现的。考古学家认为人造黏土制品的使用或许可以追溯至公元前 8000 年，与柔软的天然材料相比，这种坚实的新材料的用途更加广泛。

最早的人工材料是模仿自然界中类似的材料而制成的。如，天然玻璃是沙子高温条件下，受热而形成的。早期的人类可能是目睹了这一场景后，决定自己复制这一过程。到公元前 4000 年，埃及的工匠就已经学会了制造玻璃珠链和其他玻璃制品，瓶子类的实用玻璃制品直到公元前 1500 年才出现。

冶金学方面的显著突破最早出现在公元前 4000 年的某个时期。其最初的显著突破就是发现了青铜（最早的合金）的冶炼方法。青铜是由铜和锡按照至少 9∶1 的比例冶炼而成的，两种金属转化成合金所需的温度稍高于铜的沸点 1083℃，当时条件的冶炼炉就可以达到这一温度。

虽然，早期的工匠对于青铜形成的化学过程一无所知，但是，青铜形成化学过程包括了如下的步骤：

首先，将铜和锡的氧化物转化为纯金属。火焰中的碳是这一过程的还原剂。融化后的铜锡经固化后成为青铜合金，生成的合金比金属铜或锡都结实且更容易铸造。青铜相对于铜和其他任何天然金属的优势很快便凸显出来，后来的工匠还改进了合金的冶炼技术。随着青铜加工技术在世界范围的传播，合金成了最受欢迎的金属物质，广泛用于制造武器、工具、厨房器具及其他实用物品。

公元前 1200 年，铁成为了可以用来制作物品的新兴金属，与青铜一样，铁可能也是在篝火中偶然形成的，直到很久以后才得以广泛传播。铁矿石在自然界中很普遍，与铜和锡的还原方式相似，铁矿石也可以在相对较低的温度下还原。

这样冶炼出来的铁由于过于柔软，并不是实用，其中还有矿石和灰末等杂质。这种铁若想制造工具，需要经过除杂和反复捶打。炼铁技术最早出现在大约公元前 1500 年的赫梯帝国，之后传入整个安纳托利亚，最后蔓延到世界上的其他地区。

在之后的 1000 年里，铁器在世界的大部分地区已经取代了铜器。由于铁的储藏量广，生产成本低，相对与青铜，更多人能够买得起。若制造方法适当，铁器可能比青铜更加结实、坚韧。但是当时的人们对于铁制造中含碳量的多少会影响铁的硬度还不得而知。在几百年后的工业革命时期，当人们知道了杂质对铁的性能有何影响时，铁才真正成为金属之王。

大约到公元前 500 年，对新材料的发现和发明基本告一段落。在这期间，只出现了一项重要的革新，即水工混凝土的发现。水工混凝土是在一种非常古老的建筑材料——石灰砂浆的基础上发展而来的。石灰砂浆是石灰石高温受热后，去除二氧化碳留下生石灰后生成的，再将生石灰变成熟石灰，干燥的熟石灰与空气中的二氧化碳接触，生成加工成品所需的原料石灰石。石灰浆是一种重要的建筑材料，也是造福人类的第一批材料。

从古至今，人类使用过形形色色的材料，按材料的发展阶段来分，大致可分天然材料、烧炼材料、合成材料、可设计材料和智能材料。金属材料、陶瓷材料、复合材料和聚合物材料是衡量其相对性的主要依据。20 世纪 50 年代起占绝对优势分布。预测在 21 世纪初将出现金属、陶瓷、聚合和复合材料四大工程材料各分秋色的格局。

1.4.2　几种典型无机材料的发展

1.半导体材料

半导体材料包括体材料和薄膜材料两大类,主要有硅、Ⅲ-Ⅴ族和Ⅱ-Ⅵ族等化合物。

(1)硅

硅是最主要的半导体材料。随着大规模集成电路的发展,硅片在国外已作为常规产品,并在质量上达到无结构缺陷、无位错和高均匀性。通过对外延过程的基础研究,包括能束与基片的交互作用、系统的反应过程、质量与动量的传输、表面与界面的作用,外延层的成核与生长机理等,建立了多种外延淀积技术,其中低温淀积外延显不出更大的优点。

(2)Ⅲ-Ⅴ族化合物

以砷化镓为代表的Ⅲ-Ⅴ族化合物具有高迁移率,适用于高频、大功率、低噪声微波器件。同时兼有优异的光电子性质,是优良的半导体电发光、激光器和探测器材料。加以通过同族元素置换,其能隙可在宽广的范围内调节。

基于上述优点,Ⅲ-Ⅴ族化合物在半导体和光电子材料中的地位日益突出,开始进入半导体集成电路和光电子集成阶段,并出现超晶格、量子阱、应变层和原子层等一系列新材料。

(3)Ⅱ-Ⅵ族化合物

Ⅱ-Ⅵ族化合物主要用于红外探测和光电子器件,其中,HgCdTe 红外焦平面列阵已成为军用核心技术。

在我国,关于Ⅱ-Ⅵ族化合物的研究已有二十多年历史,尤其在航空航天遥感、热成像等领域的应用极为广泛,已成功地在砷化镓衬底上生长出 HgCdTe 外延材料。当然,Ⅱ-Ⅵ族化合物在降低点阵缺陷、提高外延层质量上尚有大量的基础课题有待研究解决。

2.耐火材料

耐火材料是为高温技术服务的基础材料,与钢铁工业的发展关系尤为密切。进入 20 世纪80 年代,由于钢铁生产停滞,以及新型优质耐火材料的开发,欧洲及美国、日本等国家和地区的耐火材料产量显著下降。

在我国,耐火材料面临的主要问题是质量品种不能适应钢铁冶炼和其他高温技术发展的要求,尤其是关键和重要用途的高档品种矛盾更为突出。尽管目前我们已经研究、开发了镁碳砖、铝碳砖、耐火纤维制品等,并提高了热风炉砖、水泥窑砖、焦炉砖的质量,但与国外相比,仍然存在极大的差距。

基于我国当前的形势,今后根据钢铁冶炼技术发展需要,必须研制、开发高炉碳化硅制品复吹氧转炉综合砌砖耐火材料、铁水预处理和连铸用的含碳耐火材料,以及大型水泥回转窑优质镁质、白云石质耐火材料,并结合研究优质原料的提纯和制备。基础理论方面则着重研究高纯原料烧结机理、复合制品的高温力学性能、断裂行为和抗渣蚀性能、高温氧化物和碳的反应动力学以及浇注料的流变学等。

3.特种玻璃

近年来,玻璃材料科学由于广泛地采用了 NMR、TEM 等多种先进研究分析手段,已从宏观进入了微观、从定性进入了半定量或定量阶段。现在已经可以利用已知晶体结构与玻璃基因的关系,或通过玻璃原始结晶和分相过程的直接观测,或运用计算机模拟与分子动力学方法,对玻璃系统的结构进行分析与推算,进而了解玻璃的组成、结构与制备因素对玻璃的形成、分相、析晶以及性能的影响,使玻璃材料从传统硅酸盐向非硅酸盐和非氧化物玻璃领域拓展,发展成功一系列在现代科学技术中占有重要地位的新型玻璃——特种玻璃。其中以光电子功能玻璃、微晶玻璃和溶胶-凝胶、有机-无机玻璃发展最为迅速。

溶胶-凝胶是一种新的玻璃制造方法。它利用硅、钛、锆及其他金属醇盐,通过水解成凝胶在低温烧结成玻璃,从而摒弃了高温熔炼的传统工艺,也解决了诸如 ZrO_2-SiO_2 等难熔玻璃的制备问题,而且材料高度均匀。

光电功能玻璃包括光纤、基板玻璃、激光玻璃等,主要用于光通信、光存储、激光及计算技术,其中光纤已形成巨大的产业,基板玻璃产值则居第二。微晶玻璃通过受控结晶的方法形成具有不同性能的玻璃陶瓷物质,有的具有很高的机械强度或耐热、零膨胀特性,有的可供光刻、切削。微晶玻璃与碳纤维复合可取得极强的高温增强效果而成为航天新材料。

今后特种玻璃的基础研究,将主要围绕上述新材料研究组成-性质-结构及玻璃形成-分相-析晶的关系,玻璃中功能转换和失效机理,有机与无机键合材料及低维材料,并建立计算机预测、模拟系统及数据库等。

4.人工晶体

晶体成为材料是在 20 世纪六七十年代半导体器件和激光技术出现之后,而在近年来迅速的发展。在新型晶体材料方面,激光晶体沿着大功率、可调谐和复合功能三个方面获得了重大的进展。YAG 镓石榴石和铝酸镁镧等新型大功率激光基质正向千瓦级器件发展;掺铁白宝石等可调谐激光晶体已进入产品开发阶段;以钇稀释的硼酸铝铁和掺镁、钕的铌酸锂在受激发射同时实现了自倍频、自锁模等多种功能,有利于激光器的微小型化。我国通过对非线性光学晶体微观结构与宏观性能间相互关系的研究,建立了晶体非线性光学效应的阴离子基团理论,相继研制成功偏硼酸钡和三硼酸锂新型紫外倍频晶体。

晶体制备科学技术的进步是晶体材料科学技术发展的一个重要标志和关键环节。迄今不少晶体之所以未能成材,并非其性能不佳,而是制备问题未获解决。近几年,由于制备科学技术的突破,使一些性能优异的晶体得以产品化和实用化。在这方面,我国用坩埚下降法生长成功大尺寸锗酸铋闪烁晶体、氧化碲声光晶体和四硼酸锂压电晶体,以及生长或高铁酸钡光折变晶体和铝酸钇激光晶体等。

在晶体生长基本过程的研究方面,近来借助高分辨率电镜等先进实验技术已有可能在接近原子级水平上观察成核过程和外延生长的某些特征。此外,还建立了多种生长过程在位观测方法。但总的说来,晶体生长理论目前仍处在定性和半定量阶段,有待进一步定量化和精确化。

5.水泥

第二次世界大战后,水泥科学在熟料形成、水化化学、微结构和性能关系、高性能水泥等方面均有重大的进展。

(1)熟料形成方面的研究

详细研究了熟料形成的物理化学基础,通过矿物活化、矿化剂和助熔剂的应用,降低了熟料的能耗。今后将更强调从水泥生产到混凝土进行综合考虑,研究原料选择、矿物组成匹配、工艺调整及其与水泥和混凝土性能的关系,尽可能减少能耗。

（2）水化化学方面的研究

大量工作集中于水化机理、固相结构和杂质的影响及液相作用等。从杂质对矿物结构影响的角度综合研究水化结晶化学及各种高效外加剂,是重要的研究趋势。

（3）微结构和性能方面的研究

在水泥浆体,已经确定混凝土的许多重要性能取决于水泥浆—集料界面区的微结构,并提出了改进界面微结构的建议。今后将借鉴系统论的整体处理方法,研究水泥结构与客观性质的关系并建立两者关系的数学模型。

目前高性能水泥的研制已成为水泥科学发展的最显著的特点。通过改变组成、成形工艺等途径研制出多种高性能水泥和水泥基复合材料,例如具有超高强度和低渗透性的压变水泥,可在严酷条件下使用的浸渍水泥混凝土,高韧性纤维增强水泥,可制成弹簧的 MDF 水泥,强度高而工艺简单的 DSP 水泥,革除"两磨一烧"传统工艺的 CBS 水泥等。

6. 功能陶瓷

功能陶瓷的发展与其基础研究的成就息息相关。近一二十年通过对复杂多元氧化物系统的组成、结构与性能的广泛研究,发现了一大批性能优异的功能陶瓷,并借助离子置换、掺杂改性等方法调节、优化其性能,从而使功能陶瓷研究开始从经验式探索逐步走向按所需性能进行材料设计,同时发展了溶胶—凝胶法制备细、高纯粉体及以其烧制陶瓷的新技术,并研究了原料与陶瓷制备的反应过程,表面与界面科学以及这些因素对微观结构和陶瓷性能的影响。

近来,为发展功能陶瓷薄膜、多层结构、超晶格材料、复合材料、机敏材料等新材料,陶瓷薄膜制备技术、表面与界面的结构与性质、陶瓷的集成与复合、微加工技术及有关的基础研究,正日益受到重视。世界功能陶瓷的发展趋势主要有:材料组成趋于复杂;超纯超细粉体将进入工业生产;采用低温烧结新工艺;净化制备环境;低维材料、多层结构和梯度功能材料日趋重要;陶瓷复合技术受到广泛重视;机敏陶瓷进入研究、开发阶段等。

近十年来,我国功能陶瓷研究也取得了较大的进展。在电容器陶瓷、半导体陶瓷、透明电光陶瓷、快离子导体陶瓷、超导陶瓷等方面均有一批成果进入国际前沿;同时研制成功一大批功能陶瓷材料。

7. 结构陶瓷

结构陶瓷目前主要用于耐磨损、高强度、耐高温、耐热冲击、硬质、高刚性、低膨胀、隔热等场所,它们在美国的市场销售额近十亿美元。但从发展来看,热机陶瓷将以更高的速度增长,预计在美国的市场销售额到二十世纪末将从目前数亿美元增至数十亿美元,从而在结构陶瓷中占居首位。

高纯、超细、均匀粉料及注射成形、高温等静压、微波烧结等新技术的应用,以及有关的相平衡、反应动力学、胶体化学、表面科学、烧结机理等基础研究的新成就,使结构陶瓷从根本上摆脱了落后的传统合成与制备技术。使其强度和韧性获得了显著的改善,并开始在热机中某些耐冲击、耐热震、耐腐蚀的部位应用。新材料的探索正向组成设计、微观结构设计和优化工艺设计的方向发展,并深入到纳米层次,展示出结构陶瓷的巨大潜力和崭新的研究前沿。

第2章 氧化还原反应

2.1 氧化还原基本概念

2.1.1 氧化与还原

把锌片放入硫酸铜溶液中,锌溶解而铜析出,这个反应的离子方程式为:

$$Zn + Cu^{2+} \rightarrow Zn^{2+} + Cu$$

Zn 失去电子称为还原剂,Cu^{2+} 得到电子称为氧化剂。氧化剂从还原剂获得电子,使自身的化合价降低,这个过程称为还原;相应地,还原剂则由于给出电子而使自身的化合价升高,这个过程称为氧化。可见,上述反应是由两个"半反应"构成的,即

氧化半反应 $\qquad\qquad Zn - 2e^- \rightarrow Zn^{2+}$

还原半反应 $\qquad\qquad Cu^{2+} + 2e^- \rightarrow Cu$

半反应中的高价态物质称为氧化态,因为它可以作为氧化剂而获得电子;半反应中的低价态物质称为还原态,因为它可以作为还原剂而给出电子。同一半反应中的氧化态物质和还原态物质构成氧化还原电对,记作:

氧化态/还原态

如 $Zn^{2+}/Zn, Cu^{2+}/Cu$。氧化还原电对表示氧化态和还原态之间的相互转化、相互依存关系。

由此可见,氧化半反应是物质由还原态变为氧化态的过程,而还原半反应则是物质由氧化态变为还原态的过程。这样,一个氧化还原反应便可一般地表示为:

氧化态Ⅰ + 还原态Ⅱ → 还原态Ⅰ + 氧化态Ⅱ

可以看出,在氧化还原反应中,氧化与还原是共存共依的,在一定条件下又可以相互转化。

我们知道,凡是有电子转移的化学反应称为氧化还原反应,其中,失去电子的变化过程称为氧化,获得电子的变化过程称为还原;失去电子的物质称为还原剂,获得电子的物质称为氧化剂。由于电子转移涉及失去电子和获得电子双方,所以氧化和还原总是同时发生:在反应中,还原剂失去电子被氧化,而氧化剂获得电子被还原。

在氧化还原反应过程中,还原剂失去电子被氧化,相应元素的氧化数升高,氧化剂获得电子被还原,相应元素的氧化数降低。因此,也可以说:凡有元素氧化数发生变化的反应,就是氧化还原反应,氧化数升高的变化称为还原,氧化数降低的变化称为氧化,还原剂中相应元素的氧化数升高,而氧化剂中相应元素的氧化数降低。

例如,氢气与氯气化合成氯化氢:

$$H_2(g) + Cl_2(g) \longrightarrow 2HCl(g)$$

在这个反应中,并没有发生完全的电子转移,因为生成的 HCl 是极性共价化合物,可认为主电子偏移,它仍然属于氧化还原反应。在反应中,H_2 分子被氧化,$H_2(g)$ 是还原剂,Cl_2 分子

被还原，$Cl_2(g)$是氧化剂；氢元素的化合价由 0 升高到＋1，氯元素的化合价由 0 降到－1。

如果氧化和还原发生在同一物质内，也就是说，该物质既是氧化剂，又是还原剂，则这样的反应称为自氧化还原反应。例如，下面两个反应：

$$2KClO_3(s) \xrightarrow{\Delta} 2KCl(s) + 3O_2(g)$$

$$2HgO(s) \xrightarrow{\Delta} 2Hg(l) + O_2(g)$$

注意这两个例子中，氧化、还原发生在同一物质内的不同元素的原子上。

如果氧化和还原发生在同一物质内的同一元素的原子上，这样的自氧化还原反应称为歧化反应。例如，氯气在酸性水溶液中发生歧化反应：

$$\text{化合价} \qquad \overset{0}{Cl_2}(g) + H_2O(l) \Longrightarrow HO\overset{+1}{Cl}(aq) + H\overset{-1}{Cl}(aq)$$

可见，同一物质中同一元素 Cl 的原子，有的氧化数升高，有的氧化数降低，$Cl_2(g)$ 既是氧化剂，又是还原剂。"歧化反应"的逆反应称为"逆歧化反应"或"归中反应"。

2.1.2 氧化数

氧化数是指某元素一个原子的荷电数，它可以通过假定把成键电子对中的电子划归电负性较大的元素的原子而求得。按此规定，元素的氧化数有如下规律：

①单质中，元素的氧化数为 0。

②化合物中，各元素的氧化数之代数和为 0。

元素的氧化数的本质，就是它的原子在具体的物质中的表观荷电数：在离子化合物中，氧化数即正离子、负离子所带的电荷数；在共价极性化合物中，氧化数即元素的一个原子提供参与共价键的电子数，其中电负性小、共用电子对离得较远的元素为正氧化数，而电负性大、共用电子对离得较近的元素为负氧化数。当然，在单质分子中，由于都是同一元素的原子，元素的电负性相同，其原子的表观荷电数为 0，故氧化数也为 0。

在离子化合物 NaCl 中，Na 元素的氧化数为＋1，而 Cl 元素的氧化数为－1。在 CaF_2 中，Ca 元素的氧化数为＋2，而 F 元素的氧化数为－1。

在共价极性化合物 HCl 中，H 元素的氧化数为＋1，而 Cl 元素的氧化数为－1。在 H_2O 中，H 元素的氧化数为＋1，而 O 元素的氧化数为－2。

氧化数可以是正整数、负整数或 0，也可以是分数。例如，在连四硫酸钠 $Na_2S_4O_6$ 中，在指定 Na 元素的氧化数为＋1、而 O 元素的氧化数为－2 后，按照化合物中，各元素的氧化数之代数和为 0 的原则，能算出 S 元素的平均氧化数为＋2.5。显然，计算元素的"氧化数"只需按物质的化学式，而无需知道物质的分子结构。对于连四硫酸钠 $Na_2S_4O_6$，其阴离子 $S_4O_6^{2-}$ 的结构如下：

$$\begin{bmatrix} & O & & O & \\ & \| & & \| & \\ O - & S & - S - S - & S & - O \\ & \| & & \| & \\ & O & & O & \end{bmatrix}^{2-}$$

从结构看，有两种 S 原子，中间的 2 个 S 原子的氧化数可视为 0，而与 O 原子成键的 2 个 S 原子的氧化数应为＋5。实际上，氧化数就是化合价。化合价表示元素的一定数目的原子与一定数目的其他元素的原子结合的性质,故应为整数,而且与具体物质的分子结构有关。当使用氧化数的概念时,它只是元素的原子在具体物质中的表观荷电数,通常无需知道物质的分子结构,而使用平均氧化数,在 $S_4O_6^{2-}$ 中,4 个 S 原子的平均氧化数为 +2.5。下文将使用氧化数的概念。

氧化数并非只是人为的概念,而是源于实验事实。例如,把 $1mol MnO_4^-$ 还原为 MnO_2 时,需要 3mol 电子;而还原为 Mn^{2+} 时,需要 5mol 电子,正好是 Mn 元素在相应化合物中的氧化数之差。

氧化数与元素的原子结构密切相关。例如,Cl 元素原子的基态价电子构型为 $3s^2 3p^5$,则它的常见氧化数为 -1、0、+1、+3、+5、+7;Mn 元素的基态价电子构型为 $3d54s2$,则它的常见氧化数为 0、+2、+3、+4、+6、+7。对于主族元素,在多数情况下元素的最高氧化数等于它在元素周期表所在的族数,但是,也有的主族元素最高氧化数大于它在元素周期表所在的族数;多数副族元素的最高氧化数也等于它在元素周期表所在族数,但Ⅷ族部分元素例外。

多数化合物中 H 元素的氧化数为 +1,而 F 元素的氧化数为 -1,O 元素的氧化数为 -2。但也有例外,如在 H_2O_2 和 Na_2O_2 中,O 元素的氧化数为 -1;在 KO_2 中,O 元素的氧化数为 -0.5;在 OF_2 中,O 元素的氧化数为 +2;在 NaH 中,H 元素的氧化数为 -1。

同一元素可以与其他元素形成不同组成的各种化合物,从而显示不同的氧化态。可以说,元素的氧化态用氧化数表示,通常不再区分这两个概念。

2.1.3 氧化还原方程式配平

1. 氧化数法

氧化数法适应于任何氧化还原反应。其依据是氧化还原反应中,还原剂失去的电子总数＝氧化剂得到的电子总数;与得失电子相联系,还原剂氧化数的升高总值＝氧化剂还原数的降低总值。

下面以 $KMnO_4$ 与 $FeSO_4$ 在 H_2SO_4 介质中发生的反应为例,说明利用氧化数法配平方程式的步骤。

(1)依据实验事实,写出反应产物,注意介质酸碱性

$$KMnO_4+FeSO_4+H_2SO_4-MnSO_4+Fe_2(SO_4)_3+K_2SO_4+H_2O$$

(2)调整计量式使氧化数升高值＝氧化数降低值

$$K\overset{+7}{Mn}O_4+5\overset{+2}{Fe}SO_4-\overset{+2}{Mn}SO_4+\frac{5}{2}\overset{+3}{Fe_2}(SO_4)_3+K_2SO_4+H_2O$$

若出现分数可以调整为最小整整数

$$2K\overset{+7}{Mn}O_4+10\overset{+2}{Fe}SO_4+H_2SO_4-2\overset{+2}{Mn}SO_4+5\overset{+3}{Fe_2}(SO_4)_3+K_2SO_4+H_2O$$

(3)用观察法配平各元素原子数
先配平非 H、O 原子,后配平 H、O 原子
①先配平 K^+ 和 SO_4^{2-} 数目。
SO_4^{2-}:右边 18 个,左边 11 个,应×8
K^+:右边 2 个,左边 2 个

$$2KMnO_4 + 10FeSO_4 + 8H_2SO_4 - 2MnSO_4 + 5Fe_2(SO_4)_3 + K_2SO_4 + H_2O$$

②配平 H^+ 数目。

H^+：左边 16，右边 2 个，应为 8 个 H_2O

$$2KMnO_4 + 10FeSO_4 + 8H_2SO_4 - 2MnSO_4 + 5Fe_2(SO_4)_3 + K_2SO_4 + 8H_2O$$

③配平 O 原子数目。

已平衡，将平衡中的"——"改为"="

$$2KMnO_4 + 10FeSO_4 + 8H_2SO_4 = 2MnSO_4 + 5Fe_2(SO_4)_3 + K_2SO_4 + 8H_2O$$

2. 离子电子法

离子—电子法又称半反应配平法。离子—电子法主要用来配平水溶液中的离子反应方程式。用离子—电子法配平氧化还原反应方程式遵循下列配平原则和基本步骤。

(1)配平原则

①反应过程中氧化剂和还原剂得失电子数相等。

②反应前后各元素的原子总数相等。

(2)基本步骤

①用离子方程式写出反应的主要物质。

②确定还原剂和氧化剂，并写成氧化和还原两个半反应。

③配平半反应的原子数。在配平半反应方程式时，常有反应物和生成物所含 O 原子数目不等的情况，为了使反应式两边的 O 原子数相等，往往在半反应方程式中添加 H_2O，而 H 原子数的平衡则通过添加 H^+ 或 OH^-。根据介质的酸碱性，半反应方程式左右两边添加 H^+、OH^-、H_2O 的一般规律如表 2-1 所示。

表 2-1 不同介质条件下配平 O 原子数的经验规则

介质条件	半反应方程式中两边的添加物	
	多 n 个 O 原子的一边	少 n 个 O 原子的一边
酸性	2n 个 H^+	n 个 H_2O
碱性	n 个 H_2O	2n 个 OH^-
中性	n 个 H_2O，2n 个 H^+	2n 个 OH^-，n 个 H_2O

总的原则是酸性介质中的半反应方程式里不应出现 OH^-，碱性介质中的半反应方程式中不应出现 H^+。用离子—电子法配平，能反映出水溶液中氧化还原反应的实质。但对于气相或固相反应的配平，离子—电子法却无能为力。

④进行电荷配平，使半反应两边的电荷数相等，通常是调整半反应中的电子数。

⑤进行电子配平。根据氧化剂和还原剂得失电子数相等的原则，使两个半反应的得失电子总数相等，即得配平的离子方程式。

⑥合并两个半方程方程式根据实际写出完整配平的化学反应方程式。

2.2 原电池电极电势

2.2.1 原电池

1.原电池装置

氧化还原反应是电子转移的反应。同一溶液内的氧化还原反应过程,电子转移是做非定向运动,不会产生电流,只放热,即化学能转化为热能。如图 2-1 所示,为锌与硫酸铜溶液的反应。

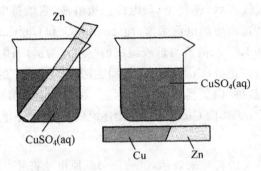

图 2-1 Zn 从 CuSO₄ 溶液中制取 Cu

$$\overset{2e^-}{\longrightarrow}$$
$$Zn(s)+Cu^{2+}(aq) \rule[0.5ex]{2em}{0.4pt}\!\!= Zn^{2+}(aq)+Cu(s)$$

若把 $Zn(s)/Zn^{2+}(aq)$ 和 $Cu(s)/Cu^{2+}(aq)$ 分为两组电极/溶液,称为半电池,中间以电解质溶液组成的"盐桥"相连,就组成了一个"原电池";当接通外电路时,它可以使氧化还原反应中转移的电子发生定向运动,形成电流。英国科学家丹尼尔(J. F. Daniel)利用这一原理,制备了第一个原电池,称为丹尼尔电池(Daniel cell)。

原电池就是把化学能转化为电能的装置。现以丹尼尔电池(图 2-2)为例,说明原电池的工作原理。Zn 电极称为"负极",Cu 电极称为"正极",当外电路接通时,Zn 电极表面的 Zn 原子失去电子,成为 Zn^{2+} 进入 $ZnSO_4$ 溶液,Zn 原子释出的电子则经外电路流出,做定向运动而形成电流,Zn 电极表面与 $ZnSO_4$ 溶液界面发生氧化反应:

$$Zn(s)=Zn^{2+}(aq)+2e^-$$

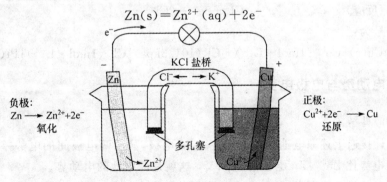

图 2-2 丹尼尔电池的构造示意图

总反应方程式：

$$Cu^{2+}(aq)+Zn(s)\rightarrow Cu(s)+Zn^{2+}(aq)$$

与 Cu^{2+} 电极表面相邻的 $CuSO_4$ 溶液中的 Cu^{2+}，获得从外电路经 Cu 电极表面流入的电子，发生还原反应：

$$Cu^{2+}(aq)+2e^-\rightarrow Cu(s)$$

在电极与溶液的相界发生的反应称为"电极反应"（或"半反应"）。把上述两个"电极反应"方程式合并，就得到原电池放电的总反应式：

$$Zn(s)+Cu^{2+}(aq)=Zn^{2+}(aq)+Cu(s)$$

显然，要维持电路接通，"盐桥"是必不可少的。"盐桥"通常由强电解质（KCl、K_2SO_4 或 Na_2SO_4 等）与琼胶调制成胶冻状，连接正、负电极两边溶液，它维持电路畅通，并作为正、负离子通道，保持正、负电极两边溶液的电荷平衡，使 $Zn/ZnSO_4$ 和 $Cu/CuSO_4$ 这两个"半电池"的溶液都保持电中性。以饱和 KCl 水溶液与琼胶组成的"盐桥"为例，当电路接通时，从负极 Zn 表面失去的电子经外电路为向正极（Cu）定向运动，而在两个"半电池"的溶液和"盐桥"内部则为正、负离子的定向运动，"盐桥"内负离子 Cl^- 和 SO_4^{2-} 移向 $ZnSO_4$ 溶液，以平衡新生成的 Zn^{2+} 的正电荷，正离子 K^+ 和 Zn^{2+} 移向 $CuSO_4$，以补偿还原的 Cu^{2+} 的正电荷。

2. 原电池表达式

原电池装置可以用特定的符号来表示，（＋）（－）是原电池符号。在原电池符号中规定：发生氧化反应的负极写在左边，发生还原反应的正极写在右边，并按化学符号从左到右依次写出电极的物质组成及相态，溶液要注明浓度，气体要表明分压；用"|"表示相界面，用"‖"表示盐桥。例如，上述铜锌原电池可以表示为：

$$(-)Zn(S)\,|\,ZnSO_4(c_1)\,\|\,CuSO_4(c_2)\,|\,Cu(s)(+)$$

理论上，任何自发的氧化还原反应都可以构成原电池，如反应：

$$2Fe^{3+}+Sn^{2+}=2Fe^{2+}+Sn^{4+}$$

该电池的符号可以表示为：

$$(-)Pt\,|\,Sn^{2+}(c_1),Sn^{4+}(c_2)\,\|\,Fe^{3+}(c_3),Fe^{2+}(c_4)\,|\,Pt(+)$$

由把反应：$Cu+Cl_2(101.3kpa)=Cu^{2+}(1mol\cdot L^{-1})+2Cl^-(1mol\cdot L^{-1})$ 设计成原电池电极反应及原电池符号为：

负极（氧化反应） $Cu-2e\rightarrow Cu^{2+}$

正极（还原反应） $Cl_2-2e^-\rightarrow 2Cl^-$

原电池符号为：

$$(-)Cu(s)\,|\,Cu^{2+}(1mol\cdot L^{-1})\,\|\,Cl_2(101.3kpa)\,|\,Cl^-(1mol\cdot L^{-1})\,|\,Pt(+)$$

2.2.2 电动势与电极电势

1. 原电池的电动势

用电位差计接通上述原电池的 Cu 电极和 Zn 电极，显示两电极间的电势差为 1.10V，即 Cu^{2+}/Cu 电极电势比 Zn^{2+}/Zn 电极高 1.10V。这就是原电池的电动势。

原电池的电动势是指原电池正、负电极之间的平衡电势差：

$$E_{池}=E_+-E_-$$

式中，$E_{池}$ 和 E_+、E_- 分别代表原电池的电动势和正、负电极的电势。

2.电极电势

在 Cu−Zn 原电池中，电流从正(Cu)极流向负(Zn)极，表明 Cu 极电势比 Zn 极高。下面分析电极电势产生的原理。

当把金属(M)浸入其盐溶液时，会出现两种倾向：一种倾向是金属表面的原子(M)因热运动和受极性水分子的作用以离子(M^{n+})形式进入溶液中，这种倾向随着金属活泼性的增加或溶液中金属离子(M^{n+})浓度的减小而增大；另一种倾向是溶液中的金属离子(M^{n+})受金属表面自由电子的吸引而沉积在金属表面上，这种倾向随着金属活泼性的降低或溶液中金属离子(M^{n+})浓度的增大而增大。当溶解和沉积的速率相等时，则达到动态平衡：

$$M(s)=M^{n+}+ne^-$$

若金属溶解的倾向大于离子沉积，则达到平衡时金属有过剩的负电荷，而与金属接触的溶液中有较多的正离子，正、负电荷的静电作用使金属表面排列较多的负电荷，与金属接触的溶液表面排列较多的正电荷，两相的接触界面形成一个双电层，双电层之间存在电势差，这种电势差称为该金属的平衡电极电势，简称电极电势。若将两种活泼性不同的金属分别组成两个电极，再将这两个电极以原电池的形式连接起来，由于其电极电势不同，两极之间因电势差而产生电流。

3.标准电极电势

单个电极的电势绝对值无法测量，只能测定两个电极的电势差。因此，电极电势只能采用相对标准。

标准氢电极规定：以标准氢电极的电势作为电极电势的相对标准，规定 $E^{\theta}(H^+/H_2)=0V$。标准氢电极符号是：

$$(Pt),H_2(1p^{\theta})\mid H^+(1mol\cdot dm^{-3})$$

电极反应为：

$$2H^+(aq)+2e^-=H_2(g)$$

图 2-3 表示标准氢电极的构造，其中铂电极表面镀有一层多孔的铂黑，以吸附氢气。

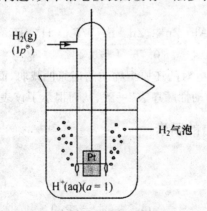

图 2-3　标准氢电极构造示意图

由于使用标准氢电极不够方便,常用甘汞电极作为二级标准,其构造如图 2-4 所示,Cl^- 来自 KCl。

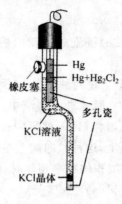

图 2-4　甘汞电极

电极符号:

$$(Pt),Hg_2Cl_2(s)\,|\,Hg(l),Cl^-$$

电极反应:

$$Hg_2Cl_2(s)+2e^-=Hg(l)+2Cl^-$$

标准甘汞电极:

$$E^\ominus[Hg_2Cl_2(s)/Hg(l)]=+0.280V$$

饱和甘汞电极(电极内 KCl 溶液为饱和溶液):

$$E[Hg_2Cl_2(s)/Hg(l),饱和]=+0.241V$$

此外,常用玻璃电极测定水溶液的 pH。

其他电极的标准电极电势由该电极与标准氢电极组成原电池来测定。

标准电极电势的物理意义是表示相应电对的氧化型/还原型物质在标准状态下在水溶液中得、失电子的能力,即氧化性/还原性的相对强弱:

$E^\ominus$(氧化型/还原型)数值越大,表示电对的氧化型物质氧化性越强;

$E^\ominus$(氧化型/还原型)数值越小,表示电对的还原型物质还原性越强。

例如,下述一系列例子:

电对	Na^+/Na	Al^{3+}/Al	Zn^{2+}/Zn	Fe^{2+}/Fe	H^+/H_2	Cu^{2+}/Cu	Ag^+/Ag
$E^\ominus$/V	-2.71	-1.66	-0.76	-0.447	0	$+0.34$	$+0.7996$

从左到右,随着 $E^\ominus$ 增大,电对的还原型物质的还原性减弱,而氧化型物质氧化性增强。这正好与中学学习过的"金属活动性顺序表"一致,从而揭示了该表的实质。

2.2.3　影响电极电势的因素

1. 能斯特方程

对任意电极反应:

$$a\mathrm{Ox}_1+ne^-=c\mathrm{Red}_1$$
$$b\mathrm{Red}_2=d\mathrm{Ox}_2+ne^-$$

总反应为：

$$aOx_1 + bRed_2 = cRed_1 + dOx_2$$

式中，"Ox"代表氧化型物质的化学式；而"Red"代表还原性物质的化学式；下标 1，2 表示相对应的电对；a,b,c 和 d 为化学方程式的系数，量纲是 1。

根据范特霍夫化学等温式：

$$\Delta_r G_T = \Delta_r G_T^\theta + 2.303RT \lg Q$$

式中，Q 为反应商，在等温、等压、只做电工的条件下，把 $\Delta_r G_T = -nFE_{池}$ 和 $\Delta_r G_T^\theta = -nFE_{池}^\theta$ 带入上式，得

$$-nFE_{池} = -nFE_{池}^\theta + 2.303RT \lg Q$$

$$E_{池} = E_{池}^\theta - \frac{2.303RT}{nF} \lg Q$$

这就是原电池的能斯特方程，它表明任意状态原电池电动势 $E_{池}$ 与其标准电动势 $E_{池}^\theta$ 以及原电池中各物质的浓度、气体分压力和温度之间的关系。其中，$E_{池}^\theta$ 反映了组成电对的氧化型物质/还原型物质自身的性质对 $E_{池}$ 的影响，"$-\dfrac{2.303RT}{nF} \lg Q$"可视为因实际电对体系偏离热力学标准态而对 $E_{池}^\theta$ 的修正项，反映了电对体系具体条件（包括溶液浓度、气体分压力和温度）对 $E_{池}$ 的影响。

普遍地，对于电极反应 $mOx + ne^- = qRed$，有

$$E_{池} = E_{池}^\theta - \frac{2.303RT}{nF} \lg \frac{(Red)^q}{(O_x)^m}$$

或

$$E_{池} = E_{池}^\theta + \frac{2.303RT}{nF} \lg \frac{(O_x)^m}{(Red)^q}$$

上述两式是任意温度 T 下电极反应的能斯特方程，表明任意状态下电对的电极电势 E 与其标准电极电势 E^θ 以及浓度、温度之间的关系，其中气体浓度由其分压力代替。

把 $T=298K$，$R=8.314 J \cdot mol^{-1} \cdot K^{-1}$，$F=96500 C \cdot mol^{-1}$ 代入上式，整理后，得 298K 时电极反应的能斯特方程：

$$E = E^\theta + \frac{0.059}{n} \lg \frac{(O_x)^m}{(Red)^q}$$

2. 浓度对电极电势的影响

由能斯特方程可以看出，对于给定的电极反应，E^θ 和 n 均为定值，所以 E 的大小只取决于氧化性物质和还原性物质浓度之比。氧化性物质的浓度大，E 值增大，氧化性物质的氧化能力增强，相反成立；当还原性物质的浓度增大时，E 减小，还原性物质的还原能力增强，相反成立。

3. 酸度对电极电势的影响

酸度对电极电动势影响的总结果是：H^+ 浓度增大，pH 值减小，$E(\frac{O_x}{Red})$ 增大，相反成立。

2.3 氧化还原反应的方向和限度

2.3.1 氧化还原反应的方向

我们知道,化学反应自发进行的条件为 $\Delta_r G_m < 0$,且 $\Delta_r G_m$ 与原电池电动势之间存在如下关系:

$$\Delta_r G_m = -z'FE$$

式中,z' 为电池反应中转移的电子数;F 为法拉第常数。

当 $\Delta_r G_m < 0$ 时,$E > 0$,该化学反应能自发进行。由此,我们可以将原电池电动势(E)值作为氧化还原反应自发进行的判据。

由 $E = E_{(+)} - E_{(-)}$,可知只有电极电势代数值较大的电对的氧化型物质才能与电极电势代数值较小的电对的还原型物质反应。

氧化还原反应方向的规律可以概括为:

较强的氧化剂+较强的还原剂 —→ 较弱的还原剂+较弱的氧化剂

2.3.2 氧化还原反应的限度

化学反应进行的限度可以用平衡常数来衡量。实际上,很多化学反应常在非标准态下进行。在等温、等压及非标准态下,对任一反应来说

$$cC + dD \longrightarrow yY + zZ$$

根据热力学推导,反应摩尔吉布斯自由能变有如下关系式:

$$\Delta_r G_m = \Delta_r G_m^\theta + RT\ln J \qquad (2\text{-}1)$$

此式称为化学反应等温方程式。式中 J 为反应商。

平衡式可以由化学反应等温方程式推导出,已知式(2-1),若体系处于平衡状态,则 $\Delta_r G_m = 0$,并且反应商 J 项中各气体物质的分压或各溶质的浓度均指平衡分压或平衡浓度,亦即 $J = K^\theta$。

此时

$$\Delta_r G_m^\theta + RTK^\theta = 0$$

得到

$$\Delta_r G_m^\theta = -RTK^\theta = -2.303RT\lg K^\theta$$

$$\lg K^\theta = -\frac{\Delta_r G_m^\theta}{2.303RT} \qquad (2\text{-}2)$$

式中 K^θ 称为标准平衡常数,其反映了标准平衡常数 K^θ 与 $\Delta_r G_m^\theta$、T 之间的关系。

已知式(2-2),在标准态下原电池的 $\Delta_r G_m^\theta = -z'FE^\theta$,则

$$\lg K^\theta = -\frac{z'FE^\theta}{2.303RT} \qquad (2\text{-}3)$$

在 298.15K 下,将 R、F 值代入式(2-3),可得

$$\lg K^\theta = -\frac{z'E^\theta}{0.0592V} \qquad (2\text{-}4)$$

$$\lg K^{\theta} = \frac{z' \{E^{\theta}_{(+)} - E^{\theta}_{(-)}\}}{0.0592\text{V}} \tag{2-5}$$

由此可见,氧化还原反应的平衡常数(K^{θ})只与标准电动势E^{θ}有关,而与物质浓度无关,E^{θ}值越大,K^{θ}值也就越大,正反应有可能进行的也越完全。

2.4　电势图

2.4.1　元素电势图及其功能

1.元素电势图

1952 年,拉特默提出:将某一元素的各种氧化态,按照其氧化数由高到低的顺序进行排列,然后用一条线段把两种氧化态的物质连接起来,并在这条线段上标明这两种氧化态物质所组成电对的标准电极电势值$E^{\theta}(\text{Ox}/\text{Red})$,这样就构成了同一元素的不同氧化态物质之间的标准电极电势关系图,称为元素电势图,又称拉特默图。

元素电势图中的标准电极电势数据与标准电极电势表相对应,元素电势图也分为酸性环境、碱性环境两种类型。在绘制某一元素的电势图时,既可以将全部的氧化态物质列出,也可以根据需要只列出其中的一部分。以氯元素的电势图为例,Cl 元素的氧化数有$+7$、$+5$、$+3$、$+1$、0、-1,Cl 元素各种氧化态的物质的相互关系如图 2-5 所示。

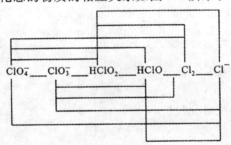

图 2-5　Cl 元素各种氧化态的物质的相互关系图

①酸性介质中,Cl 元素的电势图如图 2-6 所示。

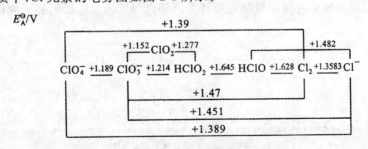

图 2-6　Cl 元素在酸性溶液中的电势图

②碱性介质中,Cl 元素的电势图如图 2-7 所示。

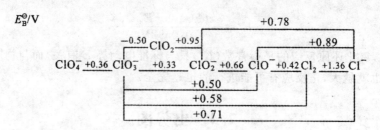

图 2-7　Cl 元素在碱性介质中的电势图

2.元素电势图的功能

元素电势图主要由以下几种功能:

(1)用于元素氧化还原性质的分析

比较元素各氧化态物质的氧化还原性质,以及介质对氧化还原能力的影响。

由 Cl 元素的电势图可知,Cl 元素各氧化态物质电对在酸性介质中的标准电极电势都为较大的正值,说明氯的氧化数为＋7、＋5、＋3、＋1、0 的各种物质在酸性介质中都具有较强的氧化能力,是强氧化剂。而在碱性介质中,氧化数为＋7、＋5、＋3、＋1 时各电对的标准电极电势值都较小,此时它们的氧化能力都较弱,都是较弱的氧化剂。因此,当选用 Cl 的含氧酸盐作氧化剂时,应当选择在酸性介质中进行反应,以提高氧化能力。

(2)判断物质能否发生歧化反应

对同元素不同氧化数三种物质(A、B、C)组成两个电对,按其氧化数由高到低排列,组成元素电势图:

$$A \xrightarrow{E^{\theta}_{左}} B \xrightarrow{E^{\theta}_{右}} C$$

若 $E^{\theta}_{右} > E^{\theta}_{左}$,则 B 发生歧化反应:

$$B \rightarrow A + C$$

若 $E^{\theta}_{右} < E^{\theta}_{左}$,则 A、C 发生歧化反应:

$$A + C \rightarrow B$$

差值越大,歧化反应的趋势越大。这是判断元素发生歧化反应的依据。

(3)计算未知电对的标准电极电势

可以利用元素已知电对标准电极电势计算未知电对的标准电极电势。假设有一元素的电势图为:

$$A \underset{n_1}{\overset{E^{\theta}_1}{\rule{3em}{0.4pt}}} B \underset{n_2}{\overset{E^{\theta}_2}{\rule{3em}{0.4pt}}} C \underset{n_3}{\overset{E^{\theta}_3}{\rule{3em}{0.4pt}}} D$$
$$\underset{(n = n_1 + n_2 + n_3)}{E^{\theta}_x}$$

根据化学热力学原理,从理论上可以推导出以下公式:

$$nE^{\theta}_x = n_1 E^{\theta}_1 + n_2 E^{\theta}_2 + n_3 E^{\theta}_3$$

$$E^{\theta}_x = \frac{n_1 E^{\theta}_1 + n_2 E^{\theta}_2 + n_3 E^{\theta}_3}{n}$$

若有 i 个相邻的电对,则有

$$nE^{\theta}_x = n_1 E^{\theta}_1 + n_2 E^{\theta}_2 + \cdots + n_i E^{\theta}_i$$

$$E_x^{\theta}=\frac{n_1E_1^{\theta}+n_2E_2^{\theta}+\cdots+n_iE_i^{\theta}}{n}=\frac{n_1E_1^{\theta}+n_2E_2^{\theta}+\cdots+n_iE_i^{\theta}}{n_1+n_2+\cdots+n_i}$$

式中，E_x^{θ} 为电势图中间间隔了 $i-2$ 个相邻不同氧化态物质之间组成电对的标准电极电势，$n_1,n_2,\cdots,n_i$ 分别表示各相邻电对电极反应中电子转移的计量数，$n=n_1+n_2+\cdots+n_i$

2.4.2　电势-pH 图及其应用

在电极反应中，有 H^+ 和 OH^- 参加反应时，电极电势除了受到氧化型物质或还原型物质浓度的影响外，还要受到溶液酸度的影响，pH 值的改变将会引起电极电势的变化。若不考虑其他因素影响，根据能斯特方程，如果以溶液的 pH 为横坐标，电对的电极电势 E 为纵坐标作图，可得到该电极反应的电势-pH(E-pH)图。电极反应的 E-pH 图可以反映 pH 值对电极电势 E 的影响。

1. H_2O 体系的 E-pH 图

E-pH 图对于研究与该物质相关的氧化还原反应是很有价值的。例如，在水溶液中进行的氧化还原反应，由于水的电极电势也受酸度的影响，水既可能被氧化又可能被还原，所以讨论氧化剂在水中的稳定性问题时，除了要考虑它们本身的性质外，还要考虑与水可能发生反应的问题。

水的氧化还原性与下面两个电对的电极反应有关：

$$2H^++2e=H_2 \quad E^{\theta}\left(\frac{H^+}{H_2}\right)=0.0000V$$

$$O_2+4H^++4e=2H_2O \quad E^{\theta}\left(\frac{O_2}{H_2O}\right)=+1.229V$$

显然，这两个电对的电极电势都受酸度的影响：

$$E\left(\frac{H^+}{H_2}\right)=E^{\theta}\left(\frac{H^+}{H_2}\right)+\frac{0.0592V}{2}\lg\frac{c^2(H^+)}{\frac{p(H_2)}{p^{\theta}}}$$

$$E\left(\frac{O_2}{H_2O}\right)=E^{\theta}\left(\frac{O_2}{H_2O}\right)+\frac{0.0592V}{2}\lg\frac{\frac{c^4(H^+)p(O_2)}{p^{\theta}}}{1}$$

若 $p(H_2)$ 和 $p(O_2)$ 均为 101.325 kPa，以上两式可改写为：

$$E\left(\frac{H^+}{H_2}\right)=E^{\theta}\left(\frac{H^+}{H_2}\right)+\frac{0.0592V}{2}\lg c^2(H^+)$$
$$=0.0000V+0.0592V\cdot\lg c^2(H^+)$$
$$=-0.0592V\cdot pH$$

$$E\left(\frac{O_2}{H_2O}\right)=E^{\theta}\left(\frac{O_2}{H_2O}\right)+\frac{0.0592V}{2}\lg c^4(H^+)$$
$$=1.229V+0.0592V\cdot\lg c^4(H^+)$$
$$=1.229V-0.0592V\cdot pH$$

用上面两个公式，先求出 pH 值从 0 到 14 的相应电极电势 E 值，然后再以 pH 为横坐标，电极电势 E 为纵坐标作图，就得到水的 E-pH 图(见图 2-8)。

图 2-8 中，a 线和 b 线将平面划分为三个部分：

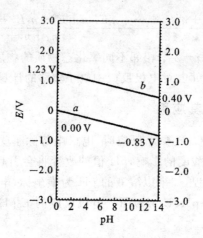

图 2-8　水体系的 E-pH 图

a 线表示电极反应：$2H^+(aq)+2e=H_2(g)$；

b 线表示电极反应：$O_2(g)+4H^+(aq)+4e^-=2H_2O(l)$。

所以 a 线也称为氢线，b 线称为氧线。a 线表示电对 H^+/H_2 的电极电势随着 pH 值的变化而改变的趋势。a 线上的任何一点都表示在该 pH 值时，在 $2H^+(aq)+2e=H_2(g)$ 中，H^+ 和 H_2(101.325 kPa)处于平衡状态。a 线的下方为 H_2 的稳定区。b 线表示电对 O_2/H_2O 的电极电势随着 pH 值的变化而改变的趋势。b 线上的任何一点都表示在该 pH 值时，在 $O_2(g)+4H^+(aq)+4e^-=2H_2O(l)$ 中，H_2O 和 O_2(101.325 kPa)处于平衡状态。b 线的上方为 O_2 的稳定区。

在 a、b 两线之间（b 线以下、a 线以上）的区域，是 H_2O 的稳定区，H_2 和 O_2 都不稳定。

由于氧化还原反应多数是在水溶液中进行的，而且 O_2 和 H_2 也是常用的氧化剂和还原剂，因此，上述两条线 a、b 经常出现在相应的 E-pH 图上，这对于研究与物质相关的氧化还原反应具有重要的意义。

在实际应用时应注意，由于动力学的原因，H_2O 的稳定区要比上述 a 线和 b 线之间包括的区域大。电对 $O_2(g)+4H^+(aq)+4e^-=2H_2O(l)$ 和电对 $2H^+(aq)+2e=H_2(g)$ 的实际作用线与上述理论作用线有所不同，它们各自比理论值偏离 0.5V（见图 2-9），即 b 线向上、a 线向下平移 0.5V 至 b'、a'，因此，实际上水的稳定区要比理论求得的稳定区大。

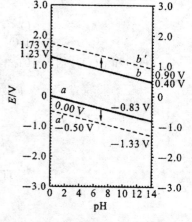

图 2-9　水体系的 E-pH 图

如图 2-10 所示，在 pH=0 的酸性溶液中，作为氧化剂的 MnO_4^- 被还原为 Mn^{2+}，这一电对的电极反应为：

$$MnO_4^-(aq)+8H^+(aq)+5e=Mn^{2+}(aq)+4H_2O(l)$$
$$E^\theta(MnO_4^-/Mn^{2+})=+1.512V$$

即在 pH=0 时，这个电对的电极电势为 +1.512V。从图 2-10 中可以看出，这个坐标点落在理论作用线 b 线的上方（> 1.23V），因此，从理论上推断，MnO_2 在水溶液中是不稳定的，它可将水氧化而放出氧，自身被还原为 Mn^{2+}，$KMnO_4$ 似乎在水溶液中不能作为一种优良的氧化剂加以利用。但是，E^θ

$(MnO_4^-/Mn^{2+})=+1.512V$ 落在 $O_2(g)+4H^+(aq)+4e^-=2H_2O(l)$ 的实际作用虚线 b' 的下方（$<1.73V$），即落在水的稳定区。因此，$KMnO_4$ 可以稳定地存在于水溶液中。因此，分析化学中常常将 $KMnO_4$ 的水溶液作为优良的氧化剂加以利用。

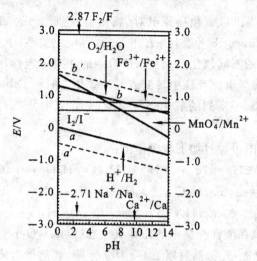

图 2-10　部分电对的 E-pH 图

2. H_3AsO_4/H_3AsO_3 和 I_2/I^- 体系的 E-pH 图

如果将电对 H_3AsO_4/H_3AsO_3 和 I_2/I^- 的电极电势与 pH 的关系绘在相同 E-pH 图上，则可以清楚地看到，随着溶液的 pH 值变小，电对 H_3AsO_4/H_3AsO_3 的电极电势急剧增大。而且可以看出，只有在酸度很大时，H_3AsO_4 才能氧化 I^-，酸度略低，则 I_2 可氧化 H_3AsO_3（见图 2-11）。

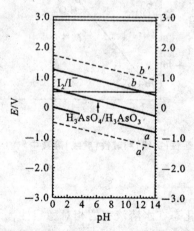

图 2-11　H_3AsO_4/H_3AsO_3 和 I_2/I^- 体系的 E-pH 图

有了 E-pH 图，就可以通过控制溶液的 pH 值，利用氧化还原反应为实际服务。

2.4.3 $\Delta_f G_m^\theta$-N 图及其功能

1. $\Delta_f G_m^\theta$-N 图概述

1951 年,A. A. Frost 提出以氧化还原电对(氧化型/还原型)的 zE^θ 对氧化数 N 作图,称为 Frost 图。后来 E. A. V. Ebsworth 考虑到 $z'E^\theta$ 和 $\Delta_f G_m^\theta$ 有正比关系,于是在 1964 年提出 $\Delta_f G_m^\theta$-N 图,以定性表示同一元素的不同氧化态。在水溶液中的相对稳定性和氧化还原能力。

元素(从单质出发)在半电池反应中转变成各种氧化态时的 Gibbs 自由能变(正好为 $\Delta_f G_m^\theta$ 值)是不同的。若将该元素一系列的氧化态与对应的 $\Delta_f G_m^\theta$ 作图,并将各点连接成线,即得出 $\Delta_f G_m^\theta$-N 图。

例如,氧的 $\Delta_f G_m^\theta$-N 图可通过如下步骤作出:

$$O_2 + 2H^+ + 2e^- \longrightarrow H_2O_2 ; E_A^\theta(O_2/H_2O_2) = 0.695V$$

$$\Delta_r G_m^\theta = \Delta_f G_m^\theta(H_2O_2) - \Delta_f G_m^\theta(O_2) = zFE_A^\theta(O_2/H_2O_2)$$

$$\Delta_f G_m^\theta(H_2O_2) - 0 = zFE_A^\theta(O_2/H_2O_2)$$

由此方法可计算出氧在酸性介质中的几种氧化态(O_2、H_2O_2、H_2O)和碱性介质中几种氧化态(O_2、HO_2^-、OH^-)的 $\Delta_f G_m^\theta$。然后以 $\Delta_f G_m^\theta$ 为纵坐标、氧化数为横坐标,绘出氧的 $\Delta_f G_m^\theta$-N 图(图 2-12)。

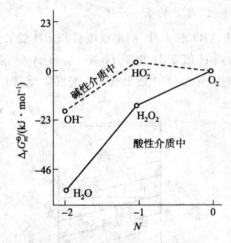

图 2-12 酸性(实线)和碱性(虚线)溶液中氧的 $\Delta_f G_m^\theta$-N 图

2. $\Delta_f G_m^\theta$-N 图的功能

$\Delta_f G_m^\theta$-N 图有以下功能:

(1)判断某元素的不同氧化态在水溶液中的相对稳定性

$\Delta_f G_m^\theta$-N 图中各点表示各氧化态的 $\Delta_f G_m^\theta$ 值。由于处在图中上方位置的氧化态具有较大的 $\Delta_f G_m^\theta$ 导值,有向下方位置的氧化态转变的倾向,因而是热力学的不稳定态;位置较低的氧化态为热力学稳定态,最稳定的氧化态必然处于折线中的最低点。

(2)比较各氧化态物质在不同介质中的氧化还原能力

图 2-12 中的同一折线上的任意两个氧化态均可构成氧化还原电对。斜率较大(亦即 E^θ 代数值较大)的那个电对中的氧化型物质易被还原,如酸性介质中 H_2O_2/H_2O 电对中的 H_2O_2;斜

率较小(亦即 E^θ 代数值较小)的那个电对中的还原型物质易被氧化,如碱性介质中 O_2/HO_2^- 电对中的 HO_2^-。

(3)预测歧化反应的发生

歧化反应是自氧化还原反应中的一种,当一种元素处在中间氧化数时,反应使它一部分被氧化为较高氧化态,另一部分被还原为低氧化态。

$\Delta_f G_m^\theta$-N 图中的某氧化态物质对应的点若位于其相邻氧化态连线的上方,则该氧化态物质易发生歧化反应,如图 2-12 所示虚线中的 HO_2^-、实线中的 H_2O_2;反之,若在下方则相邻氧化态物质之间会发生反歧化反应。若某几种氧化态物质所对应的点恰在同一直线上,则表明它们可共存于同一体系中。

2.5　实用电化学

2.5.1　实用电池

化学电源是将物质发生化学反应产生的能量直接转换成电能的一种装置。理论上讲任何一个氧化还原反应都可以设计成一个原电池。但是,要制造一种真正有实用价值的电池就不那么简单。目前大家熟悉的商品化电池大致有以下几种。

1.一次电池

(1)锌锰干电池

Zn-Mn 干电池结构如图 2-13 所示。用锌皮(负极)作外壳,用一根石墨棒作正极,在石墨棒周围裹上一层 MnO_2、炭黑及 NH_4Cl 溶液的混合物。在混合物和锌皮之间注入由 NH_4Cl、$ZnCl_2$ 和淀粉制成的浆糊状物作为电解液。锌筒上口用松香蜡、沥青等物密封。

Zn-Mn 干电池的电极和电池反应可简化表达为:

负极:$Zn \rightarrow Zn^{2+} + 2e^-$

正极:$2NH_4^+ + 2MnO_2 + 2e^- \rightarrow 2NH_3 + 2MnO(OH)$

电池反应:$Zn + 2MnO_2 + 2NH_4^+ \rightarrow Zn^{2+}$
$\qquad\qquad + 2MnO(OH) + 2NH_3$

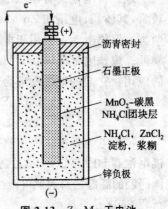

图 2-13　Zn-Mn 干电池

随着反应的进行,锌皮及 MnO_2 不断被消耗,电池电压不断降低,直至电能殆尽。因此,干电池属一次性电池。

现在常用的干电池是碱性锌锰干电池,电池使用 KOH 或 NaOH 的水溶液作电解质溶液,与传统锌锰电池不同的是其负极结构由锌片改为锌粉,外壳改用钢皮,正极仍为石墨和二氧化锰,电解液由原来的中性变为离子导电性更好的碱性,反应面积成倍增长。碱性锌锰干电池的比能量和放电电流与传统干电池相比有显著的提高。其电极和电池反应为:

负极:$Zn + 2OH^- \rightarrow ZnO + H_2O + 2e^-$

正极:$2MnO + 2H_2O + 2e^- \rightarrow 2MnO(OH) + 2OH^-$

电池反应：$Zn + 2MnO_2 + H_2O \rightarrow ZnO + 2MnO(OH)$

（2）Ag-Zn 微型电池

微型电池是指电子手表、微型照相机及录音机等小型精密仪器内使用的一种体积小、质量轻的"纽扣"电池。其中银锌电池较常见，其电极材料是 Ag_2O 和 Zn，电极和电池反应为：

负极：$Zn + 2OH^- \rightarrow Zn(OH)_4 + 2e^-$

正极：$Ag_2O + H_2O + 2e^- \rightarrow 2Ag + 2OH^-$

电池反应：$Zn + Ag_2O + 2H_2O \rightarrow Zn(OH)_2 + 2Ag$

2. 二次电池

二次电池（蓄电池）是一类能经历数百次反复放电、充电使用的电池。

（1）铅蓄电池

铅蓄电池的极板是用铅锑合金制作的栅状框架，正极填充 PbO_2，负极填充灰铅。正、负极板交替排列，并浸泡在 $30\% H_2SO_4$ 溶液（密度为 $1.2 kg \cdot L^{-1}$）中。

放电时，电极和电池反应为：

负极（灰铅）：$Pb + SO_4^{2-} \rightarrow PbSO_4 + 2e^-$

正极（PbO_2）：$PbO_2 + SO_4^{2-} + 4H^+ + 2e^- \rightarrow PbSO_4 + 2H_2O$

电池反应：$PbO_2 + Pb + 2H_2SO_4 = 2PbSO_4 + 2H_2O$

铅蓄电池每个单元电压为 2.0V 左右。放电后，若单元电压降到 1.8V（或硫酸密度降为 $1.05 kg \cdot L^{-1}$）时就得充电。充电时电极反应恰为放电时的逆过程。

铅蓄电池的主要优点是电压稳定、电容量较大、功率高、价格便宜。老型号的铅蓄电池主要缺点是笨重、不便携带、防震性差、易逸出酸雾、浸出酸液。20 世纪 80 年代后生产的新型铅蓄电池采用玻璃纤维作为隔膜，利用负极过量、贫液等方法，实现了少维护或者免维护。

（2）碱性蓄电池

碱性蓄电池具有体积小、质量轻、使用寿命长（可反复充、放电 $2 \times 10^3 \sim 4 \times 10^3$ 次），但价格较贵，其体积、电压和 Zn-Mn 干电池相近。市售商品有镍镉（Ni-Cd）电池和镍铁（Ni-Fe）电池两类。镍镉电池主要用于电动工具中。镍铁电池最大的优势是价格低廉，但镍铁电池充电效率低。镍铁电池能够长时间小电流放电，所以一般在铁路信号发送及备用电源方面得到广泛的应用。它们的电池反应为：

$$Cd + 2NiO(OH) + 2H_2O = 2Ni(OH)_2 + Cd(OH)_2$$

$$Fe + 2NiO(OH) + 2H_2O = 2Ni(OH)_2 + Fe(OH)_2$$

镍氢电池是被认为可取代镍镉电池的新型碱性蓄电池，其能量密度高，同型号的容量比镍镉电池高 $50\% \sim 100\%$，无镉污染，可大电流充放电，电压为 1.2V，与镍镉电池具有互换性。我国研制的高能密封镍氢电池（储氢材料：为 LaNi 系合金）用于动力轿车，最高时速 $140 km \cdot h^{-1}$，行程 260km。

镍氢电池的正极材料为 $Ni(OH)_2$，负极材料为储氢合金（通常为 $LaNi_5$ 型混合稀土系储氢合金，表示为 M），其电池反应为：

$$MH（金属型氢化物） + NiO(OH) = Ni(OH)_2 + M$$

3. 锂离子电池

锂是金属中密度最小的，Li^+/Li 标准电极电势为 $-3.040V$，也是金属中电极电势代数值最小的,所以一直是化学电源领域中关注的热点。自 20 世纪 80 年代以来,各种高比能量锂电池有了很大的发展,安全性和可逆性均优于金属锂负极电池的锂离子二次电池成为应用最为广泛的便携式化学电源。

锂离子电池采用可使锂离子嵌入和脱嵌的碳材料(LiC_6)代替金属锂作为负极材料。正极材料常用 Li_xCoO_2,也可用 Li_xNiO_2、Li_xMnO_4 或 Li_xFePO_4。$LiPF_6$-EC(碳酸乙烯酯)-DEC(碳酸二乙酯)非水电解质作为电池电解液。

锂离子电池的充放电过程反应式为:

$$LiCoO_2 + C_6 = CoO_2 + LiC_6$$

锂离子电池也称摇椅电池,是指锂离子在正、负极之间摇来摇去。锂离子电池具有高工作电压(平均工作电压 3.6~3.7V)、高比能量($100W \cdot h \cdot g^{-1}$ 以上)、循环寿命长(>1000 次)及无污染等特点。

4. 燃料电池

燃料电池是使燃料与氧起化学反应时,其化学能直接转变为电能的一种原电池。现代的燃料电池其正极和负极都用微孔惰性材料(如铁、碳、镍、银、铂等)制成。负极方面连续送入气态燃料(如氢、天然气、发生炉煤气、水煤气等),正极方面连续送入空气或氧。电解质可用酸、碱或金属氧化物。

碱性的氢-氧燃料电池结构如图 2-14 所示。

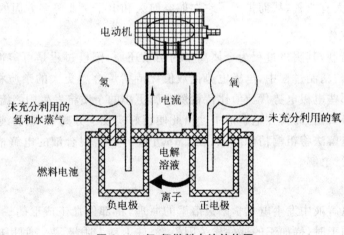

图 2-14　氢-氧燃料电池结构图

以多孔的镍电极为电池负极,多孔氧化镍覆盖的镍为正极。用多孔隔膜将电池分成三部分,中间部分盛有 70%KOH 溶液,左侧通入燃料 H_2,右侧通入氧化剂 O_2。气体通过隔膜扩散到 KOH 溶液部分,发生下列电极和电池反应:

负极:$H_2(g) + 2OH^- - 2e^- \rightarrow 2H_2O(l)$

正极:$\frac{1}{2}O_2(g) + H_2O + 2e^- \rightarrow 2OH^-$

电池反应:$H_2(g) + \frac{1}{2}O_2(g) \rightarrow H_2O(l)$

由于化学能直接转变电能,其能源利用率可高达约 80%,大大超过了火力发电(35%左右),并且燃料电池的产物为水,对环境没有污染。目前,国外已用于公共汽车和载人宇宙飞船。更有趣的是电池产生的水,可供宇航员饮用。

除上述几种化学电池外,钠硫电池、光电化学电池、导电高聚物电池、超级电容器等新型电池也先后研究开发出来。这些新型电池一般具有电动势较高、比功率高、电容量较大、无污染等优点。

2.5.2 电解

电解作为电化学工业中规模最大的生产工艺,目前已被广泛应用于有色金属冶炼、氯碱和无机盐生产以及电解加工方面。

1. 电解抛光

电解抛光是金属表面精加工的一种方法。它以待抛光的金属制品为阳极,通过金属阳极氧化过程中,使金属制品表面突出的部分优先溶解,进而消除表面的粗糙状态,得到具有镜面般的外观。与机械抛光相比,电抛光加工后的表面无应力产生。

对于铝及其合金来说,其阳极氧化作用不仅是抛光,同时还在金属及其合金制品表面形成均匀、致密的氧化保护膜。在工艺上,可以选择相应的电解液(如硫酸、铬酸等),在特定的工艺条件(电流密度、温度、时间、搅拌速率等)下,阳极表面将会形成适宜厚度(比通常氧化膜厚几倍甚至几十倍)的膜。经过处理的铝及其合金材料,其硬度和耐磨性大大提高,其绝缘性、耐热性、抗腐蚀性等也大有改善,从而扩大了它在航空航天和电子工业等多方面的应用。

2. 电解精制金属

金属电解的精制,其阴极过程为金属离子的阴极还原,阳极过程是可溶性阳极(待精制的金属)的阳极溶解。精制过程中,电极电势代数值比待精炼金属更大的杂质将不溶解,而留在阳极泥中;反之,那些电极电势代数值比待精炼金属更小的杂质将发生阳极溶解,进入电解液,但是却不能在阴极析出,而留在电解液中。由此便正好实现了分离杂质、提纯金属的目的。

工业上采用电解法将粗铜精炼除杂,在 $CuSO_4$ 和 H_2SO_4 混合液的电解槽内,以粗铜为阳极,纯铜为阴极进行电解。

3. 电解加工

利用金属在电解液中发生电化学阳极溶解的原理,将部件加工成形的一种特殊加工方法就是电解加工。加工时,待加工的部件作为阳极,模件工具为阴极,两极间用电解液冲刷,当通电时,待加工部件就会按模件的式样随模件的吃进而溶解下来。

对于高硬度难加工、形状复杂或薄壁的金属及合金材料的加工具,电解加工具有显著优势。目前,电解加工已获得广泛应用,如在炮管膛线、叶片、整体叶轮、模具、异型孔及异型零件、倒角和去毛刺等加工中,电解加工工艺已占有重要甚军不可替代的地位。

2.5.3 电镀

电镀是利用电解方法对镀件进行电沉积的一种工艺。金属电镀的目的主要是使金属增强抗腐蚀的能力或表面强度。电镀时在盛有电镀液的镀槽中,经过清理和特殊预处理的镀件作阴极,镀层金属(在空气或溶液中较稳定的金属,如 Cr、Ni、Zn)作阳极。电镀液由镀层金属的化合物、导电的盐类、缓冲剂、pH 调节剂和添加剂等的水溶液组成。通电后,电镀液中的金属离子在阴极上被还原形成致密的镀层。电镀过程中阳极被氧化生成金属阳离子,镀液中镀层金属阳离子的浓度不变。

电镀时,阳极材料的质量、电镀液的成分、温度、电流密度、通电时间、搅拌强度等都会影响镀层的质量,需要适时进行控制。

电镀方式分为挂镀(或槽镀)、滚镀、连续镀和刷镀等,主要与待镀件的尺寸和批量有关。挂镀适用于一般尺寸的制品,如汽车的保险杠、自行车的车把等;滚镀适用于小零件,如螺母、垫圈等;连续镀适用于成批生产的线材和带材;刷镀适用于局部镀或修复。

以电镀锌为例,锌是相对其他金属易镀覆而又较价廉的金属,故被广泛用于钢铁镀锌,以防止大气腐蚀。以往国内镀锌按电镀溶液可分为氰化物镀锌、硫酸盐镀锌、锌酸盐镀锌、氯化物镀锌四大类。氰化物镀锌固然产品质量好,但由于氰化物剧毒,已经淘汰氰化电镀工艺。若用硫酸盐镀锌,优点是成本低廉,但由于 Zn^{2+} 浓度大,沉出速率快,造成镀层粗糙、厚薄不均,而且与基体金属结合欠佳。目前,主要采用锌酸盐镀锌和氯化物镀锌工艺。锌酸盐镀锌工艺的优点是镀层经处理后外观光亮、成本较低,但电流效率较低、锌沉积慢、不宜滚镀。氯化物镀锌工艺优点是镀层光亮度高,可与镀铬相媲美,而且电流效率高(节电),但成本相对偏高,也有人对镀层的质量有异议。

2.5.4　金属的腐蚀与防腐

1. 金属的腐蚀

金属腐是困扰人们的一个世界性难题。按金属腐蚀的作用特点可以将其分为化学腐蚀、生物化学腐蚀和电化学腐蚀。

①化学腐蚀。由氧化性物质直接与金属发生化学反应而造成的腐蚀,如金属在干燥气体或不导电的非水溶液中的腐蚀。

②生物化学腐蚀。由于某些微生物的代谢作用引发的腐蚀,如硫酸盐还原细菌、铁细菌等的代谢产生的 H_2S、H_2SO_4、CO_2 等"排泄物"都促进了钢铁构件的腐蚀。

③电化学腐蚀。因为金属与介质之间形成原电池,发生阳极金属材料氧化造成的腐蚀。

电化学腐蚀是金属腐蚀中最普遍也是最主要的。钢铁在潮湿的空气中所发生的腐蚀就是电化学腐蚀。在潮湿的空气中,钢铁表面会吸附一层薄薄的水膜。如果这层水膜呈较强酸性,H^+ 得电子析出氢气,这种电化学腐蚀称为析氢腐蚀;如果这层水膜呈弱酸性或中性,能溶解较多氧气,则 O_2 得电子而析出 OH^-,这种电化学腐蚀称为吸氧腐蚀,它是造成钢铁腐蚀的主要原因,其原电池反应为:

正极反应:$O_2+4e^-+2H_2O=4OH^-$(水膜呈弱酸性或中性)

负极反应:$2Fe-4e^-=2Fe^{2+}$(水膜呈弱酸性或中性)

电池反应:$4Fe(OH)_2+O_2+2H_2O=4Fe(OH)_3$

2. 金属防腐

由于金属与周围介质发生化学或电化学作用造成金属腐蚀,因此,要防止金属腐蚀必须从金属和介质两个角度来考虑。

（1）把金属制成耐腐蚀合金

根据不同用途把金属制成耐腐蚀的合金。例如，铁中加入硅量达 14％时，得到的高硅铁表面因形成氧化硅保护膜，对热硫酸、硝酸等都有较好的耐腐蚀能力。又如含 18％Cr、8％Ni 的钢，即型号为"18.8"的不锈钢，也具有较好的耐腐蚀能力。

（2）在介质中加入缓蚀剂

在腐蚀介质中加入少量的缓蚀剂以明显抑制其对金属的腐蚀。缓蚀剂按组分可分为无机缓蚀剂和有机缓蚀剂两大类。

①无机缓蚀剂有聚磷酸盐、铬酸盐、硅酸盐等，其作用一般认为是在金属表面形成氧化物等保护膜或吸附层所致。

②有机缓蚀剂常用的有乌洛托品（六亚甲基四胺）等含 N、S、O 的有机物。工业生产中的锅炉、容器、管道常采用缓蚀剂防腐。

（3）在金属表面覆盖保护层

最简便的方法是在金属表面涂上耐腐蚀的油漆。此外，在金属表面进行喷镀、电镀或化学镀或在金属表面进行钝化处理，如用浓硝酸处理过的铁丝，其表面被致密的氧化膜覆盖而失去活性。

（4）电化学保护法

电化学保护法包括阳极保护法、阴极保护法。

①阳极保护法。以设备作为阳极，从外部通入电流。当阳极电极电势足够大时，在设备表面形成致密的氧化物保护膜，腐蚀速率急速下降，甚至可下降几万倍，从而使设备得到保护。

②阴极保护法。将被保护的金属构件作为阴极与外电源的负极相接，体系中连接一块导电的不溶性物质（如石墨、废钢或高硅铸铁等）作为阳极，在直流电作用下金属构件得到保护（图 2-15）。或者采用牺牲阳极的办法，连接一块电极电势较低的金属，例如，在钢铁设备上连接锌、镁或铝等活泼金属作为阳极，由于后者电极电势比较低，作为阳极会逐渐被腐蚀，而作为阴极的钢铁设备获得保护（图 2-16）。

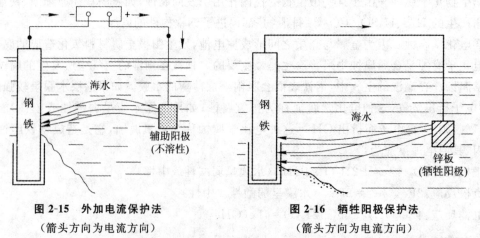

图 2-15　外加电流保护法
（箭头方向为电流方向）

图 2-16　牺牲阳极保护法
（箭头方向为电流方向）

目前，阴极保护法被广泛用于土壤和海水中的金属构件如管道、电缆、钻井平台、码头等的保护，为了延长金属构件的使用寿命，一般与涂料联合应用。

第3章 沉淀反应

3.1 难溶电解质的溶度积和溶解度

按溶解度的大小,电解质分为易溶和难溶电解质,溶解度小于 $0.01g/L$ 的电解质称为难溶电解质。任何难溶电解质溶于水后或多或少都会有部分溶解成相应的离子,一定条件下当溶解达到平衡状态时,体系中同时存在离子和难溶物的固相形态,该平衡体系属于多相离子平衡。

3.1.1 溶度积常数

通常把常温下溶解度小于 $0.01g/100g$ 水的电解质称为难溶电解质。任何难溶电解质溶于水后,或多或少都会有部分溶解成相应的离子,一定条件下,当溶解达到平衡状态时,体系中同时存在离子和难溶物的固相形态,该平衡体系属于多相离子平衡。

将固体 $AgCl$ 放入水中,微量的 $AgCl$ 溶解解离成相应的 Ag^+,Cl^-(实际上是水合离子),这个过程称溶解;同时,随着溶液中 Ag^+,Cl^- 浓度的不断增大,其中一些 Ag^+ 和 Cl^- 相互碰撞而结合成 $AgCl$ 晶体重新回到固体 $AgCl$ 表面,这个过程称沉淀。一定温度下,当溶解与沉淀达到平衡时,此时溶液为饱和溶液。此状态下难溶电解质的沉淀与其相关离子间的多相平衡状态可表示为:

$$AgCl(s) = Ag^+ + Cl^-$$

其标准平衡常数为:

$$K_{sp}^{\theta} = c(Ag^+) \cdot c(Cl^-)$$

推广到一般的难溶电解质 A_nB_m,一定温度下溶解与沉淀达到平衡时:

$$A_mB_n(s) = mA^{n+} + nB^{m-}$$

$$K_{sp}^{\theta} = c^m(A^{n+}) \cdot c^n(B^{m-}) \tag{3-1}$$

式中,K_{sp}^{θ} 为难溶电解质沉淀溶解平衡的平衡常数,称溶度积常数,意指在一定温度下,难溶电解质饱和溶液中离子平衡浓度幂的乘积。式(3-1)中的浓度都是平衡浓度。

溶度积常数表示一定条件下难溶物溶解趋势的大小,同时也表示难溶电解质在溶液中形成沉淀的难易:对于相同类型($m+n$ 相同)的难溶物,K_{sp}^{θ} 越小,其在水中的溶解趋势就越小,难溶电解质的沉淀越容易形成;反之则溶解趋势越大,沉淀越难形成。给定难溶物质的 K_{sp}^{θ} 的大小只与温度有关,而与浓度无关。其理论值可由难溶电解质沉淀溶解平衡过程的标准吉布斯自由能变求得。

溶度积应该是饱和溶液中各离子活度的乘积。一般手册中所提供的有关数据是实验测得的活度积常数,但由于大多数难溶电解质溶解度很小,溶液中离子浓度极小,若离子强度不大,则活度积常数与溶度积常数相差不大。若溶液中有其他离子存在,离子强度较大时,K_{sp}^{θ} 不再表现为近似常数,这也说明溶度积常数表示式仅对纯水中的溶解情况是正确的,当有其他电解质溶解于水中时,误差就较大。

3.1.2 溶度积与溶解度之间的关系

溶度积和溶解度都能用来表示难溶电解质的溶解趋势,它们之间的定量关系推导如下:

设一定温度下难溶电解质 A_mB_n 在水中的溶解度为 $S \, mol \cdot L^{-1}$,则

$$A_mB_n \Longrightarrow mA^{n+} + nB^{m-}$$

起始浓度/(mol $\cdot$ L^{-1})　　　　　　　　0　　　　0

平衡浓度/(mol $\cdot$ L^{-1})　　　　　　　　mS　　　nS

根据　　　　　$K_{sp}^{\theta} = c^m(A^{n+}) c^n(B^{m-}) = (mS)^m (nS)^n$

即

$$S(A_mB_n) = \sqrt[m+n]{\frac{K_{sp}^{\theta}(A_mB_n)}{m^m n^n}}$$

上式假设:难溶电解质溶于水后,溶解部分完全解离成相应的自由离子,同时不考虑离子间的相互作用。上式用于具体的 $A_mB_n(s)$ 型难溶电解质,则相应的换算公式为:

AB 型

$$S(AB) = \sqrt{K_{sp}^{\theta}(AB)}$$

A_2B 或 AB_2 型

$$S(AB_2) = \sqrt[3]{\frac{K_{sp}^{\theta}(AB_2)}{4}}$$

AB_3 型

$$S(AB_3) = \sqrt[4]{\frac{K_{sp}^{\theta}(AB_3)}{27}}$$

上述公式可用于溶解度与溶度积间的相互换算,但换算时溶解度的单位必须用 mol $\cdot$ L^{-1}。同时,上述公式仅适用于体系无副反应(水解反应、氧化还原反应、配合反应等)的沉淀溶解平衡体系,否则计算结果将与实际不符。

3.1.3 溶度积规则及其应用

1.溶度积规则

在实际工作中,应用沉淀平衡可以判断某难溶电解质在一定条件能否生成沉淀,已有的沉淀能否发生溶解。下面以 $CaCO_3$ 为例予以说明。

在一定温度下,把过量的 $CaCO_3$ 固体放入纯水中,溶解达到平衡时,在 $CaCO_3$ 的饱和溶液中 $c_{Ca^{2+}} = c_{CO_3^{2-}}$,$c_{Ca^{2+}} \cdot c_{CO_3^{2-}} = K_{sp}^{\theta}(CaCO_3)$。

在上述平衡系统中,

①如果再加入 $c_{Ca^{2+}}$ 或 $c_{CO_3^{2-}}$,此时 $c'_{Ca^{2+}} \cdot c'_{CO_3^{2-}} > K_{sp}^{\theta}(CaCO_3)$ 沉淀溶解平衡被破坏,平衡向生成 $CaCO_3$ 的方向移动,故有 $CaCO_3$ 析出。与此同时,溶液中 $c_{Ca^{2+}}$ 或 $c_{CO_3^{2-}}$ 浓度不断减少,直至 $c'_{Ca^{2+}} \cdot c'_{CO_3^{2-}} = K_{sp}^{\theta}(CaCO_3)$ 时,沉淀不再析出,在新的条件下重新建立起平衡(注意此时 $c_{Ca^{2+}} \neq c_{CO_3^{2-}}$):

$$CaCO_3 \Longleftarrow Ca^{2+} + CO_3^{-2}$$

← 平衡移动方向

②设法降低 $c_{Ca^{2+}}$ 或 $c_{CO_3^{2-}}$ 的浓度，或者两者都降低，使平衡将向 $c'_{Ca^{2+}} \cdot c'_{CO_3^{2-}} < K^{\theta}_{sp}(CaCO_3)$ 溶解方向移动。如在平衡系统中加入 HCl，则 H^+ 与 $c_{CO_3^{2-}}$ 结合生成 H_2CO_3，H_2CO_3 立即分解为 H_2O 和 CO_2，从而大大降低了 $c_{CO_3^{2-}}$ 的浓度，致使 $CaCO_3$ 逐渐溶解，并重新建立起平衡（此时 $c_{Ca^{2+}} \neq c_{CO_3^{2-}}$）：

$$CaCO_3 \Longleftarrow Ca^{2+} + CO_3^{2-}$$

平衡移动方向 →

根据上述沉淀与溶解的情况，不难得出：难溶电解质的沉淀溶解平衡是动态平衡，随条件的改变，平衡会发生移动。设在某一状态下，难溶电解质溶液中离子浓度的乘积为离子积，用符号"Q"表示，Q 的表达式在形式上与 K^{θ}_{sp} 的表达式一致，只是 K^{θ}_{sp} 的表达式中离子浓度为平衡时的浓度，Q 的表达式中离子浓度为任一状态下的浓度，K^{θ}_{sp} 是 Q 的一种特殊情况。在一给定的难溶电解质溶液中，它们的离子积和溶度积之间存在三种如下情况。

①$Q = K^{\theta}_{sp}$，此时难溶电解质达到沉淀溶解平衡状态，溶液是饱和溶液。

②$Q > K^{\theta}_{sp}$，溶液中将析出沉淀，直到溶液中的 $Q = K^{\theta}_{sp}$ 为止。

③$Q < K^{\theta}_{sp}$，溶液为不饱和溶液，将足量的难溶电解质固体放入此溶液中，固体将溶解，直到溶液中 $Q = K^{\theta}_{sp}$ 星时，溶液达到饱和。

上述内容称为溶度积规则，根据溶度积规则，可以判断溶液中沉淀的生成和溶解。应该注意的是，离子积 Q_i 是非平衡状态下离子浓度的乘积，所以 Q 值不固定。

2. 溶度积规则的应用

①判断沉淀生成与溶解的条件。根据溶度积规则可知，在某难溶电解质溶液中，要是该物质的沉淀生成，必须达到沉淀生成的必要条件离子积大于溶度积，即 $Q > K^{\theta}_{sp}$。

②判断沉淀的完全程度。当用沉淀反应制备产品或分离杂质时，沉淀是否完全是人们最关心的问题。由于难溶电解质溶液中存在着沉淀—溶解平衡，一定温度 K^{θ}_{sp} 为常数，故溶液中没有哪一种离子的浓度会完全等于零。所谓"沉淀完全"并不是说溶液中某种离子完全不存在，而是其含量极少，换句话说，没有一种沉淀反应是绝对完全的。在定性分析中一般要求离子浓度小于 1×10^{-5} $mol \cdot L^{-1}$ 时，沉淀就达完全，即该离子被认为已除尽。

③同离子效应。根据同离子效应可知欲使某种离子沉淀完全或为了减少溶解损失，当沉淀反应达到平衡后，应加入过量的沉淀剂，这也是实际生产中常采用的一种方法。例如，当以 $AgNO_3$ 和盐酸为原料制备 $AgCl$ 时，为使 Ag^+ 完全沉淀，通常加入适当过量的盐酸；在洗涤沉淀时，为减少溶解损失通常采用含有相同离子的溶液代替纯水，如洗涤 $BaSO_4$ 沉淀时通常采用稀 H_2SO_4 做洗涤液。

从同离子效应的角度推断，加入的沉淀剂越多，可使被沉淀的离子沉淀得越完全。但事实上沉淀剂过量的程度，应根据沉淀剂的性质来确定，沉淀剂过多反而会使难溶电解质的溶解度增大，造成盐效应。

④盐效应。产生盐效应的原因是在易溶强电解质的溶液中，离子强度较大，离子间存在静电作用互相牵制，限制了离子的自由活动，从而使阴阳离子相碰撞结合生成沉淀的机会减少，

表现为难溶电解质的溶解度增大。

由上述内容可知,在利用同离子效应的同时也存在盐效应,所以所加沉淀剂不能过量太多,在实际工作中若沉淀剂不易挥发,应过量少些,一般过量20%~50%;若沉淀剂易挥发除去,则可过量多些,甚至过量100%。

3.1.4 溶度积常数与自由能变

根据平衡常数与吉布斯自由能变的定量关系:

$$\Delta_r G_m^\theta(T) = -2.303RT\lg K^\theta$$

$$\lg K^\theta = \frac{-\Delta_r G_m^\theta(T)}{2.303RT}$$

上式用于难溶电解质沉淀溶解平衡过程,则有

$$\lg K_{sp}^\theta = \frac{-\Delta_r G_m^\theta(T)}{2.303RT}$$

上式可求难溶电解质物的 K_{sp}^θ。

3.2 沉淀的生成

根据溶度积规则,沉淀生成的条件是使溶液中难溶电解质的离子积大于该物质的溶度积。往往通过加入与该难溶电解质含有相同离子的易溶强电解质作为沉淀剂,增大溶液中离子的浓度,沉淀－溶解平衡发生移动,从而使反应向生成沉淀的方向进行。

3.2.1 沉淀生成条件

根据溶度积规则可知,在某难溶电解质的溶液中,要使该物质的沉淀生成,必须达到沉淀生成的必要条件是离子积大于溶度积,即 $Q > K_{sp}^\theta$。

【例 3-1】 判断将 5mL、1×10^{-5} mol·L^{-1} 的 $AgNO_3$ 溶液和 15mL、4×10^{-5} mol·L^{-1} 的 K_2CrO_4 溶液混合时,有无砖红色 Ag_2CrO_4 沉淀生成?(已知 Ag_2CrO_4 的 $K_{sp}^\theta = 1.1\times10^{-12}$)

解:混合溶液中 Ag^+ 与 CrO_4^{2-} 的浓度分别为:

$$cAg^+ = 1\times10^{-5}\times\frac{5}{20} = 2.5\times10^{-6}\,(mol\cdot L^{-1})$$

$$cCrO_4^{2-} = 4\times10^{-5}\times\frac{15}{20} = 3\times10^{-5}\,(mol\cdot L^{-1})$$

$$Q_i = (cAg^+/c^\theta)^2(cCrO_4^{2-}/c^\theta) = (2.5\times10^{-6})^2\times3\times10^{-5} \approx 1.9\times10^{-16}$$

由于　　　　　　　　　　　　$K_{sp}^\theta = 1.1\times10^{-12}$
因此　　　　　　　　　　　　$Q_i < K_{sp}^\theta$
故无 Ag_2CrO_4 沉淀生成。

【例 3-2】 0.50L、0.10mol·L^{-1} 的 $MgCl_2$ 溶液和等体积同浓度的氨水混合,是否生成 $Mg(OH)_2$ 沉淀?如果要控制 $Mg(OH)_2$ 沉淀不产生,至少需要加入多少固体 NH_4Cl(设加入固体 NH_4Cl 后溶液体积不变)?已知 $Mg(OH)_2$ 的 $K_{sp}^\theta = 1.8\times10^{-5}$,$NH_3$ 的 $K_b^\theta = 1.8\times10^{-5}$。

解:(1)0.50L、0.10mol·L^{-1} 的 $MgCl_2$ 溶液和等体积同浓度的氨水混合后溶液中的 Mg^{2+}

和 $NH_3 \cdot H_2O$ 的浓度都会减半。即

$$c Mg^{2+}=0.050 mol \cdot L^{-1}, c NH_3 \cdot H_2O=0.050 mol \cdot L^{-1}$$

溶液中的 OH^- 是由 $NH_3 \cdot H_2O$ 解离产生,则

$$cOH^-/c^\theta=\sqrt{K_{sp}^\theta c NH_3 \cdot H_2O/c^\theta}=\sqrt{1.8\times10^{-5}\times0.050}=9.5\times10^{-4}$$

所以溶液中的 OH^- 浓度为 $9.5\times10^{-4} mol \cdot L^{-1}$。

由 $Mg(OH)_2$ 的沉淀—溶解平衡 $Mg(OH)_2 \rightleftharpoons Mg^{2+}+2OH^-$ 可知:

$$Q_i=(c Mg^{2+}/c^\theta)(cOH^-/c^\theta)^2=0.050\times(9.5\times10^{-4})^2=4.5\times10^{-8}$$

因为 $Mg(OH)_2$ 的 $K_{sp}^\theta=1.8\times10^{-11}<Q_i$,所以有 $Mg(OH)_2$ 沉淀生成。

(2)在此溶液中加入固体 NH_4Cl,由于同离子效应使氨水的解离度会降低,因此溶液中 OH^- 的浓度也会减小,有可能不产生沉淀。

此时该系统同时存在以下两个平衡:

$$Mg(OH)_2 \rightleftharpoons Mg^{2+}+2OH^-$$
$$K_{sp}^\theta=(c Mg^{2+}/c^\theta)(cOH^-/c^\theta)^2 \tag{3-2}$$
$$NH_3 \cdot H_2O \rightleftharpoons NH_4^++OH^-$$
$$K_b^\theta=(c NH_4^+/c^\theta)(cOH^-)/(c NH_3 \cdot H_2O/c^\theta) \tag{3-3}$$

由式(3-2)可知,如果不生成 $Mg(OH)_2$ 沉淀,允许的最大 OH^- 浓度为:

$$cOH^-/c^\theta=\sqrt{K_{sp}^\theta c^\theta/c Mg^{2+}}=\sqrt{1.8\times10^{-11}/0.050}=1.9\times10^{-5}$$

所以溶液中允许的最大 OH^- 浓度为 $1.9\times10^{-5} mol \cdot L^{-1}$。

需加入 NH_4Cl 的最低浓度根据式(3-3)可得:

$$c NH_4^+/c^\theta=\frac{K_b^\theta c NH_3 \cdot H_2O/c^\theta}{cOH^-}$$
$$=1.8\times10^{-5}\times0.050/(1.9\times10^{-5})=0.047$$

所以溶液中允许的最低 NH_4Cl 浓度为 $0.047 mol \cdot L^{-1}$。

因为 $M NH_4Cl=53.5 g/mol$,溶液的总体积为 1L,所以加入固体 NH_4Cl 的最小质量为:

$$m NH_4Cl=1.0\times0.047\times53.5=2.5(g)$$

3.2.2 沉淀的同离子效应和盐效应

1.同离子效应

在难溶电解质的饱和溶液中,加入与该难溶电解质含有相同离子的易溶强电解质,由于溶液中离子浓度增加,沉淀—溶解平衡向生成沉淀的方向移动,而使难溶电解质的溶解度降低的作用称为同离子效应。

【例 3-3】 求 25℃时,Ag_2CrO_4 在 $0.010 mol \cdot L^{-1} K_2CrO_4$ 溶液中的溶解度。

解:设 Ag_2CrO_4 的溶解度为 $S mol \cdot L^{-1}$,则

$$Ag_2CrO_4 \rightleftharpoons 2Ag^+(aq)+CrO_4^{2-}$$

起始浓度/$(mol \cdot L^{-1})$ 0   0.010

平衡浓度/$(mol \cdot L^{-1})$ 2S   0.010+S

故

$$(2S)^2(0.010+S)=K_{sp}^{\theta}(Ag_2CrO_4)=1.1\times10^{-12}$$

S 很小 $0.010+S\approx0.010$，则

$$S=5.2\times10^{-6}$$

已知得 Ag_2CrO_4 在水中的溶解度为 $6.5\times10^{-5}mol\cdot L^{-1}$，可见 Ag_2CrO_4 在含有 CrO_4^{2-} 的溶液中溶解度降低了。

在实验中，常常利用加入适当过量的沉淀剂（一般过量 20%～50%即可），使沉淀趋于完全（在分析化学中，当溶液中离子浓度小于 $1.0\times10^{-5}mol\cdot L^{-1}$ 时即认为沉淀完全）。但是，如果加入沉淀剂太多时，往往会产生相反的作用，使沉淀的溶解度增大，这种影响来源于盐效应。

2. 盐效应

在难溶电解质溶液中加入易溶强电解质（不含相同的离子），可使难溶电解质的溶解度比在纯水中的增大。如在 AgCl 溶液中加入 KNO_3 后，AgCl 溶解度增大，并且 KNO_3 的浓度越大，AgCl 的溶解度也越大，如表 3-1 所示。这是因为加入易溶强电解质后，溶液中的总离子浓度增大了，增强了离子间的静电作用，在阴、阳离子的周围分别有更多的阳、阴离子（主要是易溶强电解质的阳、阴离子）而形成"离子氛"，使得维持沉淀—溶解平衡的离子的有效浓度降低，因而平衡向溶解的方向移动。当建立新的平衡时，难溶电解质的溶解度增大了。

表 3-1 AgCl 在 KNO_3 溶液中的溶解度（25℃）

$c(KNO_3)/(mol\cdot L^{-1})$	0.00	0.00100	0.00500	0.0100
$S(AgCl)/(10^{-5}mol\cdot L^{-1})$	1.278	1.325	1.385	1.427

这种由于加入易溶强电解质而使难溶电解质溶解度增大的效应，叫做盐效应。可见盐效应和同离子效应对沉淀—溶解平衡的影响刚好相反。如果加入具有相同离子的易溶强电解质，在产生同离子效应的同时，也能产生盐效应，一般来说，同离子效应的影响远比盐效应大。但盐效应较明显时，其影响也必须注意。如 $PbSO_4$ 在 Na_2SO_4 共存时其溶解度变化情况见表 3-2。

表 3-2 $PbSO_4$ 在 Na_2SO_4 溶液中的溶解度

$c(Na_2SO_4)/(mol\cdot L^{-1})$	0.00	0.001	0.01	0.02	0.04	0.100	0.200
$S(PbSO_4)/(mmol\cdot L^{-1})$	0.15	0.024	0.016	0.014	0.013	0.016	0.023

当 Na_2SO_4 的浓度从 0 增加到 $0.04\ mol\cdot L^{-1}$ 时，$PbSO_4$ 的溶解度逐渐变小，同离子效应起主导作用，当 Na_2SO_4 的浓度为 $0.04\ mol\cdot L^{-1}$ 时，$PbSO_4$ 的溶解度最小；当 Na_2SO_4 的浓度大于 $0.04\ mol\cdot L^{-1}$ 时，$PbSO_4$ 的溶解度逐渐增大，盐效应起主导作用。

一般来说，若难溶电解质的溶度积很小时，盐效应的影响很小，可忽略不计；若难溶电解质的溶度积较大时，溶液中各种离子的总浓度也较大，就应该考虑盐效应的影响。

【例 3-4】 计算 $BaSO_4$ 在 298.15K、$0.10mol\cdot L^{-1}$ 时 Na_2SO_4 溶液中的溶解度（s）。

解：考虑到 $BaSO_4$ 基本上不水解，设 $s=xmol\cdot L^{-1}$

$$BaSO_4(s)\Longleftrightarrow Ba^{2+}+SO_4^{2-}$$

平衡浓度/$(mol\cdot L^{-1})$ $\qquad x \qquad x+0.10$

$$c(Ba^{2+})c(SO_4^{2-})=K_{sp}^{\theta}(BaSO_4)\times(c^{\theta})^2$$

$$x(x+0.10)=1.08\times10^{-10}$$

因为 $K_{sp}^{\theta}(BaSO_4)$ 值甚小，x 比 0.10 小得多，所以 $0.10+x\approx0.10$

故

$$0.10x=1.08\times10^{-10},\ x=1.1\times10^{-9}$$
$$s=1.1\times10^{-9}\ mol\cdot L^{-1}$$

即 $BaSO_4$ 在 298.15K、$0.10mol\cdot L^{-1}Na_2SO_4$ 溶液中的溶解度为 $1.08\times10^{-9}mol\cdot L^{-1}$，相当于在纯水中的溶解度（$1.04\times10^{-5}mol\cdot L^{-1}$）的万分之一。

3.2.3　分步沉淀

在实际工作中，常常会遇到体系中同时含有多种离子，这些离子可能与加入的某一沉淀剂均会发生沉淀反应，生成难溶电解质，这种情况下离子积（J）首先超过溶度积的难溶电解质先沉出。例如，将稀 $AgNO_3$ 溶液逐滴加入到含有等浓度 Cl^- 和 I^- 的混合溶液中，首先析出的是黄色的 AgI 沉淀，随着 $AgNO_3$ 溶液的继续加入，才出现白色的 AgCl 沉淀。这种在混合溶液中多种离子发生先后沉淀的现象称为分步沉淀。

根据溶度积规则，可分别计算生成 AgCl 和 AgI 所需 Ag^+ 的最低浓度。

$$AgCl: c_1(Ag^+)>\frac{K_{sp}^{\theta}(AgCl)}{c(Cl^-)}\cdot(c^{\theta})^2=\frac{1.77\times10^{-10}}{c(Cl^-)}(c^{\theta})^2$$

$$AgI: c_2(Ag^+)>\frac{K_{sp}^{\theta}(AgI)}{c(I^-)}\cdot(c^{\theta})^2=\frac{8.52\times10^{-17}}{c(Cl^-)}(c^{\theta})^2$$

若溶液中 $c(Cl^-)=c(I^-)=1.0\times10^{-2}mol\cdot L^{-1}$，析出 AgCl，AgI 沉淀所需 Ag^+ 的最低浓度为：

$$AgCl: c_1(Ag^{2+})>\left(\frac{1.77\times10^{-10}}{1.0\times10^{-2}}\right)mol\cdot L^{-1}=1.77\times10^{-8}mol\cdot L^{-1}$$

$$AgI: c_2(Ag^+)>\left(\frac{8.52\times10^{-17}}{1.0\times10^{-2}}\right)mol\cdot L^{-1}=8.52\times10^{-15}mol\cdot L^{-1}$$

$$c_1(Ag^{2+})>c_2(Ag^+)$$

因此，当滴加 $AgNO_5$ 溶液时，AgI 先沉淀出来，随着 I^- 不断被沉淀为 AgI，溶液中 $c(I^-)$ 不断减小，若要继续沉淀，必须不断增加 $c_2(Ag^+)$，当达到 AgCl 开始沉淀所需 $f(Ag+)$ 时，AgI 和 AgCl 将同时沉出。在 AgI 和 AgCl 同时沉淀的前一瞬间，溶液中 $c_2(Ag^+)$ 必须同时满足下列两个关系式：

$$c(Ag^+)\cdot c(I^-)=K_{sp}^{\theta}(AgI)\times(c^{\theta})^2$$
$$c(Ag^+)\cdot c(Cl^-)=K_{sp}^{\theta}(AgCl)\times(c^{\theta})^2$$

即

$$c(Ag^+)=\frac{K_{sp}^{\theta}(AgI)}{c(I^-)}\times(c^{\theta})^2=\frac{K_{sp}^{\theta}(AgCl)}{c(I^-)}\times(c^{\theta})^2$$

由于两种离子（Cl^-、I^-）的起始浓度均为 $1.0\times10^{-2}mol\cdot L^{-1}$，在 AgCl 开始沉淀前一瞬间 $c(I^-)$ 为

$$c(I^-)=\frac{K_{sp}^{\theta}(AgI)\cdot c(Cl^-)}{K_{sp}^{\theta}(AgCl)}$$

$$= \frac{8.52 \times 10^{-17} \times 1.0 \times 10^{-2} \text{mol} \cdot \text{L}^{-1}}{1.77 \times 10^{-10}}$$

$$= 4.81 \times 10^{-9} \text{mol} \cdot \text{L}^{-1}$$

计算表明,当 AgCl 开始沉淀时,$c(\text{I}^-) \leqslant 4.81 \times 10^{-9}$ mol $\cdot$ L^{-1}(已小于 10^{-5} mol $\cdot$ L^{-1}),所以通过逐滴加入 AgNO$_3$ 溶液即可达到 I$^-$ 与 Cl$^-$ 分离的目的。

【例 3-5】 某种混合溶液中,含有 0.20 mol $\cdot$ L^{-1} 的 Ni^{2+}、0.3 mol $\cdot$ L^{-1} 的 Fe^{3+},若通过滴加 NaOH 溶液(忽略溶液体积的变化)分离这两种离子,溶液的 pH 应控制在什么范围?

解:根据溶度积规则,0.20mol $\cdot$ L^{-1} 的 Ni^{2+}、0.3mol $\cdot$ L^{-1} 的 Fe^{3+} 的混合溶液中开始析出 Ni(OH)$_2$、Fe(OH)$_3$ 所需 $c(\text{OH}^-)$ 最低浓度为

$$c_1(\text{OH}^-) > \sqrt{\frac{K_{sp}^{\theta}(\text{Ni(OH)}_2)}{c(\text{Ni}^{2+})} \times (c^{\theta})^3} = \left(\sqrt{\frac{5.48 \times 10^{-16}}{0.20}} \right) \text{mol} \cdot \text{L}^{-1}$$

$$= 5.23 \times 10^{-8} \text{mol} \cdot \text{L}^{-1}$$

$$c_2(\text{OH}^-) > \sqrt[3]{\frac{K_{sp}^{\theta}(\text{Fe(OH)}_3)}{c(\text{Fe}^{3+})} \times (c^{\theta})^4} = \left(\sqrt[3]{\frac{2.79 \times 10^{-39}}{0.30}} \right) \text{mol} \cdot \text{L}^{-1}$$

$$= 2.10 \times 10^{-13} \text{mol} \cdot \text{L}^{-1}$$

因为 $c_1(\text{OH}^-) \geqslant c_2(\text{OH}^-)$,所以 Fe(OH)$_3$ 先沉淀。

Fe(OH)$_3$ 沉淀完全时所需 OH$^-$ 最低浓度为:

$$c(\text{OH}^-) > \sqrt[3]{\frac{K_{sp}^{\theta}(\text{Fe(OH)}_3)}{c(\text{Fe}^{3+})} \times (c^{\theta})^4}$$

$$= \left(\sqrt[3]{\frac{2.79 \times 10^{-39}}{10^{-5}}} \right) \text{mol} \cdot \text{L}^{-1}$$

$$= 6.53 \times 10^{-12} \text{mol} \cdot \text{L}^{-1}$$

Ni(OH)$_2$ 不沉出所容许的 OH$^-$ 最高浓度则为:

$$c(\text{OH}^-) \leqslant 5.23 \times \times 10^{-8} \text{mol} \cdot \text{L}^{-1}$$

即 $c(\text{OH}^-)$ 应控制在 $6.53 \times 10^{-12} \sim 5.23 \times 10^{-8}$ mol $\cdot$ L^{-1}

$$\text{pH}_{\min} = 14.00 - \{-\lg(6.53 \times 10^{-12})\} = 2.81$$

$$\text{pH}_{\min} = 14.00 - \{-\lg(5.23 \times 10^{-8})\} = 6.72$$

所以若要分离这两种离子,溶液的 pH 应控制在 2.81~6.72 之间。

3.3 沉淀的溶解

3.3.1 沉淀溶解的方法

根据溶度积规则,在沉淀和饱和溶液共存的平衡体系中,若减小离子的浓度,使反应商 $Q < K_{sp}^{\theta}$,则平衡向右移动,沉淀就会溶解。这一过程的实现主要有以下几种方法:

1. 生成弱电解质

(1)生成水

难溶氢氧化物与酸反应,生成很弱的电解质,减小了溶液中的 OH$^-$ 的浓度,致使 $Q < K_{sp}^{\theta}$。

例如，$Al(OH)_3$ 溶于 HCl 溶液的反应，其过程可表示如下：

$$Al(OH)_3(s) \rightleftharpoons Al^{3+}(aq) + 3OH^-(aq)$$
$$+$$
$$3HCl \longrightarrow 3Cl^- + 3H^+$$
$$\Downarrow$$
$$3H_2O$$

总反应为：

$$Al(OH)_3(s) + 3HCl \rightleftharpoons AlCl_3 + 3H_2O$$

（2）生成弱酸

难溶的弱酸盐，如部分硫化物、碳酸盐等，可以与强酸反应，生成相应的弱酸，减小了溶液中弱酸根离子的浓度，致使 $Q < K_{sp}^{\theta}$。例如，ZnS 与 HCl 溶液的反应：

$$ZnS(s) \rightleftharpoons Zn^{2+}(aq) + S^{2-}(aq)$$
$$+$$
$$2HCl \longrightarrow 2Cl^- + 2H^+$$
$$\Downarrow$$
$$H_2S$$

总反应为：

$$ZnS(s) + 2HCl \rightleftharpoons ZnCl_2 + H_2S$$

（3）生成弱碱

难溶的氢氧化物可以和铵盐反应，生成弱碱而溶解。例如 $Mg(OH)_2$ 与 NH_4Cl 的反应：

$$Mg(OH)_2(s) \rightleftharpoons Mg^{2+}(aq) + 2OH^-(aq)$$
$$+$$
$$2NH_4Cl \longrightarrow 2Cl^- + 2NH_4^+$$
$$\Downarrow$$
$$2NH_3 \cdot H_2O$$

总反应为：

$$Mg(OH)_2(s) + 2NH_4Cl \rightleftharpoons MgCl_2 + 2NH_3 \cdot H_2O$$

【例 3-6】　在 0.20L 0.50mol $\cdot L^{-1}$ $MgCl_2$ 溶液中加入等体积的 0.100mol $\cdot L^{-1}$ 氨水溶液。为了不使 $Mg(OH)_2$ 沉淀析出，加入 $NH_4Cl(s)$ 的质量最低为多少（设加入固体 NH_4Cl 后溶液的体积不变）？

解：为了不使 $Mg(OH)_2$ 沉淀析出，$J \leqslant K_{sp}^{\theta}(Mg(OH)_2)$。

$$c(OH^-) \leqslant \sqrt{\frac{K_{sp}^{\theta}(Mg(OH)_2)}{c(Mg^{2+})}} = \sqrt{\frac{5.61 \times 10^{-12}}{0.25}} \text{mol} \cdot L^{-1} = 4.74 \times 10^{-6} \text{mol} \cdot L^{-1}$$

$$NH_3(aq) \quad + \quad H_2O(l) \rightleftharpoons NH_4^+(aq) + OH^-(aq)$$
$$0.050 - 4.74 \times 10^{-6} \qquad\qquad\qquad c_0 + 4.74 \times 10^{-6} \quad 4.74 \times 10^{-6}$$

起始浓度/(mol $\cdot L^{-1}$) ≈ 0.050 $\qquad\qquad\qquad\qquad\qquad \approx c_0$

故

$$\frac{4.74\times10^{-6}c_0(NH_4^+)}{0.050}=1.8\times10^{-5}$$

$$c_0(NH_4^+)=0.190\,mol\cdot L^{-1}$$

$$M_r(NH_4Cl)=53.5$$

$$m(NH_4Cl)=(0.190\times0.40\times53.5)g=4.07g$$

可以看出,在适当浓度的 NH_3-NH_4Cl 缓冲溶液中,$Mg(OH)_2$ 沉淀不能析出。

对于难溶金属硫化物,酸离解出来的质子与 S^{2-} 结合成 H_2S,使离子积减小而发生沉淀的溶解。其 K_{sp}^{θ} 越小,硫化物越难溶。

【例 3-7】 已知 CuS 的 $K_{spa}^{\theta}=4.41\times10^{-16}$,将 0.1mmol CuS 溶于 1.0mL 盐酸中,为了使 CuS 完全溶解,求所需的盐酸的最低浓度。

解:CuS 完全溶解后,溶液中 $c(Cu^{2+})=0.1\,mol\cdot L^{-1}$

假定溶液中平衡时 $c(H_2S)=0.1\,mol\cdot L^{-1}$

则平衡时 $c(H^+)=\sqrt{\dfrac{c(Cu^{2+})\cdot c(H_2S)}{K_{spa}^{\theta}}}=\sqrt{\dfrac{0.1\times0.1}{4.41\times10^{-16}}}=4.76\times10^6\,mol\cdot L^{-1}$

故所需的盐酸的浓度为:

$$c(HCl)=(4.76\times10^6+0.1\times2)\,mol\cdot L^{-1}=4.76\times10^6\,mol\cdot L^{-1}$$

实际上用最浓的盐酸($12\,mol\cdot L^{-1}$)也不能将 CuS 溶解。

2. 发生氧化还原反应

难溶电解质溶液中加入氧化剂或还原剂,难溶电解质中的离子因发生氧化还原反应而浓度减小,致使 $Q<K_{sp}^{\theta}$,沉淀溶解。例如,CuS 与 HNO_3 的反应:

$$3CuS+8HNO_3(稀)=\!=\!=3Cu(NO_3)_2+3S\downarrow+2NO\uparrow+4H_2O$$

3. 生成配离子

如果难溶电解质中的离子生成较稳定的配离子,也会使溶液中的离子浓度减小,则沉淀-溶解平衡向右移动,沉淀溶解。例如,AgCl 可溶于 $NH_3\cdot H_2O$ 溶液。

$$AgCl(s)=\!=\!=Ag^++Cl^-$$
$$+$$
$$2NH_3$$
$$\|$$
$$[Ag(NH_3)_2]^+$$

$$AgCl(s)+2NH_3\cdot H_2O=\!=\!=[Ag(NH_3)_2]^++Cl^-+2H_2O$$

一般情况下,当难溶化合物的溶度积不是很小,并且配合物的生成常数 K_f^{θ} 比较大时,就有利于配位溶解反应的发生。此外,配位剂的浓度也是影响难溶化合物能否发生配位溶解的重要因素之一。

【例 3-8】 室温下,在 1.0L 氨水中溶解 $0.10\,mol\cdot L^{-1}$ AgCl(s),氨水浓度应为多少?

解:近似地认为 AgCl 溶于氨水后全部生成 $[Ag(NH_3)_2]^+$。设平衡时氨水的浓度应为 $x\,mol\cdot L^{-1}$ 则

$$AgCl(s)+2NH_3(aq) \Longrightarrow [Ag(NH_3)_2]^+(aq)+Cl^-(aq)$$

起始浓度/($mol \cdot L^{-1}$)　　　　x　　　　　0.10　　　　　　0.10

$$K^\theta = K_f^\theta([Ag(NH_3)_2]^+) \cdot K_{sp}^\theta(AgCl)$$

$$\frac{0.10 \times 0.10}{x^2} = 1.12 \times 10^7 \times 1.8 \times 10^{-10} = 2.02 \times 10^{-3}$$

$$x = 2.2$$

生成 $0.10mol[Ag(NH_3)_2]^+$ 需要消耗 $0.20mol\ NH_3$, 所以

$$c_0(NH_3) = (2.2+0.20)mol \cdot L^{-1} = 2.4mol \cdot L^{-1}$$

氨水的最低浓度应为 $2.4mol \cdot L^{-1}$

对于银的难溶盐和配合物, 根据其溶度积和配合物稳定常数的不同, 存在以下难溶盐的沉淀和配位溶解间的相互转化顺序。

$$AgCl\downarrow \xrightarrow{NH_3} [Ag(NH_3)_2]^+ \xrightarrow{Br^-} AgBr\downarrow \xrightarrow{S_2O_3^{2-}} [Ag(S_2O_3)_2]^{3-} \xrightarrow{I^-} AgI\downarrow$$

白色　　　　　　　无色　　　　　　　浅黄色　　　　　　　无色　　　　　　　黄色

$$\xrightarrow{CN^-} [Ag(CN)_2]^- \xrightarrow{S^{2-}} Ag_2S\downarrow$$

无色　　　　　　黑色

综上所述, 沉淀溶解的方法有改变溶液的酸碱度, 利用氧化还原反应和配位反应及氧化—配位协同作用(如王水)等。如金属硫化物的溶度积大小有很大的差别, 其溶解的方法也因此而异, 如表 3-3 所示。

表 3-3　硫化物的溶解方法

	K_{spa}^θ	HAc	稀 HCl	浓 HCl	HNO_3	王水
MnS	较大	溶				
ZnS, FeS	$>10^{-2}$	不溶	溶			
CdS, PdS	约为 10^{-7}	不溶	不溶	溶		
CuS, Ag₂S	较小	不溶	不溶	不溶	溶	
HgS	非常小	不溶	不溶	不溶	不溶	溶

3.3.2　pH 值对沉淀—溶解平衡的影响

如果难溶电解质的阴离子是某弱酸的共轭碱, 由于该共轭碱能与质子结合, 则难溶电解质的溶解度将随溶液的 pH 值的变化而改变。这类难溶电解质包括难溶金属氢氧化物和难溶弱酸盐。利用它们在酸中溶解度的差异, 可通过控制溶液的 pH 值来达到生成沉淀, 从而分离金属离子的目的。

1. 难溶金属氢氧化物

对于难溶金属氢氧化物 $M(OH)_n$ 的沉淀—溶解平衡:

$$Mn(OH)_n \Longrightarrow M^{n+}(aq)+nOH^-(aq)$$

$$K_{sp}^\theta(M(OH)_n) = [c(M^{n+})] \cdot [c(OH^-)]^n$$

利用上式可以计算氢氧化物开始沉淀和沉淀完全时溶液的 $c(OH^-)$, 从而求出相应条件

下的 pH 值。

开始沉淀时：

$$c_{\text{始}}(\text{OH}^-) \geqslant \sqrt[n]{\frac{K_{\text{sp}}^{\theta}(\text{M(OH)}_n)}{c_0(\text{M}^{n+})}}$$

式中，$c_0(\text{M}^{n+})$ 表示溶液中 M^{n+} 的起始浓度。

溶液中 OH^- 的浓度小于 $c_{\text{始}}(\text{OH}^-)$ 时，就不会生成 M(OH)_n 沉淀；若溶液中有沉淀，只要将溶液中的 OH^- 控制在 $c_{\text{始}}(\text{OH}^-)$ 以下，M(OH)_n 沉淀将溶解，且溶解后溶液中 M^{n+} 的浓度为 $c_0(\text{M}^{n+})$。

沉淀完全时：

$$c_{\text{终}}(\text{OH}^-) \geqslant \sqrt[n]{\frac{K_{\text{sp}}^{\theta}(\text{M(OH)}_n)}{c_0(\text{M}^{n+})}}$$

利用不同离子形成氢氧化物沉淀和沉淀完全时溶液的 pH 值的差异，可将不同的离子进行分离。图 3-1 所绘不同浓度的不同金属离子沉淀为难溶金属氢氧化物的 pH 值图。

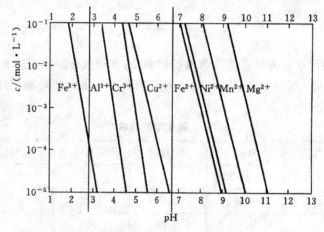

图 3-1　不同浓度的不同金属离子沉淀为难溶金属氧化物的 pH 图

对于 K_{sp}^{θ} 不是很小（$K_{\text{sp}}^{\theta} = 10^{-13} \sim 10^{-12}$）的难溶金属氢氧化物，常使用氨—铵盐缓冲溶液来控制 pH 值，达到沉淀生成或溶解的目的。

2.金属硫化物

金属硫化物是弱酸 H_2S 的盐，在实际应用中，常利用硫化物溶度积的差异以及硫化物的特征颜色，来分离或鉴定某些金属离子。最近研究表明，S^{2-} 像 O^{2-} 一样，是很强的碱，在水中不能存在。在酸性溶液中，析出难溶金属硫化物 MS 的多相离子平衡为：

$$\text{MS(s)} + 2\text{H}^+(\text{aq}) \Longrightarrow \text{M}^{2+}(\text{aq}) + \text{H}_2\text{S(aq)}$$

对于难溶金属硫化物在酸性溶液中的沉淀—溶解平衡的溶度积可表示为：

$$K_{\text{spa}}^{\theta} = \frac{c(\text{Mg}^{2+}) \cdot c(\text{H}_2\text{S})}{[c(\text{H}^+)]^2} \cdot \frac{c(\text{S}^{2-})}{c(\text{S}^{2-})}$$

或

$$K_{\text{spa}}^{\theta} = \frac{K_{\text{sp}}^{\theta}(\text{MS})}{K_{\text{a1}}^{\theta}(\text{H}_2\text{S}) \cdot K_{\text{a1}}^{\theta}(\text{H}_2\text{S})}$$

3.分步沉淀

在实际工作中,常常会遇到体系中同时含有多种离子,这些离子可能与加入的某一沉淀剂均会发生沉淀反应,生成难溶电解质,这种情况下离子积(J)首先超过溶度积的难溶电解质先沉出。例如,将稀 $AgNO_3$ 溶液逐滴加入到含有等浓度 Cl^- 和 I^- 的混合溶液中,首先析出的是黄色的 AgI 沉淀,随着 $AgNO_3$ 溶液的继续加入,才出现白色的 AgCl 沉淀。这种在混合溶液中多种离子发生先后沉淀的现象称为分步沉淀。

根据溶度积规则,可分别计算生成 AgCl 和 AgI 所需 Ag^+ 的最低浓度。

$$AgCl: c_1(Ag^+) > \frac{K_{sp}^\theta(AgCl)}{c(Cl^-)} \cdot (c^\theta)^2 = \frac{1.77 \times 10^{-10}}{c(Cl^-)}(c^\theta)^2$$

$$AgI: c_2(Ag^+) > \frac{K_{sp}^\theta(AgI)}{c(I^-)} \cdot (c^\theta)^2 = \frac{8.52 \times 10^{-17}}{c(Cl^-)}(c^\theta)^2$$

若溶液中 $c(Cl^-) = c(I^-) = 1.0 \times 10^{-2} mol \cdot L^{-1}$,析出 AgCl、AgI 沉淀所需 Ag^+ 的最低浓度为:

$$AgCl: c_1(Ag^{2+}) > \left(\frac{1.77 \times 10^{-10}}{1.0 \times 10^{-2}}\right) = 1.77 \times 10^{-8} mol \cdot L^{-1}$$

$$AgI: c_2(Ag^+) > \left(\frac{8.52 \times 10^{-17}}{1.0 \times 10^{-2}}\right) = 8.52 \times 10^{-15} mol \cdot L^{-1}$$

$$c_1(Ag^{2+}) > c_2(Ag^+)$$

因此,当滴加 $AgNO_3$ 溶液时,AgI 先沉淀出来,随着 I^- 不断被沉淀为 AgI,溶液中 $c(I^-)$ 不断减小,若要继续沉淀,必须不断增加 $c_2(Ag^+)$,当达到 AgCl 开始沉淀所需 $c(Ag^+)$ 时,AgI 和 AgCl 将同时沉出。在 AgI 和 AgCl 同时沉淀的前一瞬间,溶液中 $c_2(Ag^+)$ 必须同时满足下列两个关系式:

$$c(Ag^+) \cdot c(I^-) = K_{sp}^\theta(AgI) \times (c^\theta)^2$$

$$c(Ag^+) \cdot c(Cl^-) = K_{sp}^\theta(AgCl) \times (c^\theta)^2$$

即

$$c(Ag^+) = \frac{K_{sp}^\theta(AgI)}{c(I^-)} \times (c^\theta)^2 = \frac{K_{sp}^\theta(AgCl)}{c(I^-)} \times (c^\theta)^2$$

由于两种离子(Cl^-、I^-)的起始浓度均为 $1.0 \times 10^{-2} mol \cdot L^{-1}$,在 AgCl 开始沉淀前一瞬间 $c(I^-)$ 为:

$$c(I^-) = \frac{K_{sp}^\theta(AgI) \cdot c(Cl^-)}{K_{sp}^\theta(AgCl)}$$

$$= \frac{8.52 \times 10^{-17} \times 1.0 \times 10^{-2}}{1.77 \times 10^{-10}}$$

$$= 4.81 \times 10^{-9} mol \cdot L^{-1}$$

计算表明,当 AgCl 开始沉淀时,$c(I^-) \leqslant 4.81 \times 10^{-9} mol \cdot L^{-1}$(已小于 $10^{-5} mol \cdot L^{-1}$),所以通过逐滴加入 $AgNO_3$ 溶液即可达到 I^- 与 Cl^- 分离的目的。

3.4 沉淀的转化

沉淀的转化是在含有某种沉淀的溶液中,加入另一种沉淀剂,使原来沉淀转化为另一种沉淀的过程。例如,锅炉中锅垢的主要成分之一 $CaSO_4$ 不溶于酸,常先用 Na_2CO_3 处理,使锅垢

中的 $CaSO_4$ 转化为可溶于酸的 $CaCO_3$ 沉淀,然后用酸溶解除去。

$$CaSO_4(s) + CO_3^{2-} \Longrightarrow CaCO_3(s) + SO_4^{2-}$$

转化平衡常数较大,上述转化反应向右进行的趋势较大。

【例 3-9】 将 $SrSO_4$(s)转化为 $SrCO_3$,可用 Na_2CO_3 溶液与 $SrSO_4$ 反应。如果 1.0L Na_2CO_3 溶液中溶解 0.010mol $SrSO_4$,Na_2CO_3 的起始浓度最低应为多少?

解: 设平衡时 CO_3^{2-} 的浓度为 x mol·L^{-1},则

$$SrSO_4(s) + CO_3^{2-}(aq) \Longrightarrow SrCO_3(s) + SO_4^{2-}(aq)$$

平衡浓度/(mol·L^{-1}) $\qquad\qquad x \qquad\qquad 0.010$

因为溶解 1mol $SrSO_4$ 需要消耗 1mol Na_2CO_3,所以在 1.0L 溶液中要溶解 0.010mol $SrSO_4$(s),所需要 Na_2CO_3 的最低浓度

$$K^{\theta} = \frac{c(SO_4^{2-})}{c(CO_3^{2-})} = \frac{K_{sp}^{\theta}(SrSO_4)}{K_{spa}^{\theta}(SrCO_3)} = \frac{3.4 \times 10^{-7}}{5.6 \times 10^{-10}} = 6.1 \times 10^2$$

若沉淀类型相同,K_{sp}^{θ} 大(易溶)者向 K_{sp}^{θ} 小(难溶)者转化容易,两者 K_{sp}^{θ} 相差越大,转化越完全;反之,K_{sp}^{θ} 小者向 K_{sp}^{θ} 大者转化较困难,但一定条件下也能实现。若沉淀类型不同,需计算反应的 K_{sp}^{θ} 后再下结论。

【例 3-10】 在 1.0L Na_2CO_3 溶液中溶解 0.010mol $BaSO_4$,则 Na_2CO_3 溶液的起始浓度不得低于多少?

解:

$$BaSO_4(s) + CO_3^{2-}(aq) \Longrightarrow BaCO_3(s) + SO_4^{2-}(aq)$$

平衡浓度/(mol·L^{-1}) $\qquad\qquad x \qquad\qquad 0.010$

$$K^{\theta} = \frac{c(SO_4^{2-})}{c(CO_3^{2-})} = \frac{K_{sp}^{\theta}(BaSO_4)}{K_{spa}^{\theta}(BaCO_3)} = \frac{1.1 \times 10^{-10}}{2.6 \times 10^{-9}} = 0.042$$

$$K^{\theta} = \frac{0.010}{x} = 0.042$$

$$x = 0.24 \text{mol} \cdot L^{-1}$$

Na_2CO_3 溶液的起始浓度

$$c_0(Na_2CO_3) \geqslant (0.010 + 0.24)\text{mol} \cdot L^{-1} = 0.25 \text{mol} \cdot L^{-1}$$

该浓度的 Na_2CO_3 溶液是可配制的,所以可以实现较难溶的 $BaSO_4$ 到易溶的 $BaCO_4$ 的转化。当然,两者溶解度相差越大,K^{θ} 越小,转化也越困难。

通常,类型相同的难溶电解质,沉淀转化的程度大小取决两种难溶电解质溶度积的相对大小。一般情况是:K_{sp}^{θ} 较大的难溶电解质较容易转化为 K_{sp}^{θ} 较小的难溶电解质。两种沉淀物的溶度积相差越大,沉淀转化越完全。

3.5 沉淀反应的应用

沉淀反应在实际的生产和生活中的应用十分广泛。例如,分析化学上的沉淀滴定,冶金工业上镁、铝的冶炼,医学上钡餐的应用、蛀牙和结石的防治,药物生产中难溶无机药物的制备、

药物的提纯,产品质量的鉴定与分析,化工生产中离子的分离和鉴定,制备氧化物或复合氧化物的纳米颗粒等,都会用到沉淀反应。

3.5.1 沉淀反应在物质分离提纯上的应用

无机盐制备过程中涉及的除杂就经常利用溶度积原理,即将溶液中的杂质离子沉淀分离出去,但是又不能引入新的杂质。例如,铁就是经常遇到的一种杂质,一般采用调节溶液 pH 值的方法除铁。

【例 3-11】 某溶液中存在 Fe^{3+} 和 Mn^{2+} 两种离子,两者的浓度均为 $0.001\ mol \cdot L^{-1}$。计算将溶液中 Fe^{3+} 除去的最佳 pH 值范围。

解:Fe^{3+} 开始沉淀时

$$[OH^-] = \sqrt[3]{\frac{K_{sp}^{\theta}}{[Fe^{3+}]}} = \sqrt[3]{\frac{4 \times 10^{-38}}{0.001}}\ mol \cdot L^{-1} = 3.42 \times 10^{-12}\ mol \cdot L^{-1}$$

FC^{3+} 沉淀完全时

$$[OH^-] = \sqrt[3]{\frac{K_{sp}^{\theta}}{[Fe^{3+}]}} = \sqrt[3]{\frac{4 \times 10^{-38}}{10^{-5}}}\ mol \cdot L^{-1} = 1.59 \times 10^{-11}\ mol \cdot L^{-1}$$

Mn^{2+} 开始沉淀时

$$[OH^-] = \sqrt[3]{\frac{K_{sp}^{\theta}}{[Mn^{2+}]}} = \sqrt[3]{\frac{1.9 \times 10^{-13}}{0.001}}\ mol \cdot L^{-1} = 1.38 \times 10^{-5}\ mol \cdot L^{-1}$$

所以 Fe^{3+} 除去的最佳 pH 值范围为 $3.2 \sim 9.1$,此时 Fe^{3+} 完全沉淀,而 Mn^{2+} 还未开始沉淀。

【例 3-12】 将工业原料 NH_4Cl(含杂质 $FeCl_3$)溶于水中,用氨水调节溶液的 pH 值,求将杂质 $FeCl_3$ 完全沉淀时溶液的 pH 值。(已知 $Fe(OH)_3$ 的 $K_{sp}^{\theta} = 4 \times 10^{-38}$)

解:$FeCl_3$ 完全沉淀,即 $[Fe^{3+}] \leqslant 10^{-5}\ mol \cdot L^{-1}$,则由 $Fe(OH)_3$ 溶度积常数的表达式得

$$K_{sp}^{\theta} = [Fe^{3+}][OH^-]^3$$

$$[OH^-] = \sqrt[3]{\frac{K_{sp}^{\theta}}{[Fe^{3+}]}} = \sqrt[3]{\frac{4 \times 10^{-38}}{10^{-5}}}\ mol \cdot L^{-1} = 1.59 \times 10^{-11}\ mol \cdot L^{-1}$$

由此可知,pOH = 10.8,即 pH = 14 - pOH = 3.2。

因此,如果将杂质 $FeCl_3$ 完全沉淀,溶液的 pH 值得大于 3.2。

依据沉淀—溶解平衡原理,沉淀反应的应用十分广泛,如化工生产中离子的分离和鉴定,分析化学中沉淀滴定,冶金工业中镁、铝的提炼。沉淀反应在医学领域中的应用研究也十分活跃,如免疫蛋白沉淀反应、钡餐的应用等。

3.5.2 沉淀反应在离子分离中的应用

在含有相同浓度的 Cl^- 和 I^- 的混合溶液中,逐滴加入 $AgNO_3$ 溶液,开始生成的是黄色 AgI 沉淀,加入一定量的 $AgNO_3$ 溶液后,才会开始得到白色的 $AgCl$ 沉淀。这种在含有多种离子的溶液中,加入某种沉淀剂,使离子先后沉淀出来的现象称为分步沉淀。化学上经常利用分步沉淀进行离子的分离。

【例 3-13】 某溶液中含有 Cl^- 和 CrO_4^{2-} 两种离子,其中 Cl^- 的浓度为 $0.10\ mol \cdot L^{-1}$,CrO_4^{2-} 的浓度为 $0.0001\ mol \cdot L$。逐滴向溶液中加入 $AgNO_3$ 溶液。请通过计算说明哪一种离

子先沉淀。（已知 $K_{sp(AgCl)}^{\theta}=1.8\times10^{-10}$，$K_{sp(Ag_2CrO_4)}^{\theta}=1.1\times10^{-12}$，且忽略加入 $AgNO_3$ 溶液时体积的改变）

解：AgCl 开始沉淀时所需 Ag^+ 的浓度为

$$[Ag^+]=\frac{K_{sp(AgCl)}^{\theta}}{[Cl^-]}=\frac{1.8\times10^{-10}}{0.1}mol\cdot L^{-1}=1.8\times10^{-9}mol\cdot L^{-1}$$

Ag_2CrO_4 开始沉淀时所需 Ag^+ 的浓度为

$$[Ag^+]=\sqrt{\frac{K_{sp(Ag_2CrO_4)}^{\theta}}{[CrO_4^{2-}]}}=\sqrt{\frac{1.1\times10^{-12}}{0.0001}}mol\cdot L^{-1}=1.05\times10^{-4}mol\cdot L^{-1}$$

因为 AgCl 开始沉淀时所需 Ag^+ 的浓度小于 Ag_2CrO_4 开始沉淀时所需 Ag^+ 的浓度，所以 Cl^- 先沉淀。

【例 3-14】 在 Cl^- 和 I^- 的浓度均为 $0.001mol\cdot L^{-1}$ 的混合溶液中，逐滴加入 $AgNO_3$ 溶液。

(1)哪一种离子先沉淀？

(2)当第二种离子开始沉淀时，第一种离子是否已沉淀完全？

(3)当 Cl^- 的浓度不变，I 的浓度为 $1.0\times10^{-12}mol\cdot L^{-1}$ 时，哪一种离子先沉淀？（已知 $K_{sp(AgCl)}^{\theta}=1.8\times10^{-10}$，$K_{sp(AgI)}^{\theta}=8.3\times10^{-17}$，且忽略加入 $AgNO_3$ 溶液时体积的改变）

解：(1)由溶度积原理可知，AgCl 开始沉淀时所需 Ag^+ 的浓度为

$$[Ag^+]=\frac{K_{sp(AgCl)}^{\theta}}{[Cl^-]}=\frac{1.8\times10^{-10}}{0.001}mol\cdot L^{-1}=1.8\times10^{-7}mot\cdot L^{-1}$$

AgI 开始沉淀时所需 Ag^+ 的浓度为：

$$[Ag^+]=\frac{K_{sp(AgI)}^{\theta}}{[I^-]}=\frac{8.3\times10^{-17}}{0.001}mol\cdot L^{-1}=8.3\times10^{-14}mot\cdot L^{-1}$$

由计算可知，AgI 开始沉淀时所需 Ag^+ 的浓度小于 AgCl 开始沉淀时所需 Ag^+ 的浓度，所以 AgI 先沉淀。

(2)当 AgCl 开始沉淀时，$[Ag^+]=1.8\times10^{-7}mol\cdot L^{-1}$。此时 I^- 的浓度为：

$$[I^-]=\frac{K_{sp(AgI)}^{\theta}}{[Ag^+]}=\frac{8.3\times10^{-17}}{1.8\times10^{-7}}mol\cdot L^{-1}=4.61\times10^{-10}mot\cdot L^{-1}<10^{-5}mol\cdot L^{-1}$$

所以当 AgCl 开始沉淀时，I^- 已沉淀完全。

(3)当 AgI 开始沉淀时所需 Ag^+ 的浓度为：

$$[Ag^+]=\frac{K_{sp(AgI)}^{\theta}}{[I^-]}=\frac{8.3\times10^{-17}}{1.0\times10^{-12}}mol\cdot L^{-1}=8.3\times10^{-5}mot\cdot L^{-1}$$

此时，AgCl 开始沉淀时所需 Ag^+ 的浓度小于 AgI 开始沉淀时所需 Ag^+ 的浓度，所以 AgCl 先沉淀。

通过对上述两个实例的计算可知，分步沉淀中离子的沉淀顺序与沉淀的 K_{sp}^{θ} 和沉淀的类型有关。当沉淀类型相同时，K_{sp}^{θ} 小的先沉淀；当沉淀类型不同时，必须计算开始沉淀所需沉淀剂的浓度，所需浓度小的先沉淀。此外离子的沉淀顺序还与被沉淀离子的浓度有关，只要被沉淀离子的浓度足够大，K_{sp}^{θ} 大的难溶电解质也可以先沉淀。

3.5.3 沉淀反应在医疗诊断中的应用

在医疗诊断中，难溶 $BaSO_4$ 被用于消化系统的 X 光透视中，通常称为钡餐透视。在进行

透视之前,患者要食入混于 Na_2SO_4 溶液中的 $BaSO_4(s)$ 糊状物,以便 $BaSO_4$ 能到达消化系统。因为 $BaSO_4$ 是不能透过 X 射线的,这样在屏幕上或照片上就能很清楚地将消化系统显现出来。虽然 Ba^{2+} 是有毒的,但是,由于同离子效应,$BaSO_4$ 在 Na_2SO_4 溶液中的溶解度非常小,对患者没有任何危险。

3.5.4　沉淀反应在日常保健中的应用

牙齿表面保护层珐琅质层(即牙釉质),是由溶度积很小的羟基磷酸钙 $Ca_5(PO_4)_3OH$(K_{sp}^θ $=6.8\times10^{-37}$)组成的。酸性物质的存在导致唾液 pH 值减小,促进羟基磷酸钙的溶解而使釉质层被削弱,引起蛀牙。含氟牙膏中的 F^- 能使牙齿的釉质层组成发生变化,生成的氟磷灰石 $Ca_5(PO_4)_3F$ 是更难溶的化合物,其 K_{sp}^θ 等于 1×10^{-60},因而更难溶于酸。又因为 F^- 是弱碱,不易与酸反应,从而使牙齿具有更强的耐酸能力,有利于防治蛀牙。

3.5.5　沉淀反应在药物生产上的应用

对于医疗上的难溶药物,大多都是通过沉淀反应进行生产的,而易溶药物是通过沉淀反应精制的。例如 $Al(OH)_3$、$BaSO_4$ 的制备,药用氯化钠的精制等。

以 $Al(OH)_3$ 的制备为例加以说明。$Al(OH)_3$ 通常是一种胶状沉淀,干燥的氢氧化铝凝胶用于肠胃类抑制胃酸用原料药,是维 U 颠茄铝胶囊、氢氧化铝片等的主要成分,也可用于药用辅料。工业上以铝土矿(主要成分是 Al_2O_3)为原料来生产,生产过程表示如下:

$$Al_2O_3+6H^+\longrightarrow2Al^{3+}+3H_2O$$
$$2Al^{3+}+3CO_3^{2-}+3H_2O\longrightarrow2Al(OH)_3\downarrow+3CO_2\uparrow$$

氢氧化铝是一种胶状沉淀,最适宜的生产条件是溶液的 pH 值保持在 8~8.5,沉淀反应可在较浓的热溶液中进行,沉淀完全后,立即过滤,经过洗涤、干燥,检查杂质,测定其含量,符合《中国药典》质量标准后即可供药用。

3.5.6　沉淀反应在质量控制和质量分析上的应用

为保证用药安全,国家根据不同的药品实际使用的要求,制定了各种药品的质量标准。药品在生产时必须进行严格的质量控制和质量分析工作。药品的检验分析工作经常使用沉淀反应,如蛋白质含量测定的三氯乙酸沉淀法、硫酸盐的检验等。

沉淀反应在药品杂质检验和分析上的应用,主要是向供试品溶液中加入一定浓度的沉淀剂,观察是否产生沉淀,并根据供试品溶液的用量、沉淀剂的浓度和体积,计算出杂质含量是否符合国家规定的标准。例如,《中国药典》规定了纯化水中 Cl^- 的检验方法如下:

取纯化水样品 50mL,加入硝酸 5 滴和硝酸银试剂($0.1mol\cdot L^{-1}$)1mL,不得产生沉淀。这个检验规定的原理是 Cl^- 与 Ag^+ 反应生成 AgCl 沉淀。其中加入硝酸是为了防止其他离子(如 CO_3^{2-} 等)的干扰。

$$Cl^-+Ag^+\longrightarrow AgCl\downarrow$$

根据样品的体积及加入的硝酸银试剂的体积和浓度,就可以计算出纯化水中所允许 Cl^- 存在的最大浓度。

$$[Ag^+] = \frac{0.1 \times 1}{50 + 1} mol \cdot L^{-1} = 1.96 \times 10^{-3} mol \cdot L^{-1}$$

$$K_{sp}^{\theta} = [Cl^-][Ag^+] = 1.8 \times 10^{-10}$$

所以 $[Cl^-] = \dfrac{K_{sp}^{\theta}}{[Ag^+]} = \dfrac{1.8 \times 10^{-10}}{1.96 \times 10^{-3}} mol \cdot L^{-1} = 9.18 \times 10^{-8} mol \cdot L^{-1}$

故 Cl^- 的浓度超过 $9.18 \times 10^{-8} mol \cdot L^{-1}$，溶液中就会出现沉淀。即纯化水中允许 Cl^- 存在的最大浓度为 $9.18 \times 10^{-8} mol \cdot L^{-1}$。

第4章　酸碱反应

4.1　酸碱质子理论

1884年瑞典科学家阿仑尼乌斯提出了酸碱电离理论:凡是在水溶液中电离产生的全部阳离子都是 H^+ 的物质叫酸;电离产生的全部阴离子都是 OH^- 的物质叫碱,酸碱反应的实质是 H^+ 和 OH^- 结合生成水的反应。酸碱的相对强弱可以根据它们在水溶液中解离出 H^+ 和 OH^- 程度的大小来衡量。

酸碱电离理论提高了人们对酸碱本质的认识,对化学的发展起到了很大的作用,至今仍在普遍使用。但这个理论也有缺陷,许多盐的水溶液也显碱性,气态的氨和氯化氢发生中和反应并无水生成,阿仑尼乌斯酸碱理论无法解释这些事实。为了弥补阿仑尼乌斯酸碱理论的不足,丹麦化学家布仑斯惕(Bronsted)和英国化学家劳里(Lowry)于1923年分别提出酸碱质子理论,即布仑斯惕一劳里酸碱理论。

质子理论认为凡能给出质子的物质是酸,凡能接受质子的物质是碱。故酸又叫质子酸或布朗斯特德酸,碱又叫质子碱或布朗斯特德碱。质子酸可以是分子、阳离子或阴离子,如 HCl、H_2SO_4、NH_4^+、HSO_4^-、$H_2PO_4^-$、$[Cu(H_2O)_4]^{2+}$ 等都是酸。质子碱可以是分子、阳离子或阴离子,如 NH_3、CH_3NH_2、$[Cu(H_2O)_3(OH)]^+$、CN^-、HSO_4^- 都是碱,因为它们都能接受质子。

为区别于阿仑尼乌斯酸碱,也可专称质子理论的酸碱为布仑斯惕酸碱。若某物质既能给出质子,又能接受质子,就既是酸又是碱,可称为酸碱两性物质,如 HCO_3^-、HSO_4^-、HS^- 等,通常称为酸式酸根离子。

质子酸碱不是孤立的,它们通过质子相互联系,质子酸释放质子转化为它的共轭碱,质子碱得到质子转化为它的共轭酸。这就是"酸中有碱,碱能变酸",这种关系称为酸碱共轭关系。可用通式表示为:

$$酸 \rightleftharpoons 碱 + H^+$$

此式中的酸碱称为共轭酸碱对,左边的酸是右边碱的共轭酸,而右边的碱是左边酸的共轭碱。

酸给出质子的能力越强,其酸性越强;碱接受质子的能力越强,其碱性越强。酸性强的酸给出质子后,其对应碱接受质子的能力就相对地弱。也就是说,强酸对应的共轭碱为弱碱,强碱对应的共轭酸为弱酸。

跟阿仑尼乌斯酸碱反应不同,布仑斯惕酸碱的酸碱反应是两对共轭酸碱对之间传递质子的反应。通式为:

$$酸1 + 碱2 \rightleftharpoons 碱1 + 酸2$$

在质子理论中酸碱反应的实质就是质子的传递,即质子由酸传递给碱。

单独一对共轭酸碱本身是不能发生酸碱反应的,因而我们也可以把通式酸$\rightleftharpoons$碱$+H^+$称为酸碱半反应,酸碱质子反应是两对共轭酸碱对交换质子的反应。另外,酸碱质子反应的产物不必一定是盐和水,在酸碱质子理论看来,阿仑尼乌斯酸碱反应、阿仑尼乌斯酸碱的电离、阿仑尼乌斯酸碱理论的"盐的水解"以及没有水参与的气态氯化氢和气态氨反应等,都是酸碱反应。在酸碱质子理论中根本没有"盐"的内涵。

　　判断反应进行的方向:较强的酸与较强的碱反应,生成较弱的酸和较弱的碱。酸碱质子理论扩大了酸碱的范围,但它只限于质子的给予和接受,对于无质子参加的酸碱反应不能解释,因此质子理论仍具有局限性。

4.2　溶液的酸碱性

4.2.1　酸碱的定义及共轭关系

　　质子理论认为凡能给出质子的物质是酸,凡能接受质子的物质是碱。故酸又叫质子酸或布朗斯特德酸,碱又叫质子碱或布朗斯特德碱。

　　质子酸可以是分子、阳离子或阴离子,如 HCl、H_2SO_4、NH_4^+、HSO_4^-、$H_2PO_4^-$、$[Cu(H_2O)_4]^{2+}$ 等都是酸。质子碱可以是分子、阳离子或阴离子,如 NH_3、CH_3NH_2、$[Cu(H_2O)_3(OH)]^+$、$[Fe(H_2O)_4(OH)_2]^+$、CN^-、HSO_4^- 都是碱,因为它们都能接受质子。

　　为区别于阿仑尼乌斯酸碱,也可专称质子理论的酸碱为布仑斯惕酸碱。若某物质既能给出质子,又能接受质子,就既是酸又是碱,可称为酸碱两性物质,如 HCO_3^-、HSO_4^-、HS^- 等,通常称为酸式酸根离子。

　　质子酸碱不是孤立的,它们通过质子相互联系,质子酸释放质子转化为它的共轭碱,质子碱得到质子转化为它的共轭酸。这就是"酸中有碱,碱能变酸",这种关系称为酸碱共轭关系。可用通式表示为:

$$酸 \Longleftrightarrow 碱 + H^+$$

　　此式中的酸碱称为共轭酸碱对,左边的酸是右边碱的共轭酸,而右边的碱是左边酸的共轭碱。例如,NH_3 是 NH_4^+ 的共轭碱,反之,NH_4^+ 是 NH_3 的共轭酸。对于酸碱两性物质,HCO_3^- 的共轭酸是 H_2CO_3,HCO_3^- 的共轭碱是 CO_3^{2-}。换言之,H_2CO_3 和 HCO_3^- 是一对共轭酸碱,HCO_3^- 和 CO_3^{2-} 是另一对共轭酸碱。

4.2.2　酸碱的强弱

　　酸给出质子的能力越强,其酸性越强;碱接受质子的能力越强,其碱性越强。酸性强的酸给出质子后,其对应碱接受质子的能力就相对地弱。也就是说,强酸对应的共轭碱为弱碱,强碱对应的共轭酸为弱酸。

4.2.3　酸碱反应

　　跟阿仑尼乌斯酸碱反应不同,布仑斯惕酸碱的酸碱反应是两对共轭酸碱对之间传递质子的反应。通式为:

$$酸1 + 碱2 \Longleftrightarrow 碱1 + 酸2$$

　　例如:

$$HCl+NH_3 \rightarrow NH_4^+ +Cl^-$$

HCl 能给出质子是一种质子酸,NH₃ 接受质子是碱。当 HCl 与 NH₃ 作用时,HCl 把质子传递给了 NH₃,本身就变成了相应的共轭碱 Cl⁻ 离子;NH₃ 接受了一个质子变成了相应的共轭酸 NH₄⁺ 离子。由此可见,在质子理论中酸碱反应的实质就是质子的传递,即质子由酸传递给碱。

单独一对共轭酸碱本身是不能发生酸碱反应的,因而我们也可以把通式酸⟶碱+H⁺ 称为酸碱半反应,酸碱质子反应是两对共轭酸碱对交换质子的反应。另外,酸碱质子反应的产物不必一定是盐和水,在酸碱质子理论看来,阿仑尼乌斯酸碱反应、阿仑尼乌斯酸碱的电离、阿仑尼乌斯酸碱理论的"盐的水解"以及没有水参与的气态氯化氢和气态氨反应等等,都是酸碱反应。在酸碱质子理论中根本没有"盐"的内涵。

判断反应进行的方向:较强的酸与较强的碱反应,生成较弱的酸和较弱的碱。酸碱质子理论扩大了酸碱的范围,但它只限于质子的给予和接受,对于无质子参加的酸碱反应不能解释,因此质子理论仍具有局限性。

4.3 弱酸、弱碱的解离平衡

4.3.1 解离平衡与平衡常数

一元弱酸和一元弱碱是常见的弱电解质,在水溶液中仅有一部分分子离解为离子,它们的离解是可逆的,存在着未离解的分子和离子间的离解平衡。例如,HAc 在水溶液中的离解过程为:

$$HAc+H_2O \rightleftharpoons H_3O^+ +Ac^-$$

可简写为:

$$HAc \rightleftharpoons H^+ +Ac^-$$

在一定温度下达到离解平衡时,其平衡常数的表达式为:

$$K_a^\theta = \frac{(c_{H^+}/c^\theta)(c_{Ac^-}/c^\theta)}{(c_{HAc}/c^\theta)} = \frac{c'_{H^+} c'_{Ac^-}}{c'_{HAc}}$$

式中,K_a^θ 称为弱酸离解平衡常数,简称解离常数。

对于一元弱碱 B 而言,其离解过程与一元弱酸相似,其离解平衡常数可用 K_b^θ 来表示如:

$$B+H_2O \rightleftharpoons HB+OH^-$$

简写为:

$$HB \rightleftharpoons H^+ +B^-$$

$$K_b^\theta = \frac{(c_{H^+}/c^\theta)(c_{B^-}/c^\theta)}{(c_{HB}/c^\theta)} = \frac{c'_{H^+} c'_{B^-}}{c'_{HB}}$$

K_a^θ、K_b^θ 分别表示弱酸、弱碱的解离常数。与其他平衡常数一样,不受浓度变化的影响,但随温度变化而变化,如表 4-1 列出了不同温度下甲酸的解离常数。由于弱电解质的热效应不大,所以温度对解离常数的影响不显著,一般不会影响到数量级,因此在室温下可以忽略温度对解离常数的影响。

表 4-1　不同温度下甲酸的解离常数

T/K	288	293	298	303
K_a^θ	1.794×10^{-4}	1.765×10^{-4}	1.772×10^{-4}	1.747×10^{-4}

解离常数与电解质的本性有关,在相同温度下,不同弱电解质有不同的解离常数,解离常数越大,表明弱电解质的离解程度越大,该弱电解质相对的较强。反之,弱电解质越弱。因此可以根据弱电解质的解离常数的大小比较弱电解质的相对强弱。

表 4-2 列出了一些常见弱电解质的解离常数。

表 4-2　常见弱电解质的解离常数

名称	化学式	$K_a^\theta(K_b^\theta)$	T/K
甲酸	HCOOH	1.77×10^{-4}	293
次氯酸	HClO	2.95×10^{-48}	291
次溴酸	HBrO	2.06×10^{-9}	298
次碘酸	HIO	2.3×10^{-11}	298
氢氰酸	HCN	4.93×10^{-10}	298
醋酸	CH_3COOH	1.76×10^{-5}	298
亚硝酸	HNO_2	4.6×10^{-4}	285.5
氢氟酸	HF	3.53×10^{-4}	298
氨	NH_3	1.8×10^{-5}	298
联氨	N_2H_4	9.8×10^{-7}	298

4.3.2　解离度与稀释定律

为了定量地表示弱电解质在溶液中电离程度的大小,引入"电离度"的概念。电离度 α 是到达平衡时弱电解质的电离百分率,可用下式表示:

$$\alpha=\frac{弱电解质已电离的浓度}{弱电解质的起始浓度}\times100\%$$

K_a^θ 或 K_b^θ 与电离度 α 都可以反映弱电解质的电离程度,但它们之间是有区别的。电离常数是平衡常数的一种,它只是温度的函数,其数值不随电解质浓度而变化;电离度 α 只是转化率应用于电离过程的一种具体形式,它表示弱电解质在一定条件下的离解百分率,随弱电解质的浓度而变化。表 4-3 列出了部分弱电解质的解离度。

表 4-3　部分弱电解质的解离度

弱电解质	化学式	解离度 $\alpha/\%$
氢氰酸	HCN	0.00786
醋酸	HAc	1.33
亚硝酸	HNO_2	8.51
氨水	$NH_3\cdot H_2O$	1.33

电离常数与电离度之间的定量关系可以用下例推导:

$$HAc\rightleftharpoons H^++Ac^-$$

· 58 ·

$$c_{\text{int}} \qquad c \qquad 0 \qquad 0$$
$$c_{\text{eq}} \qquad c-c\alpha \qquad c\alpha \qquad c\alpha$$

$$K_a^\theta = \frac{\left(\dfrac{c\alpha}{c^\theta}\right)^2}{\dfrac{c(1-\alpha)}{c^\theta}}$$

当 α 很小（$\alpha < 5\%$ 或 $c/K_a^\theta > 400$）时，$1-\alpha \approx 1$，$K_a^\theta = \dfrac{c\alpha^2}{c^\theta}$。

$$\alpha = \sqrt{\frac{K_a^\theta}{\dfrac{c}{c^\theta}}}$$

上式表明，同一弱电解质的解离度与其浓度的平方根成反比，解离度除与电解质的本性有关外，还与温度和溶液的浓度等因素有关。温度升高，解离度增大。但是，由于弱电解质的热效应较小，因此温度的影响并不显著。在一定温度下，同一弱电解质的解离度随溶液的稀释而增大，即浓度越小解离度越大。当溶液加水稀释时，溶液的体积增大，单位体积内溶质粒子（分子和离子）的总数减少，根据平衡移动原理，平衡将向增加粒子总数的方向移动，即向解离方向移动，解离度增大。这一规律称为稀释定律。因此，当涉及弱电解质的解离度时必须指明溶液的浓度。表 4-4 列出了不同浓度 HAc 的解离度。

表 4-4　不同浓度醋酸溶液的解离度(298K)

$c/(\text{mol} \cdot \text{L}^{-1})$	1.00	0.100	0.010	0.001
$\alpha/\%$	0.42	1.33	4.19	12.40

这里需要注意的是，弱电解质的解离度随溶液的稀释而增大，但绝不能认为溶液越稀释，溶液中粒子的浓度越大。通常情况下，溶液越稀，溶液中粒子的浓度越小，这是因为溶液稀释时，溶液体积增大的影响超过了溶液解离度增大影响的缘故。

对于一元弱酸 HA 或一元弱碱 BOH，在 α 很小的条件下，可用下式计算电离平衡时溶液中 H^+ 或 OH^- 的相对浓度：

$$c_{\text{eq}}^r(H^+) = \sqrt{K_a^\theta c_{\text{int}}^r(HA)}$$
$$c_{\text{eq}}^r(OH^-) = \sqrt{K_b^\theta c_{\text{int}}^r(BOH)}$$

借助共轭酸碱对之间的关系，还可以根据酸的电离常数 K_a^θ 计算其共轭碱的电离常数 K_b^θ，或者根据碱的电离常数 K_b^θ 计算其共轭酸的电离常数 K_a^θ。

设共轭酸碱对之间有如下平衡：

$$A^- + H_2O \rightleftharpoons HA + OH^-$$

$$K_b^\theta = \frac{c_{\text{eq}}^r(HA) \cdot c_{\text{eq}}^r(OH^-)}{c_{\text{eq}}^r(A^-)} = \frac{c_{\text{eq}}^r(HA) \cdot K_w^\theta}{c_{\text{eq}}^r(A^-) \cdot c_{\text{eq}}^r(H^+)} = \frac{K_w^\theta}{K_a^\theta}$$

即

$$K_a^\theta \cdot K_b^\theta = K_w^\theta$$

4.3.3　多元弱酸的离解平衡

多元弱电解质在水中的离解是分步进行的，例如，氢硫酸是二元弱酸，分两步离解：

第一步离解

$$H_2S \rightleftharpoons H^+ + HS^-$$

$$K_{a1}^\theta(H_2S) = \frac{c'_{H^+} \cdot c'_{HS^-}}{c'_{H_2S}} = 1.32 \times 10^{-7}$$

第二步离解

$$K_{a2}^\theta(H_2S) = \frac{c'_{H^+} \cdot c'_{S^{2-}}}{c'_{HS^-}} = 7.10 \times 10^{-15}$$

由 K_{a1}^θ 和 K_{a2}^θ 的数值可以看出，$K_{a1}^\theta \geqslant K_{a2}^\theta$，说明第二级电离远比第一级电离困难。原因有二：第一，带两个负电荷的 S^{2-} 对 H^+ 的吸引要比带一个负电荷的 HS^- 对 H^+ 的吸引强得多。第二，第一级电离的 H^+ 对第二级的电离产生同离子效应，抑制第二级的电离。因此，多元弱酸（或碱）的电离，$K_{a1}^\theta \geqslant K_{a2}^\theta \geqslant K_{a3}^\theta \cdots$；多元弱酸（碱）溶液中 H^+（OH^-）主要来源于第一级电离，当近似计算溶液中的 H^+（OH^-）浓度时，一般可忽略二级及以后的电离。表 4-5 列出了一些多元弱酸的解离常数。

表 4-5 一些多元弱酸的解离常数(298.15K)

多元弱酸	$K_{a,1}^\theta$	$K_{a,2}^\theta$	$K_{a,3}^\theta$
H_2CO_3	4.4×10^{-7}	4.7×10^{-11}	
$H_2C_2O_4$	5.4×10^{-2}	5.4×10^{-5}	
H_3PO_4	7.1×10^{-3}	6.3×10^{-8}	4.2×10^{-13}
H_2S	1.32×10^{-7}	7.10×10^{-15}	
H_2SO_3	1.3×10^{-2}	6.0×10^{-8}	
H_3AsO_4	6.0×10^{-3}	1.0×10^{-7}	3.2×10^{-12}

又如，磷酸的离解分三步：

第一步

$$H_3PO_4 \rightleftharpoons H^+ + H_2PO_4^-$$

$$K_{a1}^\theta(H_3PO_4) = \frac{c'_{H^+} \cdot c'_{H_2PO_4^-}}{c'_{H_3PO_4}} = 7.1 \times 10^{-3}$$

第二步

$$H_2PO_4^- \rightleftharpoons H^+ + HPO_4^{2-}$$

$$K_{a2}^\theta(H_3PO_4) = \frac{c'_{H^+} \cdot c'_{HPO_4^{2-}}}{c'_{H_2PO_4^-}} = 6.3 \times 10^{-8}$$

第三步

$$HPO_4^{2-} \rightleftharpoons H^+ + PO_4^{3-}$$

$$K_{a3}^\theta(H_3PO_4) = \frac{c'_{H^+} \cdot c'_{PO_4^{3-}}}{c'_{HPO_4^{2-}}} = 4.2 \times 10^{-13}$$

4.4 缓冲溶液

4.4.1 缓冲溶液的组成及作用原理

1. 缓冲溶液的组成

许多化学反应要在一定的 pH 范围内进行,然而有些反应由于有 H^+ 或 OH^- 的生成或消耗,溶液的 pH 会随反应的进行而发生变化,从而影响反应的正常进行。在这种情况下,为维持反应的正常进行就需要借助缓冲溶液来稳定溶液的 pH。将能抵抗少量强酸、强碱和水的稀释而保持溶液的 pH 基本不变的溶液称为缓冲溶液。缓冲溶液保持溶液 pH 不变的作用称为缓冲作用。为说明缓冲溶液和缓冲作用,首先分析下列实验数据(见表 4-6)。

表 4-6 缓冲溶液与非缓冲溶液的比较

pH 溶液	原溶液的 pH	加入 5.0mL 2mol·L^{-1} HCl 后的 pH	加入 5.0mL 2mol·L^{-1} NaOH 后的 pH
1.0L 纯水	7	2.0	12.0
1.0 L 0.10 mol·L^{-1} HAc-0.10 mol·L^{-1} NaAc	4.74	4.66	4.86

分析表 4-6 中数据可知,在纯水中加入少量的强酸或强碱会引起纯水 pH 的显著变化,这说明纯水不具有抵抗少量强酸或强碱而保持 pH 相对稳定的性能。但是,如果在含有 HAc 和 NaAc 的混合溶液中加入少量 HCl 或 NaOH 溶液,溶液的 pH 几乎不发生变化。这说明 HAc 和 NaAc 的混合溶液具有抵抗少量强酸或强碱而保持溶液 pH 相对稳定的性能。因此就把 HAc 与 NaAc 组成的混合溶液称为是缓冲溶液。缓冲溶液一般由弱酸及其盐或弱碱及其盐组成,如 HAc-NaAc、$NH_3 \cdot H_2O$-NH_4Cl 可以组成缓冲溶液。

2. 缓冲溶液的作用原理

缓冲溶液中通常存在一个决定溶液 pH 值的解离平衡过程,以及相对大量的抗酸组分和抗碱组分,通过平衡移动实现缓冲作用,下面以 HAc-NaAc 为例讨论缓冲作用原理。在 HAc-NaAc 溶液中存在下列解离过程:

$$HAc \Longleftrightarrow H^+ + Ac^-$$

$$NaAc \rightarrow Na^+ + Ac^-$$

溶液中 HAc 的解离平衡是决定溶液 pH 值的平衡过程。NaAc 是强电解质完全电离,因此 Ac^- 的浓度相对大量,HAc 是弱电解质,同时由于 Ac^- 的同离子效应,HAc 的解离度很小,因此 HAc 的浓度也相对大量。

这种在溶液中同时存在大量弱酸分子及该弱酸根离子或大量弱碱分子及该弱碱的阳离子的现象,就是缓冲溶液组成上的特征。缓冲溶液中的弱酸及其盐或弱碱及其盐称为缓冲对。

当向该缓冲溶液加入少量强酸时,外加少量的 H^+ 就跟 Ac^- 结合成 HAc,使 HAc 的解离平衡左移,由于溶液中 HAc 和 Ac^- 都是大量,因此 Ac^- 的浓度只是略有减小,而 HAc 的浓度略有增加,H^+ 的浓度基本不变,即 pH 值基本不变;当向该缓冲溶液中加入少量的强碱时,外加少量的 OH⁻ 与溶液中的 H⁺ 结合成 H_2O，使 HAc 的解离平衡向右移动，重新达平衡时，HAc 的浓度略有减小，Ac⁻ 的浓度略有增加，H⁺ 的浓度基本不变，即 pH 值基本不变。当向该缓冲溶液中加水作适当稀释时，HAc 和 Ac⁻ 的浓度会同倍降低，所以 H⁺ 的浓度也基本不变，即 pH 值不变。

由此可见，缓冲溶液同时具有抵抗外来少量酸或碱的作用，其抗酸、抗碱作用是由缓冲对不同部分来负担的。

4.4.2 缓冲溶液 pH 值的计算

由于缓冲溶液的浓度都很大，所以计算其 pH 时，一般不要求十分准确，因而可以用近似方法处理。

设缓冲溶液由一元弱酸 HA 和相应的盐 MA 组成，一元弱酸的浓度为 c_1，盐的浓度为 c_2，由 HA 解离得 $c'(H^+)=x \, mol \cdot L^{-1}$。

则由盐
$$MA \rightarrow M^+ + A^-$$
$$c_0 \quad c'_2 \quad c'_2$$

平衡时
$$HA \rightleftharpoons H^+ + A^-$$
$$c \quad c'_1-x \quad xc'_2+x$$

$$K_a^\theta = \frac{[H^+][A^-]}{[HA]} = \frac{x(c'_2+x)}{c'_1-x}$$

由于 K_a^θ 值较小，且因存在同离子效应，此时 x 很小，因而 $c_1-x \approx c_1$，$c_2+x \approx c_2$，则

$$[H^+] = x = \frac{K_a^\theta c'_1}{c'_2} = \frac{K_a^\theta c_1}{c_2}$$

$$pH = -lg[H^+] = -lgK_a^\theta - lg\frac{c_1}{c_2}$$

这就是计算一元弱酸及其盐组成的缓冲溶液 H⁺ 浓度及 pH 的简单公式，也是常用公式。

同样，也可以推导出一元弱碱及其盐组成的缓冲溶液 pH 的通式：

$$pH = -lg[OH^-] = -lgK_b^\theta - lg\frac{c_3}{c_2}$$

式中，c_3 为一元弱碱的浓度。实际上这种计算方法与同离子效应的计算是相同的。

4.4.3 缓冲范围的确定

任何缓冲溶液发挥缓冲作用都是在一定的 pH 范围内，缓冲溶液所能控制的 pH 范围就称为该缓冲溶液的缓冲范围。缓冲溶液的缓冲范围一般在 pK_a^θ 值两侧各一个 pH 单位，即

$$pH = pK_a^\theta \pm 1$$

对于碱的缓冲溶液则为：

$$pH = 14 - (pK_b^\theta \pm 1)$$

例如，HAc-NaAc 缓冲溶液，$pK_a^\theta = 4.74$，其缓冲范围为 pH=4.74±1，即 3.74~5.74。NH_3-NH_4Cl 缓冲溶液，$pK_b^\theta = 4.74$，其缓冲范围为 pH=14-(4.74±1)，即 8.26~10.26。

只有在缓冲溶液中加入少量的酸或碱时，才能保持溶液的 pH 基本不变。如果在缓冲溶液中加入的强酸或强碱的量超过了一定限度，溶液中抗酸成分和抗碱成分消耗将尽时，它就不

再有缓冲能力了。所以缓冲溶液的缓冲能力是有限的,所谓缓冲能力是指:使缓冲溶液 pH 改变 1.0 所需的强酸或强碱的量。缓冲能力与弱酸(或弱碱)及其盐的浓度和比值有关。弱酸(或弱碱)及其盐的浓度越大,外加酸、碱后,$c_{酸}/c_{盐}$(或 $c_{碱}/c_{盐}$)改变越小,pH 变化也越小。在缓冲组分总浓度一定时,弱酸(或弱碱)及其盐的浓度的比值接近 1 时缓冲能力最大。所以配制一定 pH 的缓冲溶液,不仅要使缓冲溶液的 pH 在缓冲范围之内,并应尽可能接近 pK_a^{θ}(或 pOH 接近 pK_b^{θ}),还要保证缓冲溶液有较强的缓冲能力。

在现实中配制和应用缓冲溶液应注意以下几点:

①缓冲体系的 Ka 应与所需保持的 pH 尽量接近,例如,为溶液保持在 pH=5,最好添加 K_a 的数量级为 10^5 的共轭酸碱(如醋酸与醋酸钠混合溶液);又如,为保持溶液的 pH 为 10,应添加 K_a 的数量级为 10^{10} 的共轭酸碱对(如 NH_3 和 NH_4Cl 的混合溶液)。

②尽管共轭酸碱的总浓度越大缓冲作用越强,但实践中以 $0.01\sim0.1 mol\cdot L^{-1}$ 为宜,这个浓度范围的缓冲溶液足已抵御大多数实际量的外加强酸强碱,过大的浓度不但浪费,而且还可能对反应体系产生其他副作用。

③缓冲溶液的组成最好为 $c(HA)=c(A)$,为调制所需 pH 而增减 HA 或 A 当然是可以的,但它们的浓度比 $c(HA)/c(A)=0.1\sim10$ 间为宜,不难计算,这时溶液的 pH=pKa±1 的范围内。超过这个范围,缓冲作用将明显减弱。

下面给出几种常用缓冲溶液以供查阅(表 4-7)。

表 4-7　几种常见的缓冲溶液

配制缓冲溶液的试剂	缓冲组分	pK_a^{θ}	缓冲范围
HCOOH-NaOH	$HCOOH-HCOO^-$	3.75	2.75～4.75
HAc-NaAc	$CH_3COOH-CH_3COO^-$	4.75	3.75～5.75
$NaH_2PO_4-Na_2HPO_4$	$H_2PO_4^- -HPO_4^{2-}$	7.21	6.21～7.21
$Na_2B_4O_7-HCl$	$H_3BO_3-B(OH)_4^-$	9.14	8.14～10.14
$NH_3\cdot H_2O-NH_4Cl$	$NH_4^+ -NH_3$	9.25	8.25～10.25
$NaHCO_3-Na_2CO_3$	$HCO_3^- -CO_3^{2-}$	10.25	9.25～11.25
Na_2HPO_4-NaOH	$HPO_4^{2-} -PO_4^{3-}$	12.66	11.66～13.66

4.4.4　缓冲溶液的应用

缓冲溶液在工业、农业、生物学、医学、化学等方面都有很重要的作用,例如在土壤中,由于含有 $H_2CO_3-NaHCO_3$ 和 $NaH_2PO_4-Na_2HPO_4$,以及其他有机酸及其盐类组成的复杂的缓冲溶液体系,所以能使土壤维持一定的 pH 值,从而保证了植物的正常生长。在化学上缓冲溶液的应用颇为广泛,如离子的分离、提纯以及分析检验,经常需要控制溶液的 pH 值。例如,欲除去镁盐中的杂质 Al^{3+},可采用氢氧化物沉淀的方法。但因 $Al(OH)_3$ 具有两性,如果加入 OH^- 过多,不仅 $Al(OH)_3$ 会溶解,达不到分离的目的,而且 $Mg(OH)_2$ 也可能沉淀,造成损失;反之,若加入 OH^- 太少,则 Al^{3+} 沉淀不完全。这时,如采用 NH_3-NH_4Cl 的混合溶液作为缓冲溶液,保持溶液 pH 在 9 左右,就能使 Al^{3+} 沉淀完全,而 Mg^{2+} 仍留在溶液中,达到分离的目的。

在自然界特别是生物体内缓冲作用更至关重要。如适合于大部分作物生长的土壤,其 pH 在 5~8 的范围内,正是由于土壤中存在的多种弱酸以及相应的盐,维持了土壤的酸碱性变化不大。

人体血液的酸碱度能经常保持恒定的原因,固然大部分依靠各种排泄器官,将过多的酸、碱物质排出体外,但也因血液具有多种缓冲机构保持其本身和机体的酸碱平衡。正常人体血液的 pH 值始终保持在 7.35~7.45。当人体的新陈代谢失调时,血液的 pH 值就会发生改变。如果血液 pH 值低于 7.35,就会出现酸中毒;如果血液 pH 值高于 7.45,则会出现碱中毒,严重时甚至可以危及生命。人体之所以能够保持血液 pH 值的稳定性,是因为血液是一种非常好的缓冲溶液,其中存在多种缓冲体系。

在人体血液中主要缓冲体系是:H_2CO_3-Na_2HCO_3,$HHbO_2$(带氧血红蛋白)-$KHbO_2$,HHb(血红蛋白)-KHb,NaH_2PO_4-Na_2HPO_4 等。由于这几对缓冲体系的相互作用,相互制约,以保证人体正常生理活动在相对稳定的酸碱度下进行,如果酸碱度突然发生改变,就会引起"碱中毒"或"酸中毒"症,若 pH 值的改变超过 0.4 单位.就会有生命危险。

当人体各组织和细胞代谢生成的酸,如乳酸、磷酸等进入血液时,缓冲体系中 HCO_3^- 与 H^+ 作用生成 H_2CO_3,使解离平衡左移。由于 H_2CO_3 的解离度很小,所以就相当于消耗了血液中多余的 H^+。多余的 H_2CO_3 可以由肺以 CO_2 气体的形式呼出体外。

$$H_2CO_3 \Longrightarrow CO_2 + H_2O$$

当代谢生成的碱进入血液时,平衡向右移动。多余的 HCO_3^- 可由肾来调节,从而起到保持血液 pH 值的稳定性的作用。

4.5 盐类的水解反应

4.5.1 盐类的水解反应概述

水溶液的酸碱性,主要取决于溶液中 H^+ 浓度和 OH^- 浓度的相对大小。$NaAc$,Na_2CO_3,NH_4Cl 等盐类物质,在水中既不能电离出 H^+ 离子,也不能电离出 OH^- 离子,它们的水溶液似乎都应该是中性的,但事实并非如此。

强酸强碱形成的盐,水溶液呈中性;强酸弱碱形成的盐,水溶液呈酸性;强碱弱酸形成的盐,水溶液呈碱性。这些盐溶于水时会显出酸碱性的原因是因为盐类的阴离子或阳离子和水所离解出来的 H^+ 或 OH^- 结合生成了弱酸或弱碱,使水的离解平衡发生移动,导致溶液中 H^+ 或 OH^- 浓度不相等,而表现出酸、碱性。这种作用称为盐的水解作用。实际上,水解反应是中和反应的逆反应,并且这种中和反应中的酸或碱之一或二者都是弱的。所以把盐的离子与溶液中水电离出的 H^+ 离子或 OH^- 离子作用产生弱电解质的反应,叫做盐的水解。

按照酸碱质子理论,盐中弱酸根的水解就是弱酸的共轭碱的电离。例如:

$$CO_3^{2-} + H_2O \Longrightarrow HCO_3^- + OH^-$$

$$K_h = \overline{K_b} = \frac{[HCO_3^-][OH^-]}{[CO_3^{2-}]}$$

K_h^θ 称为水解常数，$\overline{K_b}$ 称为共轭碱的电离常数。盐水弱碱根的水解就是弱碱的共轭酸的电离。

$$Fe^{3+} + H_2O \Longrightarrow Fe(OH)^{2+} + H^+$$

$$K_h^\theta = \overline{K_a} = \frac{[Fe(OH)^{2+}][H^+]}{[Fe^{3+}]}$$

式中，$\overline{K_a}$ 称为共轭酸的电离常数。

1. 强酸弱碱盐

强酸弱碱盐是由强酸和弱酸反应生成的，如 NH_4NO_3、NH_4Cl 和 $FeCl_3$ 等。NH_4Cl 属于强电解质，在水溶液中全部解离得到 NH_4^+ 和 Cl^-，反应式如下

$$NH_4Cl = NH_4^+ + Cl^-$$

Cl^- 与水不反应，而 NH_4^+ 可以与水解离出的 OH^- 反应生成弱电解质 $NH_3 \cdot H_2O$，使溶液中的 OH^- 的浓度减小，水的解离平衡右移，溶液中的 H^+ 的浓度增大，达到新平衡时，$[H^+] > [OH^-]$，溶液显酸性。其过程表示如下：

$$H_2O \Longrightarrow OH^- + H^+$$
$$NH_4^+ + OH^- \Longrightarrow NH_3 \cdot H_2O$$

两式相加得

$$c_0(NH_4^+) = 0.190 mol \cdot L^{-1}$$

上式就是 NH_4Cl 水解平衡的离子反应方程式，则该反应的平衡常数 K_h^θ 为：

$$K_h^\theta = \frac{[NH_3 \cdot H_2O][H^+]}{[NH_4^+]}$$

K_h^θ 越大，这种盐的水解程度就越大。将 K_h^θ 表达式中的分子和分母同时乘以溶液中 OH^- 的平衡浓度 $[OH^-]$，整理得

$$K_h^\theta = \frac{[H^+][OH^-]}{\dfrac{[NH_4^+][OH^-]}{[NH_3 \cdot H_2O]}} = \frac{K_w^\theta}{K_b^\theta}$$

所以强酸弱碱盐的水解平衡常数就等于水的离子积常数与弱碱的解离平衡常数之比。K_b^θ 越小，K_h^θ 越大，盐的水解程度就越大。

强酸弱碱盐水溶液中 H^+ 的浓度的计算类似于一元弱酸，实际计算时也可近似处理。如 NH_4Cl 的水解，假设 NH_4Cl 的起始浓度为 c_0，平衡时溶液中 $[H^+]$ 为 x。

$$c_0(NH_4^+) = 0.190 mol \cdot L^{-1}$$

起始浓度	c_0	0	0
起始浓度	$c_0 - x$	x	x

$$K_h^\theta = \frac{[NH_3 \cdot H_2O][H^+]}{[NH_4^+]} = \frac{x^2}{c_0 - x}$$

若 $\dfrac{c_0}{K_h^\theta} \geqslant 400$，则 $c_0 - x \approx c_0$，故 $x = \sqrt{K_h^\theta c_0}$。即对于强酸弱碱盐，当 $\dfrac{c_0}{K_h^\theta} \geqslant 400$ 时，溶液中 H^+ 的浓度为：

$$[H^+] = \sqrt{K_h^\theta c_0} = \sqrt{\frac{K_w^\theta c_0}{K_b^\theta}}$$

　　盐的水解程度可以用水解度来定量表示，水解度就是已水解盐的浓度占盐起始浓度的百分数，用符号 h 表示，即

$$h = \frac{c_{\text{水解}}}{c_0}$$

对于强酸弱碱盐，当 $\frac{c_0}{K_h^\theta} \geqslant 400$ 时，其水解度为：

$$h = \frac{[H^+]}{c_0} \times 100\% = \sqrt{\frac{K_h^\theta}{c_0}} \times 100\% = \sqrt{\frac{K_w^\theta}{K_b^\theta c_0}} \times 100\%$$

由上式可以看出，在一定温度下，盐溶液的起始浓度 c_0 越小，水解度越大。

　　2. 弱酸强碱盐

　　$NaAc$，KCN，$NaClO$ 等属于这一类盐。根据化学平衡移动的原理，以 $NaAc$ 为例说明这类盐的水解。$NaAc$ 在水溶液中的 Ac^- 和由水所离解出来的 H^+ 结合，生成弱酸 HAc。由于 H^+ 浓度的减少，使水的离解平衡向右移动：

$$NaAc \longrightarrow Na^+ + Ac^-$$
$$H_2O \rightleftharpoons OH^- + H^+$$
$$Ac^- + H^+ \rightleftharpoons HAc$$

　　当同时建立起 H_2O 和 HAc 的离解平衡时，溶液中 $c(OH^-) > c(H^+)$，即 $pH > 7$，因此，溶液呈碱性。

　　Ac^- 的水解方程式为：

$$Ac^- + H_2O \rightleftharpoons HAc + OH^-$$

　　强碱弱酸盐的水解，实质上是阴离子发生水解。水解平衡的标准水解常数 K_h^θ，其表达式为：

$$K_h^\theta = \frac{[HAc][OH^-]}{[Ac^-]}$$

令

$$K_1^\theta = [H^+][OH^-] = K_w^\theta$$

$$K_2^\theta = \frac{[HAc]}{[Ac^-][H^+]} = \frac{1}{K_a^\theta}$$

则有

$$K_h^\theta = K_1^\theta \cdot K_2^\theta = \frac{K_w^\theta}{K_a^\theta}$$

　　这样，我们找到了 K_h^θ 与 K_w^θ 和 K_a^θ 之间的关系。常温时 K_w^θ 是常数，故弱酸强碱盐的水解常数 K_b^θ 与弱酸的电离常数 K_a^θ 成反比。形成盐的酸越弱，K_a^θ 越小，则 K_h^θ 越大，水解趋势大，溶液的碱性也越强。

　　可见，组成盐的酸越弱，水解常数越大，相应盐的水解程度也越大。盐的水解程度可用水解度 h 来表示：

$$K^\theta = K_f^\theta([Ag(NH_3)_2]^+) \cdot K_{sp}^\theta(AgCl)$$

　　水解度 h、水解常数 K_b^θ 和盐浓度 c 之间有一定关系，仍以 $NaAc$ 为例：

$$Ac^- + H_2O \rightleftharpoons HAc + OH^-$$

起始浓度　　　　　　　　c　　　0　　　　0

平衡浓度　　　　　　$c(1-h)$　　ch　　　ch

$$K_h^\theta = \frac{[HAc][OH^-]}{[Ac^-]} = \frac{ch \cdot ch}{c(1-h)}$$

若 K_h^θ 较小，$1-h \approx 1$，则

$$K_h^\theta = ch^2$$

即

$$h = \sqrt{\frac{K_h^\theta}{c}} = \sqrt{\frac{K_w^\theta}{K_a^\theta c}}$$

可见，水解度除了与组成盐的弱酸的强弱有关外，还与盐的浓度有关。同一种盐，浓度越小，其水解程度越大。

3.弱酸弱碱盐

弱酸弱碱盐是由弱酸和弱碱反应生成的，如 NH_4Ac、NH_4CN 等。这类盐的水解比较复杂，盐中的正、负离子都可以发生水解反应。

以 NH_4Ac 为例：

$$NH_4Ac \rightarrow NH_4^+ + Ac^-$$
$$H_2O \rightleftharpoons OH^- + H^+$$
$$NH_4^+ + OH^- \rightleftharpoons NH_3 \cdot H_2O$$
$$Ac^- + H^+ \rightleftharpoons HAc$$

NH_4Ac 离解出的 NH_4^+，与水离解出的 OH^- 结合生成弱碱 $NH_3 \cdot H_2O$，而 Ac^- 与水离解出的 H^+ 结合成弱酸 HAc。由于 H^+ 和 OH^- 都在减少，水的离解平衡更向右移，可见弱酸弱碱盐的水解程度较弱酸强碱盐或弱碱强酸盐要大。

弱酸弱碱盐的水解常数为：

$$K_h^\theta = \frac{K_w^\theta}{K_a^\theta K_b^\theta}$$

由此可见，弱酸弱碱盐水溶液的酸、碱性取决于生成的弱酸、弱碱的相对强弱。

尽管弱酸弱碱盐水解的程度往往比较大，但无论所生成的弱酸和弱碱的相对强弱如何，溶液的酸、碱性总是比较弱的。不能认为水解的程度越大，溶液的酸性或碱性必然越强。

4.强酸强碱盐

强酸强碱盐中的阴离子、阳离子不能与水离解出的 H^+ 或 OH^- 结合成弱电解质，水的离解平衡未被破坏，故溶液呈中性，即强酸强碱盐在溶液中不发生水解。

5.多元弱酸盐

同多元弱酸或弱碱分步离解一样，多元弱酸盐和多元弱碱盐也是分步水解的。以二元弱酸盐 Na_2CO_3 为例：

第一步水解　　　　$Na_2CO_3 + H_2O \rightleftharpoons HCO_3^- + OH^- \quad K_{h1}^\theta = \dfrac{K_w^\theta}{K_{a2}^\theta}$

第二步水解 $\quad\quad Na_2CO_3 + H_2O \rightleftharpoons HCO_3^- + OH^- \quad K_{h2}^\theta = \dfrac{K_w^\theta}{K_{a1}^\theta}$

其中，K_{a1}^θ，K_{a2}^θ 分别为二元弱酸 H_2CO_3 的分步离解常数。由于 $K_{a1}^\theta \ll K_{a2}^\theta$，因此 $K_{h1}^\theta \gg K_{h2}^\theta$。可见多元弱酸盐的水解也以第一步水解为主，在计算溶液酸碱性时，可按一元弱酸盐处理。

除了碱金属及部分碱土金属外，几乎所有金属阳离子组成的多元弱碱盐都会发生不同程度的水解，其水解也是分步进行的。如 Fe^{3+} 的水解可表示为：

$$Fe^{3+} + H_2O \rightleftharpoons Fe(OH)^{2+} + H^+$$
$$Fe(OH)^{2+} + H_2O \rightleftharpoons Fe(OH)_2^+ + H^+$$
$$Fe(OH)_2^+ + H_2O \rightleftharpoons Fe(OH)_3 + H^+$$

并非所有多价金属离子的盐都需水解到最后一步才会析出沉淀，有时一级或二级水解即析出沉淀。此外，在水解反应的同时，还有聚合和脱水作用发生，因此水解产物也并非都是氢氧化物，所以多元弱碱盐的水解要比多元弱酸盐的水解复杂得多。

综上所述，盐水解的酸碱性的一般规律为：强酸强碱不水解，溶液显中性；强碱弱酸盐溶液显碱性；强酸弱碱盐溶液显酸性；弱酸弱碱盐谁强显谁性，如表 4-8 所示。

表 4-8　各种类型盐水解的酸碱性比较

盐的类型	是否水解	溶液的酸碱性，pH	实例
弱酸强碱盐	水解	碱性，pH>7	NaAc、KCN
弱碱强酸盐	水解	酸性，pH<7	NH_4NO_3、NH_4Cl
弱酸弱碱盐	水解	$K_a^\theta > K_b^\theta$，酸性，pH<7	$HCOONH_4$
		$K_a^\theta < K_b^\theta$，碱性，pH>7	NH_4Cl
		$K_a^\theta \approx K_b^\theta$，中性，pH=7	NH_4Ac
强酸强碱盐	水解	中性，pH=7	NaCl、KNO_3

4.5.2　影响盐类水解平衡移动的因素

影响盐类水解的因素分为内因和外因两种。

内因是指正离子或负离子本身与 H^+ 或 OH^- 离子结合能力的大小，按照离子间的相互作用，离子电荷越高，半径越小，该离子的水解程度越大。例如，Fe^{3+} 离子的水解能力远大于 Fe^{2+} 离子的水解能力。Fe^{3+} 离子在 pH=2~3 的溶液中彻底水解，而 Fe^{2+} 离子在 pH=9~10 的溶液中才能彻底水解。当离子势相差不大时，离子的水解能力取决于离子的电子构型。

外因是指盐的浓度、酸度、温度。盐的浓度越小，水解程度越大。因为水解反应可看作中和反应，是一个吸热反应，所以升高温度，水解程度越大。控制溶液的酸度，可以控制离子的水解。

1. 盐的本性

盐类水解产生的弱酸或弱碱的离解常数越小，水解程度就越大。若水解产物为沉淀，则其溶解度越小，水解程度就越大。

2. 温度

酸碱中和反应是放热反应，盐的水解是中和反应的逆过程。水解反应是吸热反应，水解平衡属于化学平衡。根据化学平衡移动原理,升高温度,水解平衡向右移动,水解程度增大。例如,加热 $FeCl_3$ 的水溶液,可以得到红棕色的 $Fe(OH)_3$ 沉淀。在分析化学或无机物的制备中,常常采用加热的方法促进水解,以达到分离和提纯的目的。

3.盐的浓度

在温度一定时,盐的浓度越小,水解度越大。例如 NH_4Cl 水解平衡体系中,有

$$K_h^\theta = \frac{[NH_3 \cdot H_2O][H^+]}{[NH_4^+]}$$

假设将溶液稀释为原来的 5 倍,此时体系中各粒子的浓度均减小为原来的 $\frac{1}{5}$,则水解反应的反应商 Q 变为:

$$Q = \frac{\frac{1}{5}[NH_3 \cdot H_2O] \cdot \frac{1}{5}[H^+]}{\frac{1}{5}[NH_4^+]} = \frac{1}{5}K_b^\theta < K_b^\theta$$

所以平衡右移,水解度增大。但是盐的浓度对于弱酸弱碱盐的水解没有影响。这一点可以由 NH_4Ac 的水解平衡常数的表达式推出。

4.溶液的酸碱性

盐类水解通常会引起水中 H^+ 或 OH^- 浓度的变化。对于水解后呈现酸性或碱性的盐,通过改变溶液的酸碱性可以促进或抑制盐的水解。例如 $NaAc$ 的水解平衡:

$$Ac^- + H_2O \Longrightarrow HAc + OH^-$$

在溶液中加入强酸,可使平衡右移,水解度增大;加入强碱,可使平衡左移,水解度减小。

再如 $SnCl_2$ 在水中,因为水解生成沉淀,而得不到澄清的溶液。

$$SnCl_2 + H_2O \Longrightarrow Sn(OH)Cl \downarrow + HCl$$

如果向溶液中加入 HCl 溶液,可以抑制水解。所以在配制 $SnCl_2$ 溶液时,要先加入适量的 HCl 溶液防止水解。

有些药物在水溶液中也会发生水解,如盐酸普鲁卡因是一种局部麻醉药,其注射液 pH 值过高时会发生水解,水解产物没有麻醉作用且有毒性。在配制时常加 HCl 溶液来调节 pH 值至 $4.2 \sim 4.5$,水解就可受到抑制。

4.5.3　盐类水解平衡移动的应用

许多金属氢氧化物的溶解度都很小,当相应的盐溶于水时,由于水解作用会析出氢氧化物而出现浑浊。如 $Al_2(SO_4)_3$,$FeCl_3$ 水解后产生胶状氢氧化物,具有很强的吸附作用,可用作净水剂。有些盐如 $SnCl_2$,$SbCl_3$,$Bi(NO_3)_3$,$TiCl_4$ 等,水解后会产生大量的沉淀,生产上可利用这种作用来制备有关的化合物。例如,TiO_2 的制备反应如下:

$$TiCl_4 + H_2O \Longrightarrow TiOCl_2 + 2HCl$$

无色液体　　　　黄绿色

$$TiOCl_2 + H_2O(过量) \Longrightarrow TiO_2 \cdot xH_2O \downarrow + 2HCl$$

操作时加入大量的水(增加反应物),同时进行蒸发,赶出 HCl(减少生成物),促使水解平

衡彻底向右移动,得到水合二氧化钛,再经焙烧即得无水 TiO_2。

有时为了配制溶液或制备纯的产品,需要抑制水解。例如,实验室配制 $SnCl_2$ 或 $SbCl_3$ 溶液时,实际上是用一定浓度的 HCl 来配制的,否则,因水解析出难溶的水解产物后,即使再加酸,也很难得到清澈的溶液:

$$SnCl_2 + 2H_2O \rightleftharpoons Sn(OH)Cl\downarrow + HCl$$

$$SbCl_3 + H_2O \rightleftharpoons SbOCl\downarrow + 2HCl$$

又如,Fe^{3+},Al^{3+},Bi^{3+},Zn^{2+},Cu^{2+} 等易水解的盐类,在制备过程中,也需加入一定浓度的相应酸,保持溶液有足够的酸度,以免水解产物混入,而使产品不纯。

第5章 配位平衡

5.1 配位化合物

5.1.1 配位化合物的定义

由中心原子或离子(统称为中心原子)和一定数目的中性分子或阴离子通过配位共价键相结合而形成的复杂结构单元称为配合单元,凡是由配合单元组成的化合物称为配位化合物(简称配合物)。

从定义便可看出配合物与简单化合物的区别,配合物的中心原子和配体都不再是简单的离子或分子。例如,三氯化铁是熟知的简单化合物,在三氯化铁溶液中若加入稀 NaOH,会有红棕色沉淀 $Fe(OH)_3$ 生成,加入 $AgNO_3$ 溶液则有白色 AgCl 沉淀生成。这说明在三氯化铁溶液中存在着游离的 Fe^{3+} 和 Cl^-。如果在三氯化铁溶液中加入少量 KSCN 溶液,即成为血红色溶液,在此溶液中加入稀 NaOH 溶液不产生 $Fe(OH)_3$ 沉淀,而加 $AgNO_3$ 溶液则仍有白色 AgCl 沉淀生成。这就说明在两种溶液中 Fe^{3+} 的状态不同,配合物中 Fe^{3+} 与 6 个 SCN^- 以配位键结合生成难解离的复杂离 $[Fe(SCN)_6]^{3-}$ 配离子,而 $[Fe(SCN)_6]^{3-}$ 配离子的性质与 Fe^{3+} 不同。又如配合物 $[CoCl_2(NH_3)_4]Cl$,用 $AgNO_3$ 进行沉淀,只有 1 个 Cl^- 能生成 AgCl 沉淀。从组成可见配合物不仅不符合经典的化学键理论,而且在水溶液中的解离方式也不同于简单化合物。

例如,$CuSO_4$ 可与 $NH_3 \cdot H_2O$ 生成具有化学式为 $[Cu(NH_3)_4]SO_4$ 的深蓝色配合物,它在水溶液中的解离方式为:

$$[Cu(NH_3)_4]SO_4 \rightarrow [Cu(NH_3)_4]^{2+} + SO_4^{2-}$$

溶液中有大量的 $[Cu(NH_3)_4]^{2+}$ 配离子,而 Cu^{2+} 则很少。

AgCl 可与氨水生成 $[Ag(NH_3)_2]Cl$ 配合物,溶液中有大量的 $[Ag(NH_3)_2]^+$ 配离子,而 Ag^+ 很少。

$$[Ag(NH_3)_2]Cl \rightarrow [Ag(NH_3)_2]^+ + Cl^-$$

另外还有一类称为复盐的化合物,性质有别于配合物,例如铝钾矾 $(KAl(SO_4)_2 \cdot 12\ H_2O)$ 俗称明矾,是由硫酸钾和硫酸铝作用生成的。将其溶解于水,便可发现在水溶液中铝钾矾都解离为简单的组成离子 K^+,Al^{3+},SO_4^{2-} 就好像 K_2SO_4 和 $Al_2(SO_4)_3$ 的混合水溶液一样。氯化钙与氨水生成 $CaCl_2 \cdot 2NH_3$,在水溶液中也可以 Ca^{2+}、Cl^-、NH_3 存在,为区别于氨配合物,称为氨化合物。还要指出,在简单化合物和配合物之间不可能划一明显的界限,因为即使在明矾的水溶液中也存在少量的 $[Al(SO_4)_2]^-$ 配离子。NH_4^+ 也可认为是 H^+ 与 NH_3 分子生成的配离子。

5.1.2 配位化合物的分类

1.简单配合物

简单配合物是指由一个中心离子与若干个单基配体所形成的配合物。如 $[Cu(NH_3)_4]SO_4$、$K_2[HgI_4]$、$[Ag(NH_3)_2]^+$、$[ZnCl_4]^{2-}$、$[Ni(CN)_4]^{2-}$ 等均属于这种类型。这类配合物中一般没有环状结构,在溶液中常发生逐级生成和逐级离解现象,如 $[Ag(NH_3)_2]^+$ 的形成

$$Ag^+ + NH_3 \rightleftharpoons [Ag(NH_3)]^+$$
$$[Ag(NH_3)]^+ + NH_3 \rightleftharpoons [Ag(NH_3)_2]^+$$

2.螯合物

当多齿配位体中的多个配位原子同时和中心离子键合时,可形成具有环状结构的配合物,这类具有环状结构的配合物称为螯合物。多齿配位体称为螯合剂,螯合剂与中心离子的键合也称为螯合。螯合物所形成的五原子环和六原子环最稳定。

比如:乙二胺与 Cu^{2+} 反应生成 $[Cu(en)_2]^{2+}$。形成具有 2 个五原子环的螯合物:

乙二胺四乙酸(简称 EDTA)具有六个配位原子:

螯合物的特征可以总结如下:

①稳定性比普通配合物高。螯合物比具有相同配位原子的非螯合物要稳定,在水中更难解离。因为要使螯合物完全解离为金属离子和配体,对于二齿配体所形成的螯合物,需要同时破坏两个键;对于三齿配体所形成的螯合物,则需要同时破坏三个键。故螯合物的稳定性随螯合物中环数的增多而显著增强,这一特点称为螯合效应。螯合物所含的环越多越稳定。

②螯合物大多数有特种颜色。某些螯合物有特征颜色,可用于金属离子的定性鉴定或定量测定。例如,在弱碱性条件下,丁二酮肟与 Ni^{2+} 形成鲜红色的二丁二酮肟合镍螯合物沉淀:

该反应用来定性检验 Ni^{2+} 的存在,也可以定量测定 Ni^{2+} 的含量。

5.1.3 配位化合物的组成

配合物一般由内界和外界组成。内界是配合物的特征部分,它是由中心离子(或原子)和配位体组成的配离子(或配分子),写化学式时,要用方括号括起来;外界为一般离子。配分子

只有内界,没有外界。

现以[Cu(NH₃)₄]SO₄和K₄[Fe(CN)₆]为例,如图5-1所示配合物的组成。

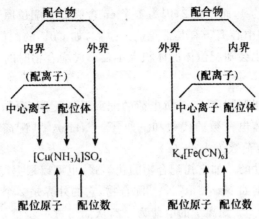

图 5-1　配合物的组成

1.中心离子(或原子)

配合物中心离子(或原子)也叫配合物的形成体,位于配合物的中心,是配合物的核心部分。它能提供空的价电子轨道,是孤电子对的接收体。如$[Cu(NH_3)_4]^{2+}$中的Cu^{2+}就是中心离子。一般的中心离子,大都是过渡金属离子,但也有电中性的原子为配合物的中心原子,如$Ni(CO)_4$、$Fe(CO)_5$中的Ni和Fe都是电中性的原子。此外,少数高氧化态的非金属元素也能作为中心原子存在,如$[SiF_6]^{2-}$中的Si(Ⅳ)及$[BF_4]^-$中的B(Ⅲ)等。

2.配位体

在配合物中,与中心离子(或原子)结合的中性分子或阴离子叫做配位体。配位体中直接同中心离子(或原子)配合的原子,叫做配位原子。如$[Cu(NH_3)_4]^{2+}$配离子中,NH_3是配位体,氨中的N是配位原子;$[Fe(CN)_6]^{4-}$配离子中CN^-是配位体,CN^-中的C原子是配位原子。

在形成配合物时,由配位原子提供孤对电子与中心离子(或原子)形成配位键。因此,配位原子在形成配合物时提供孤对电子。常见的配位原子都是电负性较大的非金属原子,如C、N、O、S及卤素原子等。常见的配位体有:H_2O、NH_3、F^-、Cl^-、Br^-、I^-、OH^-、CN^-、SCN^-等。

配位体又分单基(或单齿)配位体和多基(或多齿)配位体。只有一个配位原子的配位体称为单齿配位体或单基配位体,如$[Ag(NH_3)_2]^+$配离子中NH_3是单基配位体;含有2个或2个以上配位原子的配位体称为多齿配位体或多基配位体,如乙二胺($H_2N—CH_2—CH_2—NH_2$,简称en)在与中心离子(或原子)配位时,它的2个N原子都可作为配位原子同时与中心离子以配位键结合,因此它是双齿配位体。乙二胺四乙酸则可提供6个配位原子同时与中心离子配合,因此它是六齿配位体。

3.配位数

与中心离子(或原子)直接配合的配位原子的数目,叫做该中心离子(或原子)的配位数,如在[Pt(NH₃)₆]Cl₄中,配位数为6,配位原子为6个NH₃分子中的氮原子;[Co(NH₃)₅H₂O]Cl₃中,配位数为 6,配位原子为 5 个 NH₃ 分子中的氮原子和 1 个 H₂O 分子中的氧原子;在[Cu(en)₂]²⁻中,配位数为4,而不是2,因为1个en含有2个配位原子。

在一定条件下,某一中心离子有其常见的配位数,如 Cu^{2+} 的配位数为 4,Fe^{2+} 的配位数为6,但中心离子的配位数也会随配位体的体积大小及形成配合物时的条件不同而变化。

4. 配离子的电荷

带正电荷的配离子叫配阳离子,带负电荷的配离子叫配阴离子。配离子的电荷数等于中心离子的电荷数与配位体电荷数的代数和。如[Cu(NH₃)₄]²⁺配离子,中心离子是 Cu^{2+},配位体是 NH₃,配离子的电荷数为+2+(0)×4=+2。

配位体分子是电中性的。如已知配合物的化学式,也可以根据配合物的外界离子电荷数,确定配离子的电荷数。例如 Na₂[CutCN)₃]配合物,它的外界是 2 个 Na⁺,故根据外界有 2 个正离子,可推知[Cu(CN)₃]²⁻配离子的电荷为−2,从而可进一步推知中心离子是 Cu⁺离子而不是 Cu^{2+}。

5.1.4　配位化合物的命名

配位化合物的命名方法基本上遵循无机化合物的命名原则,先命名阴离子再命名阳离子。若为配阳离子化合物,根据外界阴离子分别称为:外界阴离子为简单离子则叫做某化某,外界阴离子为复杂离子(如 SO_4^{2-})则叫做某酸某;若为配阴离子化合物,则在配阴离子名称与外界阳离子名称之间用"酸"字连接,若外界为氢离子,则在配阴离子名称之后加上"酸"字。

配合物中配离子的命名方法一般按照如下顺序:配位体数—配位体名称—"合"—中心离子(或原子)名称—中心离子的氧化数(加括号,括号内用Ⅰ、Ⅱ、Ⅲ等罗马数字注明)。例如:

[FeF₆]³⁻　六氟合铁(Ⅲ)离子

[Cu(NH₃)₄]²⁺　四氨合铜(Ⅱ)离子

如果配合物含有多种配位体,不同配位体名称间用"·"圆点分开,命名顺序为:先阴离子(简单离子→复杂离子→有机酸根离子),再中性分子(NH₃→H₂O→有机分子)。例如,

[Co(NH₃)₅H₂O]³⁺　五氨·一水合钴(Ⅲ)离子

[CoCl₂(NH₃)₄]⁺　二氯·四氨合钴(Ⅲ)离子

按照上述命名方法,下面举一些实例说明配合物的命名:

①[Ag(NH₃)₂]Cl:氯化二氨合银(Ⅰ)。

②[Cu(NH₃)₄]SO₄:硫酸四氨合铜(Ⅱ)。

③[Co(NH₃)₅H₂O]Cl₃:三氯化五氨·一水合钴(Ⅲ)。

④H₂[PtCl₆]:六氯合铂(Ⅳ)酸。

⑤[Ag(NH₃)₂]OH:氢氧化二氨合银(Ⅰ)。

⑥K₃[Fe(CN)₆]:六氰合铁(Ⅲ)酸钾(铁氰化钾或赤血盐)。

⑦[Fe(CO)₅]:五羰基合铁(O)。

⑧[Pt(NH₃)₂Cl₂]:二氯·二氨合铂(Ⅱ)。

⑨[Pt(NO₂)₂(NH₃)₄]Cl₂:二氯化二硝基·四氨合铂(Ⅳ)。

⑩K[PtCl₅(NH₃)]：五氯·一氨合铂（Ⅳ）酸钾。

有些配合物还常用习惯名称或俗名，如[Cu(NH₃)₄]²⁺称为铜氨配离子，[Ag(NH₃)₂]⁺称为银氨配离子，K₃[Fe(CN)₆]称为铁氰化钾（俗称赤血盐），K₄[Fe(CN)₆]称为亚铁氰化钾（俗称黄血盐）。另外在配合物的命名中，有的原子团使用有机物官能团的名称，如—OH 羟基、CO 羰基、—NO₂硝基等。

5.2　配合物的结构

5.2.1　配位化合物的晶体场理论

晶体场理论是一种改进了的静电理论，它将配位体看作点电荷或偶极子，着重讨论中心原子(中心离子)5 个等价 d 轨道在配体静电场作用下产生的能级分裂。其要点如下：

①中心原子 M 处于带电的配位体 L 形成的静电场中，两者以静电作用结合。

②晶体场对 M 的 d 电子产生排斥作用，使之发生能级分裂，分裂类型与配合物的空间构型有关，分裂的程度则与中心离子及配体的性质有关。

③中心原子的 d 电子在能级分裂后仍然按泡利不相容原理，能量最低原理和洪德规则三原则排布，有可能使体系总能量降低，其降低值称为"晶体场稳定化能"。

1.晶体场中的中心原子 d 轨道

(1)晶体场中中心原子 d 轨道的能级分裂

在配合物中，配体用电子对向中心原子配位，可以看成在中心原子周围形成负电场。而 d 轨道往往有电子，则 d 轨道与配体的负电场有排斥作用。5 个 d 轨道处于电场中，根据电场的对称性不同，各轨道能量升高的幅度不相同，即原来的简并轨道将发生"能级分裂"。分裂的程度可用晶体场分裂能△来表示，△表示最高能级和最低能级之间的能量差。

在正八面体场中，中心离子的 $d_{x^2-y^2}$、d_{z^2}轨道的波瓣与六个配体正面相对，受电场作用大，能量升高得多，高于球形场，分裂后这两个轨道的能量相等，为简并轨道，二重简并的 d 轨道，用群论符号记为 eg 轨道，或用光谱学符号记为 dγ 轨道；中心离子的 d_{xy}、d_{xz}、d_{yz}轨道的波瓣则与配体错开，能量升高得少，低于球形场，分裂后这三个轨道的能量简并，三重简并的 d 轨道用群论符号记为 t₂g 轨道，或用光谱学符号记为 dε 轨道。分裂后两组 d 轨道 eg 和 t₂g 的能量差为△，即"晶体场分裂能"。

晶体场分裂能的大小和中心离子及配体的性质有关。中心离子的电荷高，与配体作用强，分裂能 △ 值大。例如，△{[Fe(CN)₆]³⁻}＞△{[Fe(CN)₆]⁴⁻}；中心原子(离子)的 d 轨道主量子数越大，分裂能 △ 越大。分裂能 △{[Hg(CN)₄]²⁻}△{[Cd(CN)₄]²⁻}＞△{[Zn(CN)₄]²⁻}。配体中配位原子的电负性越小，给电子能力越强，分裂能大，这种配体称为"强场配体"；反之称为"弱场配体"。在同一几何构型的一系列配合物中，常见配体按分裂能 △ 递增次序为 I⁻＜Br⁻＜Cl⁻≈SCN⁻＜F⁻＜OH⁻＜ONO⁻＜H₂O＜NCS⁻＜NH₃＜en＜CN⁻≈CO。这一顺序称为"光谱化学序列"。从配位原子来看，一般规律是卤素＜氧＜氮＜碳，可看作是配位原子电负性的排列：氟(4.0)＜氧(3.5)＜氮(3.0)＜碳(2.5)。例如，钴(Ⅲ)的八面体场配合物中的晶体场分裂能的比较如表 5-1 所示。

表 5-1　钴(Ⅲ)的八面体场配合物中的晶体场分裂能的比较

配离子	$[CoF_6]^{3-}$	$[Co(H_2O)_6]^{3+}$	$[Co(NH_3)_6]^{3+}$	$[Co(CN)_6]^{3-}$
Δ/cm^{-1}	13000	186000	22900	34000

(2)d 轨道能级分裂后电子的排布

在分裂后的 d 轨道中排布电子时,仍须遵守"电子排布三原则",即泡利不相容原理、能量最低原理和洪德规则。对相同金属离子而言,由于晶体场强度不同,可分为弱场和强场两种。前者由于晶体场排斥作用较弱,中心原子的电子结构前后没有变化,未成对的单电子数不变,总的自旋平行电子数较多,称为"高自旋配合物";后者由于晶体场排斥作用强,一般 d 电子多已自旋成对,总的自旋平行电子数较少,故称为"低自旋配合物"。对于中心离子为 $d^4 \sim d^7$ 组态的八面体型配合物,若 $\Delta > P$,则电子排布采取低自旋方式;若 $\Delta < P$,电子排布采取高自旋方式。

Δ 和 P 的值通常用"波数"的形式给出。波数是波长的倒数,指 1cm 的长度相当于多少个波长。可见波数越大,波长越小,频率越高。由 $E = h\nu$ 可知,波数越大,则能量越高。

2.晶体场稳定化能

以假定的球形场 5 个简并的 d 轨道的能量为零点,讨论分裂后的 d 轨道的能量。电场对称性的改变不影响 d 轨道的总能量,故 d 轨道能级分裂后,总的能量仍与球形场的总能量一致。

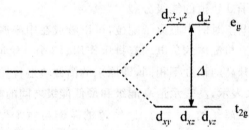

正八面体配合物中,t_{2g} 和 e_g 的能量差 $\Delta_o = E_{e_g} - E_{t_{2g}} = 10Dq$,其中 Dq 是一种假定的能量单位,即把 Δ 分为 10 等份,每一等份为 Dq,下标"o"表示"八面体"。量子力学原理指出,在外场作用下,d 轨道在分裂过程中应保持总能量不变。e_g 两个轨道共 4 个电子,t_{2g} 三个轨道共 6 个电子,因此有下列方程组:

$$\begin{cases} E_{e_g} - E_{t_{2g}} = 10Dq \\ 4E_{e_g} - 6E_{t_{2g}} = 0Dq \end{cases}$$

解得

$$E_{e_g} = +6Dq \quad E_{e_{2g}} = -4Dq$$

可见在八面体场中,d 轨道分裂结果是 e_g 能量升高 6Dq,t_{2g} 能量降低 4Dq。

d 电子在晶体场中分裂后的轨道中排布,其能量用 $E_{晶}$ 表示,在球形场中的能量用 b 表示。因为晶体场的存在,中心原子的电子占据分裂后的 d 轨道而使体系总能量的降低值称为"晶体场稳定化能"(CFSE)。由 $E_{球} = 0$,则定义:晶体场稳定化能是指 CFSE $= E_{晶} - E_{球} = E_{晶}$。CFSE 取负值,其热力学含义是形成配合物后,与假想的球形场相比,体系的能量降低。

5.2.2 配位化合物的价键理论

价键理论的核心是认为形成体和配位原子通过共价键结合。其基本的要点有以下几点。

①配离子中的配位原子可提供孤对电子,是电子对给予体,而形成体可提供与配位数相同数目的空轨道,是电子对的接受体。配位原子的孤对电子填入形成体的空轨道而形成配位键。形成体所提供的空轨道先进行杂化,形成数目相等、能量相同、具有一定空间伸展方向的杂化轨道,形成体的杂化轨道与配位原子的孤对电子沿键轴方向重叠成键。

②形成体的杂化轨道具有一定的空间取向,这种空间取向决定了配体在中心原子周围有一定的排布方式,所以配合物具有一定的空间构型。如 Fe^{3+} 的 6 个 sp^3d^2 杂化轨道为减小互相之间的排斥,在空间以正八面体取向,$[FeF_6]^{3-}$ 形成正八面体型配离子。

1. 内轨型与外轨型配合物

(1)内轨型化合物

若中心原子以最外层轨道(ns、np、nd)进行杂化,用这些杂化轨道和配位原子形成配位键,则称为外轨配位键,生成的配合物称为外轨型配合物。

例如,$[FeF_6]^{3-}$ 配离子,Fe^{3+} 的价电子层结构为 $3d^5 4s^0 4p^0 4d^0$,当 Fe^{3+} 与 F^- 配位形成配离子时,Fe^{3+} 原有的电子层结构不变,用一个 $4s$、三个 $4p$ 和两个 $4d$ 轨道组合成六个 sp^3d^2 杂化轨道,接受六个 F^- 所提供的孤对电子,形成六个配位键。

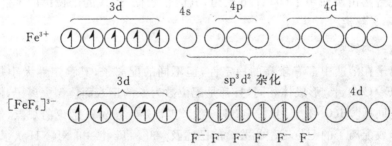

这类配合物还有 $[Fe(H_2O)_6]^{3+}$、$[CoF_6]^{3-}$、$[Co(H_2O)_6]^{2+}$、$[Co(NH_3)_6]^{2+}$ 等。形成外轨型配合物时,由于中心原子的电子分布不受配体的影响,仍保持原有的电子层构型,所以配合物的中心原子未成对电子数仍与自由离子数相同。这类配合物的中心原子电荷较低,或配位原子的电负性较大,如卤素、氧等,它们不易给出孤对电子,对中心原子影响较小,使中心原子原有的电子层构型不变,仅用外层空轨道杂化,再与配体结合形成外轨型配合物。

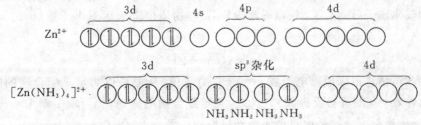

另有一些金属离子,如 Ag^+、Cu^+、Zn^{2+}、Cd^{2+}、Hg^{2+},其($n-1$)d 轨道全充满,没有可利用的内层轨道,故任何配体与它们结合只能形成外轨型配合物。如 $[Zn(NH_3)_4]^{2+}$ 配离子,Zn^{2+}

价电子层结构为 $3d^{10}$，它的最外层 4s、4p、4d 轨道都空着，在 Zn^{2+} 与 NH_3 形成时，Zn^{2+} 原有的电子层结构不变，用一个 4s 和三个 4p 轨道组成四个 sp^3 杂化轨道，接受来自四个 NH_3 所提供的四对孤对电子，形成正四面体配合物。

(2)内轨型配合物

若中心原子以次外层和最外层轨道 $[(n-1)d, ns, np]$ 进行杂化，用这些杂化轨道和配位原子形成配位键，称为内轨配位键，生成的配合物称为内轨型配合物。

当中心原子电荷较高(Fe^{3+}、Co^{3+})，或配位原子的电负性较小时(C、N 等)，中心原子对配体吸引力强，或配体较易给出孤对电子，对中心原子的影响较大，使其价电子层结构发生变化，$(n-1)d$ 轨道上的成单电子被强行配对，空出内层能量较低的 $(n-1)d$ 轨道与 ns、np 轨道进行杂化，形成数目相同、能量相等的杂化轨道，与配体结合形成内轨型配合物。例如 $[Fe(CN)_6]^{3-}$ 配离子中的 Fe^{3+} 在配体 CN^- 影响下，3d 轨道中的五个成单电子重排占据 3 个 d 轨道，剩余 2 个空的 3d 轨道同外层 4s、4p 轨道形成 6 个 d^2sp^3 杂化轨道与 6 个 CN^- 成键，形成八面体配合物。

内轨型配合物由于使用了 $(n-1)d$ 轨道，其能量较低，形成的配位键的键能较大，稳定性较高，在水中不易解离。

2. 配合物的稳定性

虽说配离子在溶液中都有较高的稳定性，但不同的配离子，其稳定性大小是有别的。如 $[FeF_6]^{3-}$ 和 $[Fe(CN)_6]^{3-}$ 形成体相同，且都是配位数为 6 的正八面体型配离子，而前者的稳定性不如后者。同样 $[Ni(CN)_4]^{2-}$ 比 $[Ni(NH_3)_4]^{2+}$ 更稳定。按价键理论的观点，这种稳定性的差别正好与形成配离子的配位键型相关。前已述及，在 $[FeF_6]^{3-}$ 和 $[Ni(NH_3)_4]^{2+}$ 中的配位键为外轨配键，而 $[Fe(CN)_6]^{3-}$ 与 $[Ni(CN)_4]^{2-}$ 中的配位键为内轨配键。显然，内轨配键由于使用次外层 $(n-1)d$ 轨道杂化成键，其能量低于最外层轨道的能量。由此可见，配位数相同的配离子，一般内轨配合物要比外轨配合物稳定。

3. 配合物的磁性

物质的磁性与物质的原子、分子或离子中电子自旋运动有关。磁性强弱用磁矩 μ 表示，磁矩的单位为波尔磁子(B. M.)。根据磁学理论，μ 与物质内部未成对电子数(n)之间存在如下关系：

$$\mu = \sqrt{n(n+2)}$$

根据上式可估算出未成对电子数 $n=0-5$ 的 μ 值，从而可以确定该配合物的磁性($\mu>0$ 的具有顺磁性，$\mu=0$ 的具有反磁性)。反之，测定配合物的磁矩，也可以了解中心离子未成对电子数，进一步推断配合物是内轨型还是外轨型的。表 5-2 为磁矩的理论值。

表 5-2　磁矩(μ)的理论值

未成对电子数	$\mu_{理}$ /B. M.
0	0
1	1.73
2	2.83
3	3.87
4	4.90
5	5.92

　　将实验值与理论值进行比较,可以得出没成对电子数。例如,实验测得 $K_3[FeF_6]$ 的磁矩为 5.90B. M.,由表 5-2 可知,在 $[FeF_6]^{3-}$ 中,仍有 5 个未成对电子,与自由 Fe^{3+} 的未成对电子数相同,说明 Fe^{3+} 以 sp^3d^2 杂化轨道与配位原子(F)形成外轨配位键,则 $[FeF_6]^{3-}$ 属外轨型;而由实验测得 $K_3[Fe(CN)_6]$ 的磁矩为 2.0B. M.,此数值与具有一个未成对电子的磁矩理论值 1.73 B. M. 相近,表明在成键过程中,中心离子的未成对 d 电子数减少,d 电子重新分布,腾出 2 个空 d 轨道,而以 d^2sp^3 杂化轨道与配位原子(C)形成内轨配键,所以 $[Fe(CN)_6]^{3-}$ 属内轨型。

　　由于价键理论简单明了,又能解决一些问题,如它可以解释配离子的几何构型、形成体的配位数以及配合物的某些化学性质和磁性,所以它有一定的用途。但是,这个理论也有缺陷,它忽略了配体对形成体的作用,而且到目前为止还不能定量地说明配合物的性质,如无法定量地说明过渡金属配离子的稳定性,也不能解释配离子的吸收光谱和特征颜色等。

5.2.3　配位化合物的空间构型

　　由于中心离子在杂化轨道具有一定的方向性,所以配合物具有一定的空间构型。现介绍几种重要的中心离子采用的杂化轨道和空间构型。

1. sp 杂化

氧化数为 +1 的中心离子常采用 sp 杂化,形成配位数为 2 的配合物,如$[Ag(NH_3)_2]^+$配离子。

从图 5-2 可见 Ag^+ 的价层电子结构为 $4d^{10}5s^05p^0$,在与 NH_3 形成配离子时,Ag^+ 的 1 个空 5s 轨道和 1 个空 5p 轨道杂化形成 2 个 sp 杂化轨道,NH_3 分子中的 2 个 N 原子上的具有孤电子对的原子轨道分别与 2 个 sp 杂化轨道重叠成键。2 个 sp 杂化轨道的夹角是 180°,故 $[Ag(NH_3)_2]^+$ 为直线形。

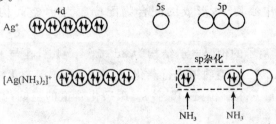

图 5-2　$[Ag(NH_3)_2]^+$ 配离子的形成过程

2. sp³ 杂化

采用 sp³ 杂化的中心离子,形成的配合物配位数为 4,空间构型为正四面体形。如 $[Zn(NH_3)_4]^{2+}$ 配离子。

从图 5-3 可见,Zn^{2+} 离子的价层电子结构为 $3d^{10}4s^04p^0$,与 NH_3 形成配离子时,Zn^{2+} 的 1 个空 4s 轨道与 3 个空的 4p 轨道杂化形成 4 个 sp³ 杂化轨道,NH_3 分子中的 4 个 N 原子上的具有孤电子对的原子轨道分别与 4 个 sp³ 杂化轨道重叠成键。4 个 sp³ 杂化轨道的空间构型为正四面体形,故 $[Zn(NH_3)_4]^{2+}$ 配离子为正四面体形。

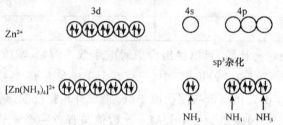

图 5-3 $[Zn(NH_3)_4]^{2+}$ 配离子的形成过程

3. dsp³

采用 dsp² 杂化的中心离子,形成的配合物配位数为 4,空间构型为平面正方形。如 $[Ni(CN)_4]^{2-}$ 配离子。

从图 5-4 可见在 CN^- 的作用下,Ni^{2+} 的 3d 电子发生重排,空出一个 3d 空轨道与一个 4s、2 个 4p 空轨道进行杂化,形成 4 个 dsp² 杂化轨道,分别接受 4 个 CN^- 离子中的 4 个 C 原子提供的 4 对孤对电子而形成 4 个配位键。4 个 dsp² 杂化轨道的空间构型是平面正方形,故 $[Ni(CN)_4]^{2-}$ 配离子为平面正方形。

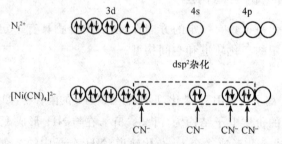

图 5-4 $[Ni(CN)_4]^{2-}$ 配离子的形成过程

4. sp³d² 杂化

采用 sp³d² 杂化的中心离子,形成的配合物配位数为 6,空间构型为正八面体形。如 $[FeF_6]^{3-}$ 配离子。

从图 5-5 可见,Fe^{3+} 离子的价层电子结构为 $3d^54s^04p^04d^0$,在与 F^- 离子形成配离子时,Fe^{3+} 的 1 个 4s、3 个 4p、2 个 4d 空轨道进行杂化,形成 6 个 sp³d² 杂化轨道,分别接受 6 个 F^- 提供的 6 对孤对电子形成 6 个配位键。6 个 sp³d² 杂化轨道的空间构型为正八面体形,故为 $[FeF_6]^{3-}$ 正八面体形。

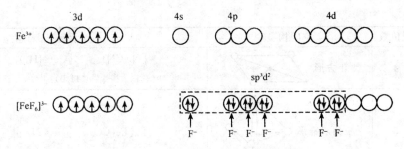

图 5-5 [FeF₆]³⁻ 配离子的形成过程

5. d^2sp^3

采用 d^2sp^3 杂化的中心离子,形成的配合物配位数为 6,空间构型为正八面体形。如 $[Fe(CN)_6]^{3-}$ 配离子。

从图 5-6 可见,在配位体 CN^- 的作用下,Fe^{3+} 的 3d 电子重新排布,原有未成对电子数减少,空出 2 个 3d 轨道与 1 个 4s、3 个 4p 空轨道进行杂化,形成 6 个 d^2sp^3 杂化轨道,分别接受 6 个 CN^- 离子中的 6 个 C 原子上的 6 对孤电子对而形成 6 个配位键。6 个 d^2sp^3 杂化轨道的空间构型为正八面体面体形,故为 $[Fe(CN)_6]^{3-}$ 正八面体形。

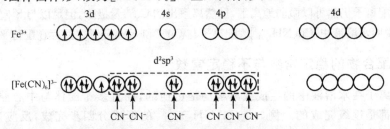

图 5-6 [Fe(CN)₆]³⁻ 配离子的形成过程

综上所述,中心离子的杂化轨道的空间构型配合物的配位数和空间构型。现将常见的杂化轨道和配合物的空间构型,配位数的关系列于表 5-3。

表 5-3 常见轨道杂化类型和配合物的空间构型

杂化类型	配位数	空间构型	示例
sp	2	直线形 ○—●—○	$[Cu(NH_3)_2]^+$,$[AgCl_2]^-$,$[CuCl_2]^-$,$[Ag(CN)_2]^-$
sp^2	3	平面三角形	$[CuCl_3]^{2-}$,$[HgI_3]^-$,$[Cu(CN)_3]^{2-}$
sp^3	4	正四面体形	$[Ni(NH_3)_4]^{2+}$,$[Zn(NH_3)_4]^{2+}$,$[Ni(CO)_4]$

杂化类型	配位数	空间构型	示例
dsp^2	4	正方形	$[Ni(CN)_4]^{2-}$，$[Cu(NH_3)_4]^{2+}$，$[Cu(H_2O)_4]^{2+}$
dsp^3	5	三角双锥形	$[Fe(CO)_5]$，$[Ni(CN)_5]^{3-}$

5.3 配合平衡的移动

配合物的内界与外界之间是通过离子键结合的,在水溶液中配合物会完全离解成配离子与外界离子。例如,在$[Cu(NH_3)_4]SO_4$溶液中加入少量 Ba^{2+},可以看到白色 $BaSO_4$ 沉淀,而加入 NaOH 溶液却并无 $Cu(OH)_2$ 沉淀生成,说明$[Cu(NH_3)_4]^{2+}$ 配离子在溶液中能稳定存在。但当在 $[Cu(NH_3)_4]SO_4$溶液中加入少量 Na_2S 溶液时,生成黑色 CuS 沉淀。这是因为稳定存在的 $[Cu(NH_3)_4]^{2+}$ 配离子仍然可以微弱地离解,虽然离解出的 Cu^{2+} 量极少,但足以与 S^{2-} 生成极难溶的 CuS 沉淀。这说明水溶液中$[Cu(NH_3)_4]^{2+}$ 配离子与 Cu^{2+} 和 NH_3 分子之间存在配位平衡。

5.3.1 配合物的稳定常数与不稳定常数

实际上配离子在水溶液中的生成或离解均是可逆的,而且多个配体与中心原子的结合或配离子的离解都是逐级完成的。例如,$[Cu(NH_3)_4]^{2+}$ 的形成分四步完成,反应达到平衡时,每一步都有对应的平衡常数。

$$Cu^{2+} + NH_3 \rightleftharpoons [Cu(NH_3)]^{2+}$$

第一步：$K_1^\theta = \dfrac{c([Cu(NH_3)]^{2+})/c^\theta}{[c(Cu^{2+})/c^\theta] \cdot [c(NH_3)/c^\theta]} = 10^{4.31}$

$$[Cu(NH_3)]^{2+} + NH_3 \rightleftharpoons [Cu(NH_3)_2]^{2+}$$

第二步：$K_2^\theta = \dfrac{c([Cu(NH_3)_2]^{2+})/c^\theta}{[c([Cu(NH_3)]^{2+})/c^\theta] \cdot [c(NH_3)/c^\theta]} = 10^{3.67}$

$$[Cu(NH_3)_2]^{2+} + NH_3 \rightleftharpoons [Cu(NH_3)_3]^{2+}$$

第三步：$K_3^\theta = \dfrac{c([Cu(NH_3)_3]^{2+})/c^\theta}{[c([Cu(NH_3)_2]^{2+})/c^\theta] \cdot [c(NH_3)/c^\theta]} = 10^{3.04}$

$$[Cu(NH_3)_3]^{2+} + NH_3 \rightleftharpoons [Cu(NH_3)_4]^{2+}$$

第四步：$K_4^\theta = \dfrac{c([Cu(NH_3)_4]^{2+})/c^\theta}{[c([Cu(NH_3)_3]^{2+})/c^\theta] \cdot [c(NH_3)/c^\theta]} = 10^{2.3}$

配离子生成的总反应即上述四步反应之和:

$$Cu^{2+} + 4NH_3 \rightleftharpoons [Cu(NH_3)_4]^{2+}$$

总反应的平衡常数为:

$$K^\theta = \frac{c([Cu(NH_3)_4]^{2+})/c^\theta}{[c([Cu(NH_3)_3]^{2+})/c^\theta] \cdot [c(NH_3)/c^\theta]^4}$$

配合反应的平衡常数越大,说明生成配离子的倾向越大,而离解的倾向就越小,即配离子越稳定。所以把分步平衡常数称为逐级稳定常数,总反应的平衡常数称为配离子的总稳定常数或累积稳定常数,用 K_f^θ 表示。显然,配离子的总稳定常数等于逐级稳定常数的乘积。对于 $[Cu(NH_3)_4]^{2+}$,即

$$K_f^\theta = K_1^\theta \cdot K_2^\theta \cdot K_3^\theta \cdot K_4^\theta = 10^{13.3.2}$$

由于配离子的离解也是分步进行的,配离子在溶液中的离解平衡与弱电解质的离解平衡相似,因此,也可以根据配离子的分步离解写出分步离解平衡常数和总离解平衡常数。如 $[Cu(NH_3)_4]^{2+}$ 在水溶液中的离解平衡:

$$[Cu(NH_3)_4]^{2+} \rightleftharpoons Cu^{2+} + 4NH_3$$

$$K_d^\theta = \frac{[c(Cu^{2+})/c^\theta] \cdot [c(NH_3)/c^\theta]}{c([Cu(NH_3)_4]^{2+})/c^\theta} = 10^{2.3}$$

离解平衡常数越大,表明配离子越容易离解,即配离子越不稳定,因此把配离子的离解平衡常数称为不稳定常数,用 K_d^θ 表示。显然,配离子的稳定常数和不稳定常数互为倒数关系,即

$$K_f^\theta = \frac{1}{K_d^\theta}$$

不同配离子具有不同的稳定常数和不稳定常数。配合物的稳定常数或不稳定常数是每个配离子的特征常数。

如上述 $[Cu(NH_3)_4]^{2+}$ 的 $K_d^\theta = 4.78 \times 10^{-14}$,而 $[Cd(NH_3)_4]^{2+}$ 的 $K_d^\theta = 7.58 \times 10^{-8}$,$[Zn(NH_3)_4]^{2+}$ 的 $K_d^\theta = 3.47 \times 10^{-10}$。根据 K_d^θ 越大,配离子越不稳定,越易离解的原则,上面三种配离子的稳定性为:

$$[Cd(NH_3)_4]^{2+} < [Zn(NH_3)_4]^{2+} < [Cu(NH_3)_4]^{2+}$$

一些常见配离子的稳定常数列于表 5-4。

表 5-4　常见配离子的稳定常数

配离子	K_f^θ	配离子	K_f^θ
$[AgCl_2]^-$	1.1×10^5	$[Cu(en)_2]^{2+}$	1.0×10^{20}
$[AgI_2]^-$	5.5×10^{11}	$[Cu(NH_3)_2]^+$	7.24×10^{10}
$[Ag(CN)_2]^-$	1.26×10^{21}	$[Cu(NH_3)_4]^{2+}$	2.09×10^{13}
$[Ag(NH_3)_2]^+$	1.12×10^7	$[Fe(SCN)_2]^+$	2.29×10^3
$[Ag(SCN)_2]^-$	3.72×10^7	$[Fe(CN)_6]^{4-}$	1.0×10^{35}
$[Ag(S_2O_3)_2]^{3-}$	2.88×10^{13}	$[Fe(CN)_6]^{3-}$	1.0×10^{42}
$[AlF_6]^{3-}$	6.9×10^{19}	$[FeF_6]^{3-}$	2.04×10^{14}
$[Au(CN)_2]^-$	1.99×10^{38}	$[HgCl_4]^{2-}$	1.17×10^{15}
$[Ca(EDTA)]^{2-}$	1.0×10^{11}	$[HgI_4]^{2-}$	6.76×10^{29}
$[Cd(en)_2]^{2+}$	1.23×10^{10}	$[Hg(CN)_4]^{2-}$	2.51×10^{41}
$[Cd(NH_3)_4]^{2+}$	1.32×10^7	$[Mg(EDTA)]^{2-}$	4.37×10^8
$[Co(SCN)_4]^{2-}$	1.0×10^3	$[Ni(CN)_4]^{2-}$	1.99×10^{31}
$[Co(NH_3)_6]^{2+}$	1.29×10^5	$[Ni(NH_3)_4]^{2+}$	5.50×10^8
$[Co(NH_3)_6]^{3+}$	1.58×10^{35}	$[Zn(CN)_4]^{2-}$	5.01×10^{16}
$[Cu(CN)_2]^-$	1.0×10^{24}	$[Zn(NH_3)_4]^{2+}$	2.88×10^9

5.3.2 逐级稳定常数和逐级解离常数

配离子的生成或离解都是分级进行的,每一级平衡都有相应的稳定常数或不稳定常数,称为逐级稳定或不稳定常数。现以$[Ag(NH_3)_2]^+$离子的生成反应为例说明逐级生成反应,溶液中存在一系列配位平衡。

$$Ag^+ + NH_3 \Longrightarrow Ag(NH_3)^+$$

$$K^\theta_{\text{稳},1} = \frac{c_{Ag(NH_3)^+}/c^\theta}{(c_{Ag^+}/c^\theta)(c_{NH_3}/c^\theta)}$$

$$Ag(NH_3)^+ + NH_3 \Longrightarrow Ag(NH_3)_2^+$$

$$K^\theta_{\text{稳},2} = \frac{c_{Ag(NH_3)_2^+}/c^\theta}{(c_{Ag(NH_3)^+}/c^\theta)(c_{NH_3}/c^\theta)}$$

$K^\theta_{\text{稳},1}$、$K^\theta_{\text{稳},2}$是$[Ag(NH_3)_2]^+$离子的第一级和第二级稳定常数;通常又用β_1、β_2表示。第一级反应与第二级反应相加得到生成$[Ag(NH_3)_2]^+$离子的总反应为:

$$Ag^+ + 2NH_3 \Longrightarrow Ag(NH_3)_2^+$$

$$K^\theta_{\text{稳}} = \frac{c_{Ag(NH_3)^+}/c^\theta \cdot c_{Ag(NH_3)_2^+}/c^\theta}{(c_{Ag}/c^\theta)(c_{NH_3}/c^\theta) \cdot (c_{Ag(NH_3)^+}/c^\theta)(c_{NH_3}/c^\theta)}$$

$$= \frac{c_{Ag(NH_3)_2^\theta}/c^\theta}{(c_{Ag}/c^\theta) \cdot (c_{NH_3}/c^\theta)^2}$$

$$= K^\theta_{\text{稳},1} \cdot K^\theta_{\text{稳},2}$$

即$[Ag(NH_3)_2]^+$配离子的总稳定常数等于逐级稳定常数的乘积,总稳定常数又称为离子的累积常数β。

又如,$[Cu(NH_3)_4]^{2+}$配离子分四级反应生成,每一级生成反应的平衡常数分别为$K^\theta_{\text{稳},1}$、$K^\theta_{\text{稳},2}$、$K^\theta_{\text{稳},3}$、$K^\theta_{\text{稳},4}$,则可以推出生成$[Cu(NH_3)_4]^{2+}$配离子的总反应的稳定常数为:

$$K^\theta_{\text{稳},1}、K^\theta_{\text{稳},2}、K^\theta_{\text{稳},3}、K^\theta_{\text{稳},4}$$

$$K^\theta_{\text{稳}} = K^\theta_{\text{稳},1} \cdot K^\theta_{\text{稳},2} \cdot K^\theta_{\text{稳},3} \cdot K^\theta_{\text{稳},4}$$

上述反应的平衡常数又称为累积平衡常数。

5.3.3 配位平衡常数的应用

利用配离子的稳定常数,可以判断配离子的稳定性、配离子之间相互转化的可能性、计算配合物溶液中有关离子的浓度、判断难溶盐的溶解和生成的可能性,还可以用来计算金属与其配离子组成电对的电极电势等。

1. 比较同类型离子的稳定性

相同类型的配离子,可以通过稳定常数的大小直接比较它们在溶液中的稳定性。例如,比较$[Ag(CN)_2]^-$离子和$[Ag(NH_3)_2]^+$离子的稳定性。

由于中心离子都为氧化数$+1$的Ag^+,且2种配离子的配位数相同都为2,因此这2种配离子为相同类型(1:2)的配离子,可以利用稳定常数直接比较它们在溶液中的稳定性。查表得

$$[Ag(CN)_2]^- \qquad K^\theta_{\text{稳}} = 5.6 \times 10^{18}$$

$$[Ag(NH_3)_2]^+ \qquad K_稳^\theta = 1.7 \times 10^7$$

显然,$[Ag(CN)_2]^-$ 比 $[Ag(NH_3)_2]^+$ 稳定的多。

但是,不同类型的配离子之间不能直接用稳定常数的大小比较它们的稳定性,必须通过计算理解出的中心离子的多少才可判断。

2.判断配离子之间相互转化的可能性

配离子之间的转化与沉淀之间的转化相类似,在溶液中加入合适的配位剂,可以使一种配离子转化为稳定性更强的另一种配离子。两种配离子的稳定常数相差越大,转化越易进行。

5.3.4　配位平衡移动

配位平衡与其他化学平衡一样,也是一种动态平衡。外界条件改变时,则平衡发生移动,直到建立起新的平衡。这里主要讨论溶液的酸度、沉淀的生成和氧化还原反应对配位平衡的影响。

1.溶液酸性的影响

(1)酸效应

根据酸碱质子理论,很多配体都是碱,当溶液中加入 H^+ 离子时可生成相应的共轭酸而打破平衡,使配位平衡向着配离子离解的方向移动,降低了配离子的稳定性。例如,在 $[Cu(NH_3)_4]^{2+}$ 配离子溶液中加入酸:

$$[Cu(NH_3)_4]^{2+} \rightleftharpoons Cu^{2+} + 4NH_3$$

平衡移动方向 →　　　　　　　+

$$4H^+$$

$$\Updownarrow$$

$$4NH_4^+$$

这种因为配体与 H^+ 离子结合而使配离子稳定性降低的作用称为酸效应。

显然,酸效应与溶液的 pH 以及生成的共轭酸的 pK_a 有关。溶液的 pH 越小,酸效应越强;共轭酸的 pK_a 越大,酸效应越强。

(2)水解效应

配离子中的中心原子往往是过渡金属离子,在溶液中存在不同程度的水解。溶液的 pH 高,则溶液中的 OH^- 离子可与金属离子生成难溶的氢氧化物沉淀而使平衡移动:

$$[FeF_6]^{3-} \rightleftharpoons Fe^{3+} + 6F^-$$

平衡移动方向 →　　　　　　　+

$$3OH^-$$

$$\Updownarrow$$

$$Fe(OH)_3 \downarrow$$

这种因金属离子与溶液中的 OH^- 离子结合导致配离子稳定性降低的作用称为水解效应。

事实上,配离子在溶液中其酸效应和水解效应往往同时存在,pH 小,酸效应明显;pH 大,水解效应占优。因此,要使配离子稳定存在,需要将溶液的酸度控制在适当的范围内,通常在保证不生成氢氧化物沉淀的前提下,尽可能提高溶液的 pH。

2. 氧化还原平衡的影响

在配位平衡体系中加入能与中心原子发生反应的氧化剂或还原剂，也可使配位平衡移动。如在$[FeCl_4]^-$离子溶液中加入 KI 试剂，因为 I^- 与 Fe^{3+} 发生氧化还原反应，则$[FeCl_4]^-$发生离解：

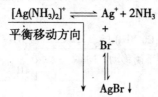

同样，在氧化还原平衡体系加入适宜的配位剂，也产生类似的影响。如在反应 $2Fe^{3+} + 2I^- \rightleftharpoons 2Fe^{2+} + I_2$ 达到平衡时加入 F^- 离子，F^- 离子与 Fe^{3+} 生成$[FeF_6]^{3-}$配离子，使溶液中$[Fe^{3+}]$减少，平衡向左移动。

3. 沉淀平衡的影响

当配离子解离出的金属离子可与某种试剂生成沉淀时，加入该试剂可使配位平衡移动。如在$[Ag(NH_3)_2]^+$离子溶液中加入 NaBr 试剂，有 AgBr 沉淀生成：

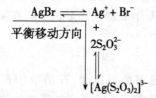

相反，若在沉淀中加入合适的配位剂，生成更稳定的配离子可使沉淀溶解。如在 AgBr 沉淀中加入 $Na_2S_2O_3$ 试剂，会有$[Ag(S_2O_3)_2]^+$离子生成而 AgBr 沉淀溶解：

$$AgBr \rightleftharpoons Ag^+ + Br^-$$
平衡移动方向 $+$ $2S_2O_3^{2-}$ → $[Ag(S_2O_3)_2]^{3-}$

可见，配位平衡与沉淀平衡之间可以相互转化。若配离子的稳定性差，沉淀的溶解度小，则配离子转化为沉淀。反之，若配离子稳定性高，沉淀易溶解，沉淀转化为配离子，即反应向生成稳定性较大的方向移动。

5.4　特殊类型的配合物

前面讨论的配合物基本上都是由单齿配体与形成体直接配位形成的一类简单配合物。配合物种类繁多，除了已讨论的这些简单配合物外，许多特殊类型的配合物发展迅速，主要有羰基配合物、原子簇状配合物、大环配合物及夹心配合物等。

5.4.1 冠醚配合物

冠醚是具有 $-\!\!-CH_2\!\!-\!\!CH_2\!\!-\!\!-$ 结构单元的大单环多元醚，图 5-7 是几个具有代表性的简单冠醚。

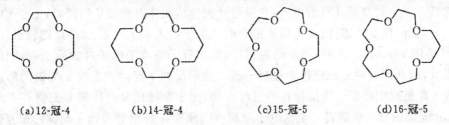

(a)12-冠-4　　(b)14-冠-4　　(c)15-冠-5　　(d)16-冠-5

图 5-7　几个具有代表性的简单冠醚

冠醚分子中，O 的电负性大于 C，电子云密度在 O 原子处较高，因而冠醚与金属离子配位可认为是多个 C—O 偶极与金属离子间的静电作用。冠醚通常能与碱金属、碱土金属离子形成较稳定的配合物，也能与 Au^+、Cd^{2+}、Hg^{2+}、Pb^{2+}、Mn^{2+}、Co^{2+}、Ni^{2+}、Cu^{2+}、Sn^{2+}、镧系和锕系金属离子形成具有一定稳定性的配合物。

影响冠醚配合物稳定性的因素很复杂，除冠醚中配位原子种类和环上取代基等因素的影响外，金属离子的性质、冠醚分子的结构等都会对其稳定性产生决定性的影响。冠醚是一种大环配体，具有一定的空腔结构。不同的冠醚空腔大小不同，冠醚配合物的稳定性取决于配体腔径与金属离子的匹配程度。若金属离子的大小刚好与配体的腔径相匹配，配体和金属离子就有较强的偶极作用，因而有较强的离子键合能力，能形成稳定的配合物。冠醚与金属离子配位最基本的特征如图 5-8 所示。

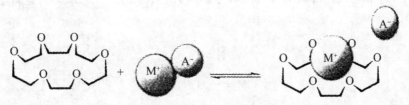

图 5-8　冠醚与金属离子配位最基本的特征

冠醚由于其对碱金属、碱土金属离子的特殊选择配合作用而被大量合成并被广泛研究，对冠醚的研究由最初的对称性冠醚到低对称性冠醚、穴醚、臂式冠醚、双冠醚等，由此开创了大环化学这一新的学科领域。冠醚分子有疏水性的外部骨架，又有亲水性的、可结合金属离子的成键内腔，因此冠醚配合物在有机溶剂中常具有良好的溶解性能，使冠醚成为一种良好的新型萃取剂，用于金属离子的分离和提取。由于人工合成的冠醚在结构和功能上与天然的离子载体相似，可作为生物膜和天然离子载体的化学模拟物。预计在 21 世纪，包括冠醚配合物在内的大环化学在分离、分析、催化、药物控制释放、分子识别及分子组装等方面将具有广阔的应用前景。

5.4.2 羰基配合物

金属羰基配合物是由过渡金属与 CO 配体生成的一类配合物。羰基配合物中的中心原子多为低氧化数或零氧化数，羰基配合物常为中性分子，如 $Cr(CO)_6$、$Mo(CO)_6$、$W(CO)_6$、

Fe(CO)$_5$、Ru(CO)$_5$、Ni(CO)$_4$等。此类配合物被认为是典型的共价化合物。

羰基配合物中CO与金属之间配位键的形成比较复杂。由于O原子的电负性较大,因此CO分子利用C原子上的孤对电子与金属的空轨道形成d配键[见图5-9(a)]。低氧化数的中心原子都具有一定数量的d轨道电子,它通过d配键从配体得到电子的同时,由于CO分子还存在空的π*(2p)反键轨道,因此金属可把它的d电子送入CO的π*(2p)反键轨道,形成(d→p)π配键[见图5-9(b)]。此时,与σ配键相反,金属原子变成了电子对的给予者,配体是电子对的接受者,因此把这种π配键称为金属—碳之间的反馈π配键。反馈π配键的形成减少了由于形成σ配键时中心原子周围存在的过量电荷,使σ配键比没有反馈π配键存在时更易形成;反之,d配键的形成也促进了金属电子对配体的反馈,σ配键和反馈π配键的相互促进和加强作用使羰基配合物的稳定性得到加强。

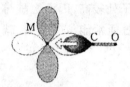 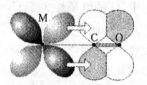

（a）σ配键:CO为电子对给予体　　　　　　　（b）π配键:CO为电子对受体

图 5-9　羰基配合物中CO与金属之间配位键

羰基配合物种类很多,可以分为单核和多核羰基配合物。多核羰基配合物是指一个配位分子中含2个或2个以上中心原子的羰基配合物。单核羰基配合物中,M—C—O单元为线性或接近线性结构。而在多核羰基配合物中,CO与金属原子有多种配位方式,常见的有端羰基、双桥羰基(边桥基)、三桥羰基(面桥基)等,分别由CO分子与1、2、3个金属原子结合而成(见图5-10)。

$$M \longrightarrow CO$$

（a）端羰基　　　　　（b）双桥羰基(边桥基)　　　　　（c）三桥羰基(面桥基)

图 5-10　CO与金属原子的配位方式

多核羰基配合物中有的羰基全部为端羰基,如液态的Co$_2$(CO)$_8$,更多的既包含端羰基也包含桥羰基,如Fe$_2$(CO)$_9$和固态的Co$_2$(CO)$_8$等双核羰基配合物,如图5-11所示。

Co$_2$(CO)$_8$(液态)　　　　　Co$_2$(CO)$_8$(固态)　　　　　Fe$_2$(CO)$_9$

（a）全部为端羰基　　　　　　　　　（b）含端羰基和双桥羰基

图 5-11　多核羰基配合物中的端羰基

羰基配合物的熔点、沸点较低,易挥发,一般易溶于非极性溶剂中,受热易分解为金属和CO。利用这些特性可分离或提纯金属。羰基化合物有剧毒。羰基化合物与其他过渡金属有机化合物在配位催化领域得到广泛应用。

5.4.3　原子簇状配合物

原子簇状配合物是指分子中含有 2 个或 2 个以上金属原子,且以金属－金属(M－M)键结合构成金属原子基团(金属簇)为中心的一类配合物,简称为簇合物。如$[Re_3Cl_{12}]^{3-}$中 3 个 Re 原子以金属键构成平面三角形的金属骨架为核心的配合物,配体通过多种形式的化学键结合在其周围。其结构如图 5-12 所示。

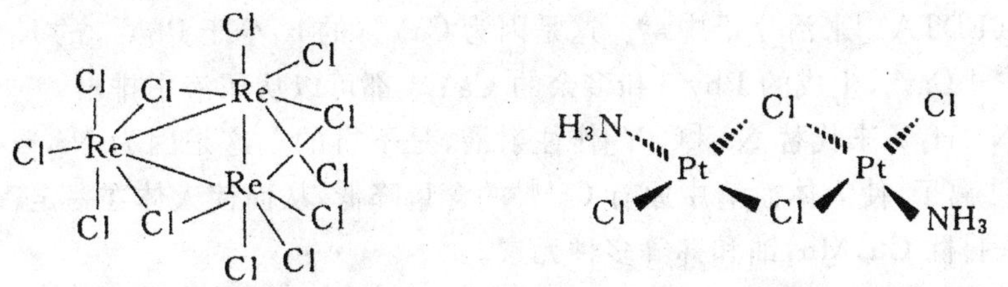

(a)金属原子簇状配合物　　　　　(b)Werner 型配合物

图 5-12　原子簇状配合物

所谓金属－金属键是指金属原子之间的一种直接相互作用,按通常的键级概念可以分为金属－金属单键、双键、三键和四键。分子中含金属－金属键是金属原子簇状配合物区别于其他配合物最根本的特点。如$[Pt_2Cl_4(NH_3)_2]$虽是一种双核铂配合物,但其中的两个 Pt 原子之间并无 Pt－Pt 键,而是利用桥联配体 Cl^- 将两个 Pt 原子连在一起。其结构如图 5-12(b)所示,它属于经典的 Werner 型配合物。这种多核配合物与类似的单核配合物在性质上没有显著差别,而含金属－金属键的原子簇状配合物却显示出一系列独特的性质。

研究表明,只有那些低氧化数和高原子序数的过渡金属才容易形成稳定的金属－金属键,能形成原子簇状配合物的金属元素主要是ⅠB、ⅤB、ⅥB、ⅦB、Ⅷ族元素和 Cd、Hg 等。常见的配体有卤素、硫、氢、CO、烃基、氰化物等。原子簇状配合物有多种类型,按配体分类,可分为羰基原子簇[如$Fe_2(CO)_9$、$Co_2(CO)_8$]、卤化物类原子簇及烷簇合物等。按原子簇状配合物中金属原子数目分类,可分为双原子簇[如$Fe_2(CO)_9$、$Co_2(CO)_8$]、三原子簇(如$[Re_3Cl_{12}]^{3-}$)、四原子簇[如$Ir_4(CO)_{12}$]及五原子簇、六原子簇状配合物等。近年来,人们通过多种途径已合成数万种金属原子簇状配合物。鉴于原子簇状配合物在结构上的独特性和独特的光、电、磁和催化等性能,金属原子簇化学已发展成为一个非常活跃的研究领域。

5.5　配合物的应用

5.5.1　在生物化学方面的应用

人体中有很多痕量元素是金属元素,它们是人体中必需的和有益的。当它们的含量在一定范围内,对人体是有益的,甚至是不可缺少的;但若超过了某一限度,就会造成疾病,甚至死亡。例如,适量的铁有着极其重要的生理功能,但若过量就可能致癌。人体内大部分的铜与铜蓝蛋白或其他的蛋白质结合在一起,发挥它们正常的生理功能,但若合成铜蓝蛋白的机理失调,铜便送往身体各处,逐渐在肝、肾和脑中积存,造成肝、肾坏死或神经疾病 Wilson 氏病症。许多重金属元素,如 Cd,Hg,Pd 等,至今尚未发现有什么生物功能,而毒性却是人所共知的。例如镉中毒能引起骨痛病,即骨中的钙质遭到破坏,引起骨变形。严重的汞中毒能引起水俣病等。

利用配位反应治疗某些中毒元素的反应必须加入一种更强有力的螯合剂,与有毒的金属离子结合,形成更加稳定的配合物,然后排出体外。例如:

①慢性铅中毒导致贫血,损害神经及肾脏。可以注射一定比例溶于生理盐水或葡萄糖溶液的 $Na_2[Ca(EDTA)]$ 来治疗铅中毒。这是因为 CaY^{2-} 的 K_f 小于 PbY^{2-} 的 K_f,所以 CaY^{2-} + $Pb^{2+} \rightarrow PbY^{2-} + Ca^{2+}$,生成的 PbY^{2-} 和多余的 CaY^{2-} 都可以从尿液中排出。

如果用 Na_2H_2Y 来代替 $Na_2[CaY]$ 作往射液,是不行的。这是因为 Na_2H_2Y 会从人体中除去一些 Ca^{2+} 离子,使人体血清中原有 $Ca^{(II)}$ 的含量降低,从而使人体在一定程度上缺钙。该法还可以用来排除 Cu,Mn,铀和钇等多种元素。

②D-青霉胺(p,p 二甲基半胱氨酸)来排铜,以治疗或控制 Wilson 氏病症。D-青霉胺的结构式为:

$$(CH_3)_2-\underset{\underset{HS}{|}}{C}-\underset{\underset{NH_2}{|}}{CH}-COOH,Cu^{2+}$$

离子与 D-青霉胺的反应式为:

$$Cu^{2+}+2(CH_3)_2-\underset{\underset{HS}{|}}{C}-\underset{\underset{NH_2}{|}}{CH}-COOH \rightarrow$$

$$+2H^+$$

5.5.2　在分析化学方面的应用

1.离子的定性鉴定

在分析化学方面,常利用许多配合物有特征的颜色来定性鉴定某些金属离子。

例如,Cu^{2+} 与 NH_3 作用生成深蓝色的 $[Cu(NH_3)_4]^{2+}$ 配离子;Fe^{3+} 与 NH_4SCN 作用生成血红色的 $[Fe(NCS)_n]^{3-n}$ 配离子;二乙酰二肟在氨碱性溶液中与 Ni^{2+} 作用生成鲜红色沉淀。

2.离子的分离

两种离子中若仅有一种离子能和某配位剂形成配位化合物,这种配位剂即可用于分离两种离子。例如,向含有 Al^{3+} 和 Zn^{2+} 的混合溶液中加入氨水,此时 Zn^{2+} 和 Al^{3+} 均能够与氨水形成氢氧化物沉淀。

$$Al^{3+}+3NH_3+3H_2O \longrightarrow Al(OH)_3\downarrow+3NH_4^+$$
$$Zn^{2+}+2NH_3+2H_2O \longrightarrow Zn(OH)_2\downarrow+2NH_4^+$$

但在加入更多氨水后,$Zn(OH)_2$ 可与 NH_3 形成 $[Zn(OH_3)_4]^{2+}$ 溶解而进入溶液中:

$$Zn(OH)_2+4NH_3 \longrightarrow [Zn(NH_3)_4]^{2+}$$

Al(OH)$_3$沉淀不能与 NH$_3$ 形成配合物而溶解,从而达到了分离。

3.定量测定

配位滴定法是一种十分重要的定量分析方法,它利用配位剂与金属离子之间的配位反应来准确测定金属离子的含量,应用十分广泛,例如螯合剂 EDTA 可用作多种金属离子的定量测定。一些配位剂也常用作分光光度法中的显色剂。

4.掩蔽剂

在定性分析中还可以利用生成配合物来消除杂质离子的干扰。

如在用 NH$_4$SCN 鉴定 CO^{2+} 时,若有 Fe^{3+} 存在,血红色的[Fe(NCS)$_n$]$^{3-n}$离子会对观察蓝色的[Co(NCS)$_4$]$^{2-}$ 配离子产生干扰,此时可加入 NaF 作为掩蔽剂使 Fe^{3+} 生成无色的[FeF$_6$]$^{3-}$ 配离子而消除其干扰。

5.5.3　在无机化学方面的应用

1.冶金方面的应用

(1)高纯金属的制备

绝大多数过渡元素都能与 CO 形成金属羰基配合物。与常见的相应金属化合物比较,它们容易挥发,受热易分解成金属和一氧化碳。利用上述特性,工业上采用羰基化精炼技术制备高纯金属。先将含有杂质的金属制成羰基配合物并使之挥发以与杂质分离;然后加热分解制得纯度很高的金属。例如,制造铁芯和催化剂用的高纯铁粉,正是采用这种技术生产的:

$$Fe+5CO \xrightarrow[200°C]{20Mpa} [Fe(CO)_5] \xrightarrow{200\sim250°C} Fe+5CO$$

(细铁)　　　　　　　　　　　　　(高纯)

由于金属羰基配合物大多剧毒、易燃,在制备和使用时应特别注意安全。

(2)贵重金属的提取

众所周知,贵金属难氧化,从其矿石中提取有困难。但是当有合适的配位剂存在,例如,在 NaCN 溶液中,由于 E$^{\theta}$([Au(CN)$_2$]$^-$/Au)值比 E$^{\theta}$(O$_2$/OH$^-$)值小得多,Au 的还原性增强,容易被 O$_2$ 氧化,形成[Au(CN)$_2$]$^-$ 而溶解,然后用锌粉自溶液中置换出金。

2.电镀方面的应用

欲获得牢固、均匀、致密、光亮的镀层,金属离子在阴极镀件上的还原速率不应太快,为此要控制镀液中有关金属离子的浓度。几十年来,镀 Cu、Ag、Au、Zn、Sn 等工艺中用 NaCN 使有关金属离子转变为氰合配离子,以降低镀液中简单金属离子的浓度。由于氰化物剧毒,20世纪 70 年代以来人们开始研究无氰电镀工艺,目前已研究出多种非氰配位剂。例如,1-羟基亚乙基-1,1-二膦酸便是一种较好的电镀通用配位剂,它与 Cu^{2+} 可形成羟基亚乙基二膦酸合铜(Ⅱ)配离子,电镀所得镀层达到质量标准。

3.分离金属

例如,由天然铝矾土制取 Al$_2$O$_3$ 时,首先要使铝与杂质铁分开,分离的基础就是 Al^{3+} 可与过量的 NaOH 溶液形成可溶性的[Al(OH)$_4$]$^-$ 进入溶液

$$Al_2O_3 + 2OH^- + 3H_2O \rightarrow 2[Al(OH)_4]^-$$

而 Fe^{3+} 与 NaOH 生成 $Fe(OH)_3$ 沉淀,澄清后加以过滤,即可除去杂质铁。

5.5.4　在配位催化方面的应用

在有机合成中,凡利用配位反应而产生的催化作用,称为配位催化。其含义是指单体分子先与催化剂活性中心配位,接着在配位界内进行反应。由于催化活性高,选择性专一以及反应条件温和,配位催化被广泛应用于石油化学工业生产中。例如,用 Wacker 法由乙烯合成乙醛采用 $PdCl_2$ 和 $CuCl_2$ 的稀盐酸溶液催化,首先 C_2H_4、H_2O 和 Pd^{2+} 配合生成 $[PdCl_2(H_2O)(C_2H_4)]$,然后它水解成中间产物 $[PdCl_2(OH)(C_2H_4)]^-$,由于 C_2H_4 分子与 Pd^{2+} 配位后,其中的双键 $\left[\begin{array}{c} C = C \end{array} \right]$ 在 Pd^{2+} 的影响下被削弱而活化,有利于双键的打开并加成,在常温常压下乙烯能比较容易地氧化成乙醛,转化率高达 95%. 其反应式为:

$$C_2H_4 + \frac{1}{2}O_2 \xrightarrow[PdCl_2 + CuCl_2]{HCl\ 溶液} CH_3CHO$$

第6章 物质的结构

6.1 原子结构

6.1.1 原子轨道能级

1913 年 N. Bohr 玻尔在前人工作的基础上提出了玻尔原子模型,以下分点详述。

1. 定态轨道的概念

在原子中,电子只能在以原子核为中心的某些能量确定的圆形轨道上运动。轨道间的能差值是不连续的,轨道能量是不连续的。这些轨道的能量状态不随时间改变,称为定态轨道。

2. 轨道能级的概念

不同的定态轨道能量是不同的。离核越近的轨道,能量越低,电子被原子核束缚得越牢;离核越远的轨道,能量越高。轨道的这些不同的能量状态,称为能级。氢原子轨道能级如图 6-1 所示。在正常状态下,电子尽可能处于离核较近、能量较低的轨道上,这时原子所处的状态称为基态。在高温火焰、电火花或电弧作用下,基态原子中的电子因获得能量,能跃迁到离核较远、能量较高的空轨道上去,这时原子所处的状态称为激发态。$n \to \infty$ 时,电子所处的轨道能量定为零,意味着电子被激发到这样的能级时,由于获得足够大的能量,可以完全摆脱核势能场的束缚而电离。因此,离核越近的轨道,能级越低,势能值越负。

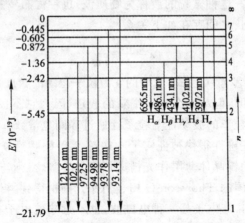

图 6-1 氢原子轨道能级示意图

3. 能级跃迁的概念

处在激发态的电子由于具有较高的能量不稳定性,随时都有可能从能级较高的轨道跃迁到能级较低的轨道,这时电子放出的能量以光的形式释放出来。

玻尔原子模型成功地解释了氢原子和类氢原子(如 He^+、Li^{2+}、Be^{3+} 等)的光谱现象。时至今日,玻尔提出的关于原子中轨道能级的概念,仍然有用。但是玻尔理论有着严重的局限性,它只能解释单电子原子(或离子)光谱的一般现象,不能解释多电子原子光谱,其根本原因在于玻尔的原子模型是建立在牛顿的经典力学理论基础上的。它的假设是把原子描绘成一个太阳系,认为电子在核外运动就犹如行星围绕着太阳转一样,会遵循经典力学的运动规律,但实际上电子这样微小、运动速度又极快的粒子在极小的原子体积内的运动,是根本不遵循经典力学的运动定律的。玻尔理论的缺陷,促使人们去研究和建立能描述原子内电子运动规律的量子力学原子模型。

6.1.2 原子结构的近代概念

1926 年奥地利科学家 E. Schrödinger(薛定谔,1887－1961)建立起描述微观粒子(如原子、电子等)运动规律的量子力学(又称波动力学)理论。人们运用量子力学理论研究原子结构,逐步形成了原子结构的近代概念。

1.电子的波粒二象性

17～18 世纪,关于光的本质问题存在着两种学说:微粒说和波动说。人们对这两种学说一直争论不休。直到 20 世纪初才逐渐认识到光既有波的性质又有粒子的性质,即光具有波粒二象性。1905 年,爱因斯坦在他的光子学说中提出了联系二象性的关系式:

$$p=\frac{h}{\lambda} \tag{6-1}$$

式(6-1)左边动量 p 是表征粒子性的物理量,右边则出现表征波动性的物理量波长 λ,所以式(6-1)很好地揭示了光的波粒二象性的本质。

1924 年,德布罗意(de Bröglie,法)受到光的二象性启发,大胆提出电子、原子等实物粒子也具有波粒二象性的假设。这种微粒的波称为物质波,也称德布罗意波,并提出了表征粒子性的质量和表征波动性的波长之间存在如下关系:

$$\lambda=\frac{h}{p}=\frac{h}{mv} \tag{6-2}$$

式(6-2)即著名的德布罗意关系式,式中的 v 为粒子运动的数度,h 普朗克常数。它虽然形式上与爱因斯坦关系式相同,但却完全是一个新的假定,因为它不仅适用于光,而且适用于电子等实物粒子。它将微观粒子的波动性与粒子性通过普朗克常数 h 联系起来。

de Bröglie 关系式的正确性很快被证实了。1927 年美国物理学家 Davisson C 和 Germer L 用电子束代替 X 射线,用镍晶体薄层作光栅进行衍射实验,得到与 X 射线衍射类似的图像,如图 6-2(a)所示。同年英国的 Thomson G 用金箔作光栅也得到类似的电子衍射图。

电子的波动性既不意味着电子是一种电磁波,也不意味着电子在运动过程中以一种振动的方式行进,电子的波动性与电子运动的统计性规律相关。以电子衍射为例,让一束强的电子流穿越晶体投射到照相底片上,可以得到电子的衍射图像。如果电子流很微弱,几乎只能让电子一个一个射出,只要时间足够长,也可形成同样的衍射图像,如图 6-2 (b)、(c)所示。也就是说,一个电子每次到达底片上的位置是随机的,不能预测,但多次重复以后,电子到达底片上某个位置的概率就显现出来了。衍射图像上,亮斑强度大的地方,电子出现的概率大;反之,电子出现少的地方,亮斑强度就弱。所以,电子波是概率波,它反映了电子在空间区域出现的概率。

电子运动遵循统计规律。

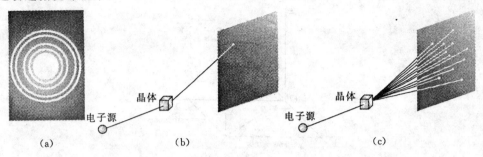

图 6-2　电子衍射图

2. 原子轨道

(1) 波函数

1926 年薛定谔根据波粒二象性的概念提出了一个描述微观粒子运动的基本方程为薛定谔波动方程。这个方程是一个二阶偏微分方程,其形式如下:

$$\left(\frac{\partial^2 \psi}{\partial x^2}+\frac{\partial^2 \psi}{\partial y^2}+\frac{\partial^2 \psi}{\partial z^2}\right)+\frac{8\pi^2 m}{h^2}(E-V)\varphi=0$$

式中,ψ 为波函数;h 为普朗克常量;m 为粒子的质量;x、y、z 为粒子的空间坐标。对氢原子体系来说,波函数 ψ 是描述氢核外电子运动状态的数学表示式,是空间坐标 x、y、z 的函数 $\psi=f(x,y,z)$;E 为氢原子的总能量;V 为电子的势能(亦即核对电子的吸引能);m 为电子的质量。解一个体系(如氢原子体系)的薛定谔方程,一般可以得到一系列的波函数 ψ_{1s},ψ_{2s},ψ_{2PX},…,ψ_i 和相应的一系列能量值 E_{1s},E_{2s},E_{2PX},…,E_i。方程式的每一个合理的解 ψ_i 就代表体系中电子的一种可能的运动状态。例如,基态氢原子中电子所处的能态:

$$\psi_{1s}=\sqrt{\frac{1}{\pi a_0^3}}\,e^{-r/a_0}\quad E_{1s}=-2.179\times10^{-18}\text{J}$$

式中,r 为电子离原子核的距离;a_0 称玻尔半径,其值为 53pm;π 为圆周率;e 为自然对数的底数。

可见,在量子力学中是用波函数和与其对应的能量来描述微观粒子运动状态的。原子中电子的波函数 ψ 既然是描述电子运动状态的数学表示式,而且又是空间坐标的函数,其空间图像可以形象地理解为电子运动的空间范围,俗称"原子轨道"。这里需要特别提醒注意:此处提到的原子轨道与玻尔原子模型所指的原子轨道截然不同。前者指电子在原子核外运动的某个空间范围,后者是指原子核外电子运动的某个确定的圆形轨道。

(2) 原子轨道的角度分布

波函数 ψ 是描述原子中电子运动状态的数学表达式,解薛定谔方程可得出一系列波函数 ψ,它们是三维空间坐标函数。每一个 ψ 都代表着电子在原子中的一种运动状态。求解薛定谔方程时,为了数学处理方便,用球极坐标代替直角坐标,把直角坐标表 $\psi(x,y,z)$ 转换成球极坐标表示的 $\psi(r,\theta,\varphi)$。球极坐标与直角坐标的关系如图 6-3 所示。为了方便起见,通常把 $\psi(r,\theta,\varphi)$ 描述的一种电子运动状态仍称为一个原子轨道,即波函数 ψ 就是原子轨道。但这里原子轨道仅仅是波函数 ψ 的代名词,绝无经典力学中的轨道含义。$\psi(r,\theta,\varphi)$ 将在球极坐标中作图,可以得到原子轨道的图形表示,如图 6-4 实线部分表示。

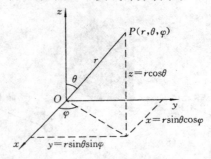

图 6-3 将直角坐标转换成球极坐标

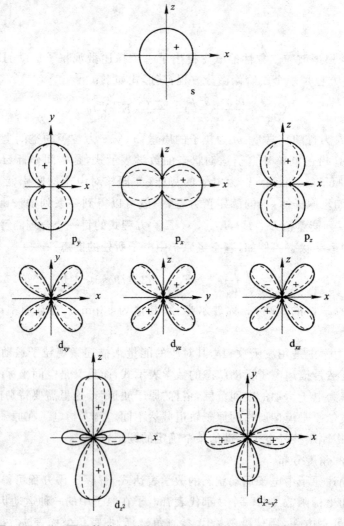

图 6-4 s、p、d 原子轨道(实线部分)、电子云(虚线部分)角度分布剖面图

3.概率密度与电子云

在光的波动方程中,ψ 代表电磁波的电磁场强度。由于

$$光的强度 \propto \frac{光子数目}{V(体积)} = 光子密度$$

而光的强度又与电磁场强度(ψ)的绝对值平方成正比:

$$光的强度 \propto |\psi|^2$$

所以,光子密度与 $|\psi|^2$ 成正比。同理,在原子核外某处空间,电子出现的概率密度(ρ)也是与该处波函数(ψ)的绝对值平方成正比的:

$$\rho \propto |\psi|^2$$

但在研究 ρ 时,有实际意义的只是它在空间各处的相对密度,而不是其绝对值本身,故作图时可不考虑 ρ 与 $|\psi|^2$ 之间的比例常数,因而电子在原子内核外某处出现的概率密度可直接用 $|\psi|^2$ 来表示。

由于电子在核外的高速运动,并不能肯定某一瞬间它在空间所处位置,只能用统计方法推算出在空间各处出现的概率,或者是电子在空间单位体积内出现的概率,即概率密度。如果用密度不同的小黑点来形象地表示电子在原子中的概率密度分布情况,所得图像称为电子云。所以若用 $|\psi|^2$ 作图,应得到电子云的近似图像,电子云的图像也是分别从角度分布和径向分布去表达。图 6-5 为基态氢原子中电子的概率密度分布及电子云示意图。

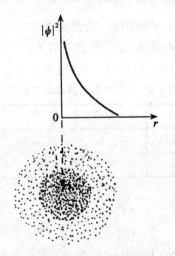

图 6-5　基态氢原子中电子概率密度分布及电子云

电子云的角度分布图(见图 6-4 的虚线部分)与原子轨道角度分布图相比,两种图形基本相似,但有两点区别:①原子轨道的角度分布图带有正、负号,而电子云的角度分布图均为正值,通常不标出;②电子云角度分布的图形比较"瘦"些。

4. 测不准原理

1927 年,德国物理学家海森伯格(Heisenberg)指出:人们不可能同时准确地测定微观粒子的空间位置和动量。这一观点称为测不准原理,它的数学表达式为:

$$\Delta x \cdot \Delta p \geqslant \frac{h}{2\pi}$$

或

$$\Delta x \geqslant \frac{h}{2\pi m \Delta v} \tag{6-3}$$

式中,Δx 为粒子位置的测量偏差;Δp 为粒子动量的测量偏差;Δv 为粒子运动速率的测量偏差。式(6-3)说明,微观粒子位置的测量偏差 Δx 越小,则相应的动量的测定偏差 Δp 和速率的测定偏差 Δv 就越大;反之亦然。

测不准原理是粒子波动性的必然结果。如果微观粒子如同宏观物体那样在一个精确的轨道上运动,那就意味着它既有确定的位置同时又具有确定的速度,这违背了测不准原理,微观粒子的运动不存在确定的轨迹,不遵循经典力学规律。因此,微观粒子的运动不能用经典力学比用量子力学来描述。

5.量子数

描述原子中各电子的状态,包括电子所在的电子层和原子轨道的能级、形状、延展方向、以及电子的自旋方向等,需要主量子数、角量子数、磁选量子数和自旋量子数四个参数。

(1)主量子数 n

主量子数用符号 n 表示。它是决定电子能量的主要因素。它可以取任意正整数值(即 1,2,…)。电子能量的高低主要取决于主量子数,规越小,能量越低,$n=1$ 时能量最低。H 原子核外只有一个电子,能量只由主量子数决定,即 $E = -\dfrac{R_H}{n^2}$。

主量子数还决定电子离核的平均距离,或者说决定原子轨道的大小,所以 n 也称为电子层。n 越大,电子离核的平均距离越远,原子轨道也越大。具有相同量子数 n 的轨道属于同一电子层。按光谱学习惯,电子层用下列符号表示(见表 6-1)。

表 6-1　主量子数、电子层数名称和电子层符号对应的关系

n	1	2	3	4	5	6	…
电子层名称	第一层	第二层	第三层	第四层	第五层	第六层	…
电子层符号	K	L	M	N	O	P	…

电子层能高低顺序:

$$K < L < M < N < O < P$$

(2)角量子数

角量子数(azimuthal quantum number)用符号 l 表示。它决定原子轨道的形状。它的取值受主量子数限制,只能取小于 n 的正整数和零(即 $0,1,2,\cdots,(n-1)$),共可取 n 个值,给 n 种不同形状的轨道。

在多电子原子中,角量子数还决定电子能量高低。当 n 一定时,即在同一电子层中,l 越大,原子轨道能量越高。所以 l 又称为能级或电子亚层。按光谱学习惯,电子亚层用下列符号表示(见表 6-2)。

表 6-2　主量子数与角量子数的关系

n	1	2	3	4
l	0	0,1	0,1,2	0,1,2,3

每个 l 值代表一个亚层,亚层用光谱符号 s,p,d,f 等表示。角量子数、亚层符号及原子轨道对应关系式如表 6-3 所示。

表 6-3 角量子数、亚层符号及原子轨道形状对应的关系

l	0	1	2	3
亚层符号	s	p	d	f
原子轨道或电子云形状	球形	哑铃形	花瓣形	花瓣形

同一电子层中,随着 l 数值的增大,原子轨道能量也依次升高,即 $E_{ns} < E_{np} < E_{nd} < E_{nf}$。

(3)磁选量子数

磁量子数用符号 m 表示。它决定原子轨道的空间取向。它的取值受角量子数的限制,可以取 $-l$ 到 $+l$ 共 $2l+1$ 个值(即 $0, \pm1, \pm2, \cdots, \pm l$)。所以,$l$ 亚层共有 $2l+1$ 个不同空间伸展方向的原子轨道。例如,$l=1$ 时,磁量子数可以有三个取值(即 $m=0, \pm1$),p 轨道有三种空间取向,或者说这个亚层有 3 个 p 轨道。磁量子数与电子能量无关,这 3 个 p 轨道的能级相同,能量相等,称为简并轨道或等价轨道。

量子数 n, l, m 的组合很有规律。例如,$n=1$ 时,l 和 m 只能等于 0,量子数组合只有一种,即 $(1,0,0)$,这说明 K 电子层只有一个能级,也只有一个轨道,这个轨道可以表示为 $\psi_{1,0,0}$ 或 ψ_{1s}。$\psi_{1,0,0}$ 或 ψ_{1s} 也称为 $1s$ 轨道。当 $n=2$ 时,l 可以等于 0 和 1,所以 L 电子层有两个能级。当 $n=2, l=0$ 时,m 只能等于 0,只有一个轨道 $\psi_{2,0,0}$ 或 ψ_{2s};当 $n=2, l=1$ 时,m 可以等于 $0、\pm1$,有三个轨道:$\psi_{2,1,0}$、$\psi_{2,1,1}$、$\psi_{2,1,-1}$ 或 ψ_{2p_x}、ψ_{2p_y}、ψ_{2p_z}。ψ_{2p_x}、ψ_{2p_y}、ψ_{2p_z} 分别表示 p_x、p_y 和 p_z 轨道。L 电子层共有 4 个轨道,其中 s 能级 1 个、p 能级 3 个。由此类推,每个电子层的轨道总数为 n^2。表 6-4 给出了 n, l, m 之间的关系。

表 6-4 n, l, m 之间的关系

主量子数 (n)	1	2		3			4			
电子层符号	K	L		M			N			
角量子数 (l)	0	0	1	0	1	2	0	1	2	3
电子亚层符号	1s	2s	2p	3s	3p	3d	4s	4p	4d	4f
磁量子数 m	0	0	0 ±1	0	0 ±1	0 ±1 ±2	0	0 ±1	0 ±1 ±2	0 ±1 ±2 ±3
亚层轨道数 ($2l+1$)	1	1	3	1	3	5	1	3	5	7
电子层轨道数 n^2	1	4		9			16			

(4)自旋量子

自旋量子数(spin quantum number)用符号 m_s 表示。一个原子轨道由 $n、l$ 和 m 三个量子数决定,但要描述电子的运动状态还需要有第四个量子数即自旋量子数,它不是通过解薛定谔方程得到的。自旋量子数可以取 $+\dfrac{1}{2}$ 和 $-\dfrac{1}{2}$ 两个值,分别表示电子自旋的两种相反方向。电子自旋方向也可用箭头符号"↑"和"↓"表示。两个电子的自旋方向相同称为平行自旋,方向相反称为反平行自旋。电子的运动状态由 $n、l、m$ 和 m_s 四个量子数确定。

6.原子的观察与操作

1803 年 Dalton 提示原子论,人们经过近两个世纪的努力探索,借助高科技手段,科学家们已经初步揭开原子、分子的面纱。

1982 年国际商业机器公司(简称 IBM)苏黎世实验室 G. Binnig 和 H. Rohrer 研制出世界第一台新型的表面分析仪——扫描隧道显微镜(简称 STM)。由于 STM 能放大亿倍,因此可以观察到单个原子、分子的形象。例如,图 6-6 所示为硅表面原子排列的 STM 图像。

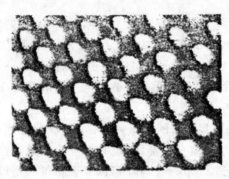

图 6-6　硅原子表面原子排列的 STM

1988 年底中国科学院化学所成功研制国内首台原子级分辨率的原子力显微镜(AFM),并利用自制的扫描隧道显微镜在石墨表面刻蚀出中国地图。1994 年中国科学院北京真空物理实验室利用 STM 针尖在硅表面上提走部分硅原子,从而获得一张以硅原子整齐排列为背景的显示出"100"字样的照片(图 6-7)。这表明我国已经具有观察和操纵原子的高科技。

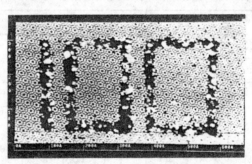

图 6-7　在硅表面按"100"字样移走部分硅原子后的照片

6.1.3　基态原子电子组态

1.基态原子中电子排布原理

(1)泡利不相容原理

1925 年瑞士的泡利根据实验结果及其周期系中每一周期元素的数目提出了一个假设,即每个原子中不可能有四个量子数完全相同的两个电子。也就是说,基态多电子原子中不可能同时存在四个量子数完全相同的电子。这就是所谓的泡利不相容原理。

根据泡利不相容原理,每个原子轨道最多只能容纳两个电子,且它们的自旋方向是相反的。

（2）洪特规则

基态多电子原子中同一能级的轨道能量相等，称为简并轨道。基态多电子原子的电子总是首先自旋平行地、单独地填入简并轨道。2p 能级有三个简并轨道，如果只有两个电子，它们将分占三个 2p 轨道中的 2 个轨道而自旋平行，而不自旋相反地挤入其中一个轨道，如果 2p 能级上有三个电子，则它们将分别处于 $2p_x$、$2p_y$ 和 $2p_z$ 轨道，且自旋平行。若 2p 能级有四个电子，其中一个轨道将有 1 对自旋相反的电子，这对电子处于哪一个 2p 轨道可认为没有差别。例如，氮原子的原子序数为 7，中性原子的核外电子总数为 7，按洪特规则的基态原子的电子构型如图 6-8 所示。

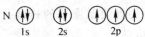

图 6-8 氮的基态原子的电子构型

（3）能量最低原理

体系能量越低则越稳定，这是一个自然界的普适规律。同样，原子中的电子也如此。多电子原子在基态时，核外电子总是尽可能分布在能量最低的轨道上，这就是能量最低原理。也就是说，电子首先填充能量最低的 1s 轨道，然后按近似能级图所示的能级次序由低到高依次填充电子。

2. 多电子原子的能级

（1）多电子原子轨道近似能级图

Pauling L 根据大量光谱实验数据及理论计算结果，提出了多电子原子的近似能级图，如图 6-9 所示。用小圆圈代表原子轨道，能量相近的划成一组，称为能级组。依 1，2，…能级组的顺序，能量依次增高。能量相同的原子轨道成为等价轨道，也称为简并轨道。

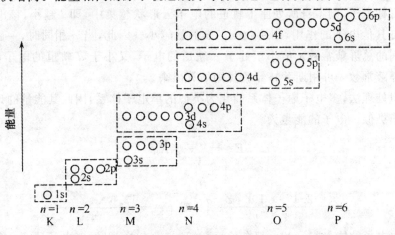

图 6-9 原子轨道近似能级组

$$E_{1s} < E_{2s} < E_{2p} < E_{3s} < E_{3p} < E_{4s} < E_{3d} < E_{4p} < \cdots$$

能级图是按原子轨道的能量高低，而不是按原子轨道离核的远近顺序排列起来的。由图可见，角量子数 l 相同的能级的能量随主量子数 n 的增大而升高，则有 $E_{1s} < E_{2s} < E_{3s} < E_{4s}$；主量子数 n 相同，角量子数 l 不同的能级，能量随 l 的增大而升高，则有 $E_{ns} < E_{np} < E_{nd} < E_{nf}$；当主量子数 n 和角量子数 l 均不同时，一般主量子数是影响能量高低的主要因素，则有 $E_{3d} < E_{4p}$

$<E_{5s}$，但出现了"能级交错"现象，则有 $E_{4s}<E_{3d}<E_{4f}$。

（2）屏蔽效应

对于多电子原子，电子不仅受到核吸引，而且电子之间还存在相互排斥作用。每个电子都是处于核和其余电子的共同作用之中的，并且都在不停地运动，因此要精确地确定其他电子对它的排斥作用是很难的。

解决这个问题的途径是用一种近似处理方法，把其余电子对所选定电子的排斥作用假设为集中于原子核上的负电荷，就好像其他电子与核合在一起成为一个"复合核"。这个"复合核"对选定电子的吸引作用就转化为一个单电子体系。由于"复合核"中包含有其他电子，因此对目标电子所表现出来的正电荷作用就要比原子的核电荷（Z）少，即削弱了核对目标电子的吸引作用，这就是屏蔽效应作用的结果。

由于其他电子对目标电子的排斥作用而抵消了一部分核电荷，因而削弱了原子核对外层电子的吸引，这种作用被称为屏蔽作用，也称屏蔽效应。被其他电子屏蔽后的核电荷称为有效核电荷，用符号 Z^* 表示，且有如下关系式

$$Z^*=Z-\sigma$$

式中：σ 为屏蔽常数，它代表了其他电子对目标电子的排斥作用大小。σ 越大，表示目标电子受到的屏蔽作用越大。目标电子的 σ 等于它受到的其他各电子屏蔽常数的加和值。

为了防止重复计算 σ 值，通常规定处在目标电子的内层以及同层能级上的电子才会对目标电子产生屏蔽效应，而外层电子产生屏蔽效应忽略不计。

影响屏蔽常数 σ 的因素很多，内层电子离核越近，产生的 σ 值越大。电子所处轨道形状不同，对目标电子的屏蔽效应大小也不同。一般处于电子云形状越集中，即角量子数越小，轨道上的电子对其他电子的屏蔽效应越强，产生的屏蔽常数 σ 值越大，即 $\sigma_s>\sigma_p>\sigma_d>\sigma_f$。反之，如果自身成为目标电子，则本身所处原子轨道的电子云形状越集中，即 l 越小，该电子就能更好地屏蔽掉来自其他电子的作用，则接收到的 σ 值就越小。因此，当 n 相同时，一般处于 s 轨道上的电子受到的总屏蔽常数 σ 值小于处于 p 轨道的电子，又小于 d 轨道的电子，再小于 f 轨道的电子。屏蔽常数 σ 可用斯莱特经验规则估算出来。

根据近似处理法，多电子原子体系简化为类似的单电子体系，因此其能量的计算公式与单电子的氢原子类似。电子的能量为

$$E=-\frac{Z^{*2}}{n^2}\times R_H$$

也可以写成

$$E=-\frac{2.179\times10^{18}(Z-\sigma)^2}{n^2}\ \text{或}\ E=-\frac{13.6\times(Z-\sigma)^2}{n^2}$$

多电子原子中电子的能量与 n 和 σ 都有关，而 σ 又与 l 有关，因而多电子原子的能量与 n 和 l 都有关。

当 n 不同 l 相同时，n 越大，电子离核就越远，受到的其他电子对它的屏蔽作用就越强，即 σ 值越大，则有效核电荷 Z^* 越小，能量越高。因此 $E_{1s}<E_{2p}<E_{3d}<E_{4f}$。

当 n 相同而 l 不同时，l 越大，轨道能量越高。因此 $E_{3s}<E_{3p}<E_{3d}$。这是因为 l 不同时，电子云形状不同。目标电子本身的 l 值越小，电子云的分布也就越集中，这样才能能更好地屏蔽

掉其他电子对它的作用,则 σ 小,Z^* 大,所以能量就低。

（3）钻穿效应

在多电子原子中,电子间存在相互的屏蔽作用。在原子核附近出现概率较大的电子,可以更多地避免其他电子的屏蔽,受到原子核的较强的吸引而更靠近原子核,同时能量也较低一些。这里借用氢原子电子云的径向分布图来解释这个问题。

从图 6-10 可以看出,4s 电子云有四个峰,三个小峰离核较近,而主峰离核较远,这说明 4s 电子除有较多机会出现在离核较远的区域外,还有机会钻到内层空间而靠近原子核,从而避免其他电子的屏蔽,使轨道能量降低。这种外层电子钻到内层空间而靠近原子核使自身能量降低的现象,称为钻穿效应。不同的电子,钻穿的本领是不同的,能量降低程度也是不同的。n 相同而 l 不同的电子出现能量分裂,l 越小,则小峰越多,且越接近原子核,即电子钻穿过内层钻到核附近并回避其他电子屏蔽的能力越强,从而其能量也就越低。钻穿效应的能力为 $n\mathrm{f} < n\mathrm{d} < n\mathrm{p} < n\mathrm{s}$,则能级顺序为

$$E_{n\mathrm{s}} < E_{n\mathrm{p}} < E_{n\mathrm{d}} < E_{n\mathrm{f}}$$

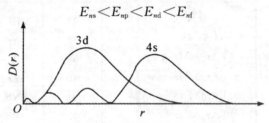

图 6-10 氢原子 3d 和 4s 电子云径向分布图

对于 n 较大,l 较小的电子,当钻穿效应显著时,其能量有可能比 n 较小,l 较大电子的低,即可能出现能级交错现象。

由此可见,屏蔽效应主要考虑某被屏蔽电子所受的屏蔽作用,而钻穿效应则主要考虑某被屏蔽电子避开其他电子对它的屏蔽影响。它们从不同角度说明了多电子原子中电子间相互作用对轨道能量的影响。

3. 基态原子电子组态

应用鲍林的近似能级图,并根据能量最低原理,可以设计出核外电子填入轨道的顺序（图 6-11）；根据能量最低原理、泡利不相容原理和洪特规则,就可以顺利地写出周期表中绝大多数元素原子的核外电子填充式和电子结构式。

例如,$_{29}$Cu 原子的电子填充式为:$1\mathrm{s}^2 2\mathrm{s}^2 2\mathrm{p}^6 3\mathrm{s}^2 3\mathrm{p}^6 4\mathrm{s}^1 3\mathrm{d}^{10}$；电子结构式为:$1\mathrm{s}^2 2\mathrm{s}^2 2\mathrm{p}^6 3\mathrm{s}^2 3\mathrm{p}^6 3\mathrm{d}^{10} 4\mathrm{s}^1$。

对原子序数较大的元素,为了简化起见,通常将内层已达稀有气体的电子层结构,用该稀有气体元素符号加方括号表示,并称为原子实。例如,$_{29}$Cu 的电子结构式可写为:$[\mathrm{Ar}]3\mathrm{d}^{10} 4\mathrm{s}^1$,$_{80}$Hg 的电子结构式为:$[\mathrm{Xe}]4\mathrm{f}^{14} 5\mathrm{d}^{10} 6\mathrm{s}^2$。

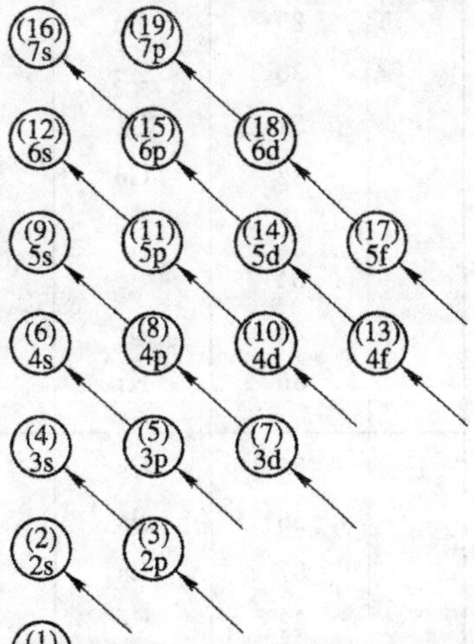

按原子序数递增排列,各元素的基态电中性原子的电子组态如表 6-5 所示。

图 6-11 电子填入轨道顺序

表 6-5　基态电中性原子的电子组态

周期	原子序数	元素符号	电子层结构	周期	原子序数	元素符号	电子层结构
1	1	H	$1s^1$				
	2	He	$1s^2$		11	Na	$[Ne]3s^1$
2	3	Li	$[He]2s^1$		12	Mg	$[Ne]3s^2$
	4	Be	$[He]2s^2$		13	Al	$[Ne]3s^2 3p^1$
	5	B	$[He]2s^2 2p^1$	3	14	Si	$[Ne]3s^2 3p^2$
	6	C	$[He]2s^2 2p^2$		15	P	$[Ne]3s^2 3p^3$
	7	N	$[He]2s^2 2p^3$		16	S	$[Ne]3s^2 3p^4$
	8	O	$[He]2s^2 2p^4$		17	Cl	$[Ne]3s^2 3p^5$
	9	F	$[He]2s^2 2p^5$		18	Ar	$[Ne]3s \cdot 3p^6$
	10	Ne	$[He]2s^2 2p^6$				
4	19	K	$[Ar]4s^1$		37	Rb	$[Kr]5s^1$
	20	Ca	$[Ar]4s^2$		38	Sr	$[Kr]5s^2$
	21	Sc	$[Ar]3d^1 4s^2$		39	Y	$[Kr]4d^1 5s^2$
	22	Ti	$[Ar]3d^2 4s^2$		40	Zr	$[Kr]4d^2 5s^2$
	23	V	$[Ar]3d^3 4s^2$		41	Nb	$[Kr]4d^4 5s^1$
	24	Cr	$[Ar]3d^5 4s^1$		42	Mo	$[Kr]4d^5 5s^1$
	25	Mn	$[Ar]3d^5 4s^2$		43	Tc	$[Kr]4d^5 5s^2$
	26	Fe	$[Ar]3d^6 4s^2$		44	Ru	$[Kr]4d^7 5s^1$
	27	Co	$[Ar]3d^7 4s^2$	5	45	Rh	$[Kr]4d^8 5s^1$
	28	Ni	$[Ar]3d^8 4s^2$		46	Pd	$[Kr]4d^{10}$
	29	Cu	$[Ar]3d^{10} 4s^1$		47	Ag	$[Kr]4d^{10} 5s^1$
	30	Zn	$[Ar]3d^{10} 4s^2$		48	Cd	$[Kr]4d^{10} 5s^2$
	31	Ga	$[Ar]3d^{10} 4s^2 4p^1$		49	In	$[Kr]4d^{10} 5s^2 5p^1$
	32	Ge	$[Ar]3d^{10} 4s^2 4p^2$		50	Sn	$[Kr]4d^{10} 5s^2 5p^2$
	33	As	$[Ar]3d^{10} 4s^2 4 p^3$		51	Sb	$[Kr]4d^{10} 5s^2 5p^3$
	34	Se	$[Ar]3d^{10} 4s^2 4p^4$		52	Te	$[Kr]4d^{10} 5s^2 5p^4$
	35	Br	$[Ar]3d^{10} 4s^2 4p^5$		53	I	$[Kr]4d^{10} 5s^2 5p^5$
	36	Kr	$[Ar]3d^{10} 4s^2 4p^6$		54	Xe	$[Kr]4d^{10} 5s^2 5p^6$
6	55	Cs	$[Xe]6s^1$		87	Fr	$[Rn]7s^1$
	56	Ba	$[Xe]6s^2$		88	Ra	$[Rn]7s^2$
	57	La	$[Xe]5d^1 6s^2$		89	Ac	$[Rn]6d^1 7s^2$
	58	Ce	$[Xe]4f^1 5d^1 6s^2$		90	Th	$[Rn]6d^2 7s^2$
	59	Pr	$[Xe]4f^3 6s^2$	7	91	Pa	$[Rn]5f^2 6d^1 7s^2$
	60	Nd	$[Xe]4f^4 6s^2$		92	U	$[Rn]5f^3 6d^1 7s^2$
	61	Pm	$[Xe]4f^5 6s^2$		93	Np	$[Rn]5f^4 6d^1 7s^2$
	62	Sm	$[Xe]4f^6 6s^2$		94	Pu	$[Rn]5f^6 7s^2$
	63	Eu	$[Xe]4f^7 6s^2$		95	Am	$[Rn]5f^7 7s^2$

续表

周期	原子序数	元素符号	电子层结构	周期	原子序数	元素符号	电子层结构
	64	Gd	$[Xe]4f^7 5d^1 6s^2$		96	Cm	$[Rn]5f^7 6d^1 7s^2$
	65	Tb	$[Xe]4f^9 6s^2$		97	Bk	$[Rn]5f^9 7s^2$
	66	Dy	$[Xe]4f^{10} 6s^2$		98	Cf	$[Rn]5f^{10} 7s^2$
	67	Ho	$[Xe]4f^{11} 6s^2$		99	Es	$[Rn]5f^{11} 7s^2$
	68	Er	$[Xe]4f^{12} 6s^2$		100	Fm	$[Rn]5f^{12} 7s^2$
	69	Tm	$[Xe]4f^{13} 6s^2$		101	Md	$[Rn]5f^{13} 7s^2$
	70	Yb	$[Xe]4f^{14} 6s^2$		102	No	$[Rn]5f^{14} 7s^2$
	71	Lu	$[Xe]4f^{14} 5d^1 6s^2$		103	Lr	$[Rn]5f^{14} 6d^1 7s^2$
	72	Hf	$[Xe]4f^{14} 5d^2 6s^2$		104	Rf	$[Rn]5f^{14} 6d^2 7s^2$
	73	Ta	$[Xe]4f^{14} 5d^3 6s^2$		105	Db	$[Rn]5f^{14} 6d^3 7s^2$
	74	W	$[Xe]4f^{14} 5d^4 6s^2$		106	Sg	$[Rn]5f^{14} 6d^4 7s^2$
6	75	Re	$[Xe]4f^{14} 5d^5 6s^2$	7	107	Bh	$[Rn]5f^{14} 6d^5 7s^2$
	76	Os	$[Xe]4f^{14} 5d^6 6s^2$		108	Hs	$[Rn]5f^{14} 6d^6 7s^2$
	77	Ir	$[Xe]4f^{14} 5d^7 6s^2$		109	Mt	$[Rn]5f^{14} 6d^7 7s^2$
	78	Pt	$[Xe]4f^{14} 5d^9 6s^1$		110	Ds	$[Rn]5f^{14} 6d^8 7s^2$
	79	Au	$[Xe]4f^{14} 5d^{10} 6s^1$		111	Rg	$[Rn]5f^{14} 6d^9 7s^2$
	80	Hg	$[Xe]4f^{14} 5d^{10} 6s^2$		112	Uub	$[Rn]5f^{14} 6d^{10} 7s^2$
	81	Tl	$[Xe]4f^{14} 5d^{10} 6s^2 6p^1$				
	82	Pb	$[Xe]4f^{14} 5d^{10} 6s^2 6p^2$				
	83	Bi	$[Xe]4f^{14} 5d^{10} 6s^2 6p^3$				
	84	Po	$[Xe]4f^{14} 5d^{10} 6s^2 6p^4$				
	85	At	$[Xe]4f^{14} 5d^{10} 6s^2 6p^5$				
	86	Rn	$[Xe]4f^{14} 5d^{10} 6s^2 6p^6$				

6.2　元素周期性变化规律

6.2.1　元素周期表的形式

1869 年俄国化学家 D. I. Mendeleev(门捷列夫)在总结大量科学实验成果的基础上发现了元素之间的内在联系——化学元素周期律,即化学元素按照原子序数的大小依次排列,元素的物理和化学性质呈现周期性的变化。

元素周期律的发现,使人们能更好地掌握元素之间的内在本质关系,进而揭示物质内部结构、预测物质性质,大大加深了人类对物质世界的认识,对科学发展起了指导和推动作用,成为科学发展史上的里程碑。

元素周期表是元素周期律的具体表现形式,它把元素依照原子序数按周期和族数排列出来,成为化学、物理和材料科学家普遍使用的参考工具。元素周期表的排布方式反映了元素周期律的本质,即元素周期表的排布都是以元素周期律为依据的,基于元素不同物理化学性质的周期性规律以及针对不同的使用目的对周期表进行改编,目前已有 700 多种不同的周期表陆续产生,其内容和形式各异。下面介绍两种常见的周期表形式。

1. 长式周期表

长式周期表(long-form periodic table),也叫维尔纳周期表(Werner periodic table),是目前应用最广泛的周期表。它是按照原子序数和外层电子结构等规律进行排布的,每一族(纵列)元素都具有相似的性质,每一周期(横行)都有相同的电子层数。从左向右的族排列顺序依次为ⅠA、ⅡA、ⅢB、ⅣB、ⅤB、ⅥB、ⅦB、ⅧB、ⅠB、ⅡB、ⅢA、ⅣA、ⅤA、ⅥA、ⅦA 和ⅧA 共 18 族,从左至右依次为金属元素、过渡金属元素再到非金属元素,很好地反映了金属至非金属的过渡(图 6-12)。

Group

1	2	3	4	5	6	7	8	9	10	11	12	13	14	15	16	17	18
ⅠA	ⅡA	ⅢB	ⅣB	ⅤB	ⅥB	ⅦB		ⅧB			ⅠB	ⅡB	ⅢA	ⅣA	ⅤA	ⅥA	ⅦA	ⅧA
1 H																		2 He
3 Li	4 Be												5 B	6 C	7 N	8 O	9 F	10 Ne
11 Na	12 Mg												13 Al	14 Si	15 P	16 S	17 Cl	18 Ar
19 K	20 Ca	21 Sc	22 Ti	23 V	24 Cr	25 Mn	26 Fe	27 Co	28 Ni	29 Cu	30 Zn	31 Ga	32 Ge	33 As	34 Se	35 Br	36 Kr
37 Rb	38 Sr	39 Y	40 Zr	41 Nb	42 Mo	43 Tc	44 Ru	45 Rh	46 Pd	47 Ag	48 Cd	49 In	50 Sn	51 Sb	52 Te	53 I	54 Xe
55 Cs	56 Ba	57~71 La~Lu	72 Hf	73 Ta	74 W	75 Re	76 Os	77 Ir	78 Pt	79 Au	80 Hg	81 Tl	82 Pb	83 Bi	84 Po	85 At	86 Rn
87 Fr	88 Ra	89~103 Ac~Lr	104 Rf	105 Db	106 Sg	107 Bh	108 Hs	109 Mt	110 Ds	111 Rg	112	113	114	115	116	(117)	118
(119)	(120)	(121~153)	154														

	57 La	58 Ce	59 Pr	60 Nd	61 Pm	62 Sm	63 Eu	64 Gd	65 Tb	66 Dy	67 Ho	68 Er	69 Tm	70 Yb	71 Lu
Lanthanides	57 La	58 Ce	59 Pr	60 Nd	61 Pm	62 Sm	63 Eu	64 Gd	65 Tb	66 Dy	67 Ho	68 Er	69 Tm	70 Yb	71 Lu
Actinides	89 Ac	90 Th	91 Pa	92 U	93 Np	94 Pu	95 Am	96 Cm	97 Bk	98 Cr	99 Es	100 Fm	101 Md	102 No	103 Lr

Superactinides(121~153)

图 6-12　2009 元素周期表

镧系和锕系元素从整表中拉出来单独置于主表下方,这样化学元素按群体分类的方法显得比较清楚,各族内部及族与族之间的联系也表现得比较紧凑。

2. 左台阶式周期表

左台阶式周期表(left-step periodic table)是 20 世纪 20 年代由法国的 Charles Janet 首次提出。在长式周期表基础上,将第一、第二主族即碱金属和碱土金属移至表最右侧,再把 He 归属于碱土金属元素置于最上端,此表形状似从左至右的台阶而得名。对于每行元素的原子,电子最高填充轨道的 $n+l$ 值相同,其中 n 和 l 分别是轨道的主量子数和角量子数。从上至下最大 $n+l$ 值从 1 依次增加到 8,正好和第一至第八周期相对应(图 6-13)。$n+l$ 能更好地反映原子核外电子层填充次序和原子的量子力学性质。$n+l$ 值小的轨道能量低,将被电子优先填充。E. R. Scerri 在此基础上,从三元素组的观点出发,提出将 He 归属于卤族元素,再将 He 归还于惰性气体元素。这样原有的 He、Ne、Ar 三元素组得以恢复,此外还增加了 H、F、Cl 三元素组。

																														H	He	1
																														Li	Be	2
																								B	C	N	O	F	Ne	Na	Mg	3
																								Al	Si	P	S	Cl	Ar	K	Ca	4
														Sc	Ti	V	Cr	Mn	Fe	Co	Ni	Cu	Zn	Ga	Ge	As	Se	Br	Kr	Rb	Sr	5
														Y	Zr	Nb	Mo	Tc	Ru	Rh	Pd	Ag	Cd	In	Sn	Sb	Te	I	Xe	Cs	Ba	6
La	Ce	Pr	Nd	Pm	Sm	Eu	Gd	Tb	Dy	Ho	Er	Tm	Yb	Lu	Hf	Ta	W	Re	Os	Ir	Pt	Au	Hg	Tl	Pb	Bi	Po	At	Rn	Fr	Ra	7
Ac	Th	Pa	U	Np	Pu	Am	Cm	Bk	Cf	Es	Fm	Md	No	Lr	Rf	Db	Sg	Bh	Hs	Mt	Ds	Rg										8

图 6-13　左台阶式周期表

除此之外，扇形周期表、螺旋形周期表、环形周期表、层式周期表、竖式周期表、树状周期表、放射式周期表、金字塔形周期表、球形周期表、圆柱形周期表等也是比较常采用的周期表。当然，不管采取什么形式，周期表都必须反映元素之间内在联系的某一方面或多个方面，具有特定的规律性。

6.2.2　原子结构与元素周期律

1. 周期的划分

每周期从左到右各元素原子最外层的电子数目由 1～8 呈现明显的周期性变化，即最外层电子结构重复 ns^1 到 ns^2np^6 的周期性变化（第一周期除外），称为一个周期。由于元素的化学性质主要取决于它的价电子构型，而价电子层构型又是由核电荷数及核外电子排布规律所决定，因此各周期（第一周期除外）都是由碱金属开始，以稀有气体结束，呈现周期性。

由于各电子层的填充过程实际是按能级组的顺序来填充的，因此周期实际上是按原子中能级组数目不同对元素进行的分类。例如，第一周期含有一个能级组（第一能级组）；第二周期含有两个能级组（第一和第二能级组）。依此类推，原子的最高能级组数为几（或包含几个能级组），就属第几周期。

周期数＝最高能级组数（或包含的能级组数）

＝最外层电子的主量子数（或电子层数）

例如，钴原子（$_{27}Co$）的电子排布式为 $1s^2 2s^2 2p^6 3s^2 3p^6 3d^7 4s^2$，其最高能级组数为四，包含了从第一到第四共四个能级组，其最外层电子的主量子数为 4，这些都可以说明钴原子位于第四周期。表 6-6 为各周期元素的数目。

表 6-6　各周期元素的数目

周期	元素数目	对应的能量级	电子最大容量
1	2	1s	2
2	8	2s,2p	8
3	8	3s,3p	8
4	18	4s,3d,4p	18
5	18	5s,4d,5p	18
6	32	6s,4f,5d,6p	32
7	20(未完)	7s,5f,6d,7p(未完)	未满

由周期表中的所有元素的核外电子填充情况发现,每个周期的原子最外层电子数最多不超过 8 个,次外层最多不超过 18 个。这是多电子原子中轨道能级交错的必然结果。每层填充的电子数如果超过 8 个,应填充 d 轨道。而主量子数 $\geqslant 3$ 时,$E_{ns} < E_{(n-1)d}$,根据能量最低原理,填 d 轨道前,必须先填充能量低的更外层的 72s 轨道。因增加了一个新电子层,这时的 d 轨道处于次外层。因此,最外层电子数最多不超过 8 个。

以此类推,次外层电子数超过 18,必须填充 f 轨道。但是由于多电子原子中 $E_{ns} < E_{(n-2)f}$,在填充次外层的 f 轨道前,必须先填充比次外层的 f 轨道还多两层的能量低的 s 轨道。这样,就又增加了一个新的电子层,原来的次外层变成了倒数第三层。因此,任何原子的次外电子层上最多不超过 18 个电子。

2. 族与电子构型

周期表中共有 18 个纵行,共有 8 个主族、8 个副族,其中 8、9、10 三个纵行统称第 Ⅷ B 族。价电子是指原子中参与化学反应并用于成键的电子,其所在的电子亚层称为价电子层。原子的价电子构型是指价层电子的排布式,反映出该元素原子的电子层结构的特征。从周期表中处在同一列元素的原子结构看出,同族元素它们的价电子构型是相似的,所以族的实质是根据价电子的构型不同而对元素进行的分类。

(1)主族元素

原子核外最后一个电子填入 ns 或 np 亚层的属于主族元素。在族序数后面标上 A,如 Ⅰ A、Ⅱ A、Ⅲ A、…、Ⅷ A。对主族元素,最外层的 ns 和 np 能级上的电子均为价电子,价电子构型为 $ns^{1\sim2}$ 或 $ns^2np^{1\sim6}$。由此可得:

主族元素族序数 = 该族元素原子的最外层电子数 = 该族元素的最高氧化数

(2)副族元素

原子核外最后一个电子填入 $(n-1)d$ 或 $(n-2)f$ 亚层的都属于副族元素。在族序数后面标上 B,如 Ⅰ B、Ⅱ B、Ⅲ B、…、Ⅷ B。对于副族,最外层的 ns 和次外层的 $(n-1)d$ 能级上的电子为价电子,价电子构型一般为 $(n-1)d^{1\sim10}ns^{0\sim2}$。从 Ⅲ B 至 Ⅷ B 族,元素原子的价电子层电子总数等于其族数。

副族元素的价电子总数 = $(n-1)d$ 能级上的电子数 + ns 能级上的电子数

3. 元素分区

根据各元素原子的价电子结构特征,即最后一个电子填充的能级的不同,把周期表分为五个区,如图 6-14 所示。

s 区元素:又称为活泼金属,价电子层构型为 ns^1 和 ;ns^2 的元素,即 Ⅰ A 族的碱金属和 Ⅱ A 族的碱土金属。这些元素很容易失去最外层的价电子,表现出高的金属活泼性。

p 区元素:价电子层构型从 ns^2np^1 到 ns^2np^6 的元素,包括周期表中从 Ⅲ A 到零主族(也称 Ⅷ A 族)的元素。

d 区元素:又称为过渡金属元素。价电子层构型为 $(n-1)d^{1\sim9}ns^{1\sim2}$ 的元素,包括 Ⅲ B 到 Ⅷ 族的元素。

ds 区元素:价电子层构型为 $(n-1)d^{10}ns^{1\sim2}$ 的元素,包括 Ⅰ B 的铜族和 Ⅱ B 的锌族元素。

f 区元素:又称为内过渡元素,价电子层构型为 $(n-2)f^{0\sim14}ns^2$ 或 $(n-2)f^{0\sim14}(n\sim1)d^{1\sim2}ns^2$

的元素,包括镧系和锕系元素。

周期	I A																		0
1		II A												IIIA	IVA	VA	VIA	VIIA	
2																			
3			IIIB	IVB	VB	VIB	VIIB		VIII			I B	II B			p			
4		s					d				ds								
5																			
6		La*																	
7		Ac*																	

镧系							f								
锕系															

图 6-14　元素分区图

6.2.3　元素性质的周期性

1. 有效核电荷

在多电子原子中,内层或外层电子对某一电子的排斥作用,会削弱原子核对该电子的吸引,即发生了屏蔽作用,导致该电子受到的有效核电荷(Z^*)的引力比原子序数(Z)所表示的核电荷的引力小。

屏蔽作用的大小可以用屏蔽常数 σ 表示:

$$Z^* = Z - \sigma$$

在周期表中,随原子序数的递增,核外电子层结构会呈周期性变化。由于屏蔽常数与电子层结构有关,因此有效核电荷也呈周期性变化。根据理论计算,有效核电荷与原子序数的关系如图 6-15 所示。

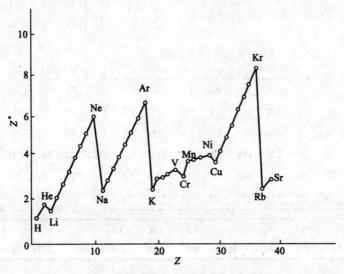

图 6-15　有效核电荷的周期性变化

对图 6-15 进行分析可知,随元素原子序数增加,原子的有效核电荷 Z^* 呈现周期性变化:①同一周期的主族元素,从左到右,Z^* 明显增加;②同一主族中,从上到下,核电荷数增加的同时电子层也在增加,屏蔽作用增强,有效核电荷数增加很小。

2.原子半径

一般把核到最外层电子的平均距离定义为原子半径。它是一个近似值。由于不同元素的原子有不同的成键方式和不同的存在形式,而且同一元素存在于不同物质中,形成不同的化学键,其原子半径也会不同,因此同一元素的原子半径可能有几种形式。通常原子半径分为三类,即金属半径、共价半径和范德华半径。

①金属半径。在金属晶体中两个原子核之间平均核间距离(d_{M-M})的一半定义为金属半径。该值可从金属晶体的 X 射线衍射分析数据获得。

②共价半径。同种元素的两个原子以共价键结合时,它们核间距离的一半称为该元素的共价半径。如果形成双键或叁键,则共价半径不同。

③范德华半径。非金属元素的两个相邻共价分子中的两个原子之间的核间距的一半称为范德华半径。

通常,金属元素可有金属半径和共价半径,甚至也可有范德华半径。非金属元素有共价半径,也有范德华半径。稀有气体主要是范德华半径。对于同一元素的不同原子半径,其数值是不同的。一般有 $r_{范} > r_{金} > r_{共}$,而且相差较大。因此在使用时不能用不同的原子半径数据进行不同原子间的比较。一般书中稀有气体用范德华半径,其他元素(金属元素或非金属元素)都用单键的共价半径。

图 6-16 中的原子半径数据显示了下列变化规律。

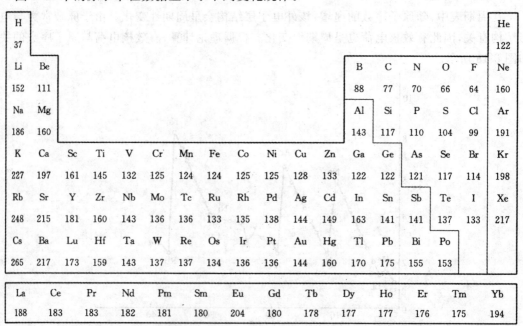

图 6-16 元素的原子半径 r(单位:pm)

①同一元素。正离子的核电荷数大于核外电子数,导致核对电子的吸引力增加,则正离子

半径小于其原子半径,且所带正电荷越高,离子半径越小。同理,负离子的核电荷数小于核外电子数,外来电子的加入使电子间排斥增大,导致负离子半径大于其原子半径,且所带负电荷越高,离子半径越大。

②同一周期。对于每一个短周期,从左到右有效核电荷依次增大,所以原子半径依次递减。对于长周期过渡元素,从左到右电子逐一填入次外层的$(n-1)$d能级,而它对核的屏蔽作用较小,所以从左到右半径减小的幅度不如主族元素大。而对于内过渡元素,电子填入倒数第三层的$(n-2)$f能级,而f电子对核的屏蔽作用更小,使得原子半径从左到右收缩的平均幅度更小。

③同一族。对于主族元素,从上到下原子半径一般是增大的。对于副族元素,从上到下原子半径增大的幅度较小,特别是第五、第六周期的同族元素原子半径非常接近或略有减小,这是镧系收缩的结果。

3.电离能

基态的气态原子失去一个电子形成气态一价正离子时所需能量称为元素的第一电离能(I_1)。元素气态一价正离子失去一个电子形成气态二价正离子时所需能量称为元素的第二电离能(I_2)。第三、第四电离能依此类推,并且$I_1<I_2<I_3$。

由于原子失去电子必须消耗能量克服核对外层电子的引力,因此电离能总为正值,常用的SI单位为$kJ\cdot mol^{-1}$。通常不特别说明,指的都是第一电离能(图6-17)。电离能可以定量地反映气态原子失去电子的难易,电离能越大,原子越难失去电子,其金属性越弱;反之金属性越强。所以它可以比较元素的金属性强弱。影响电离能大小的因素为有效核电荷、原子半径和原子的电子层构型。

H 1312																	He 2372
Li 520	Be 899											B 801	C 1086	N 1402	O 1314	F 1631	Ne 2081
Na 496	Mg 738											Al 578	Si 786	P 1012	S 1000	Cl 1251	Ar 1521
K 419	Ca 590	Sc 631	Ti 658	V 650	Cr 623	Mn 717	Fe 759	Co 758	Ni 737	Cu 745	Zn 906	Ga 579	Ge 762	As 947	Se 941	Br 1140	Kr 1351
Rb 403	Sr 550	Y 616	Zr 660	Nb 664	Mo 685	Tc 702	Ru 711	Rh 720	Pd 805	Ag 804	Cd 868	In 558	Sn 709	Sb 834	Te 869	I 1008	Xe 1170
Cs 376	Ba 503	Lu 523	Hf 675	Ta 761	W 770	Re 760	Os 839	Ir 878	Pt 868	Au 890	Hg 1007	Tl 589	Pb 716	Bi 703	Po 812	At	Rn 1041
Fr	Ra 509	Lr															

图6-17　元素的第一电离能

对图6-17进行分析可以观察到电离能的周期性变化规律:

①同一周期主族元素从左到右,最外层电子上的有效核电荷逐渐增大,电离能也逐渐增大。稀有气体具有稳定的电子层结构,其电离能最大。

②同一周期副族元素从左至右,由于有效核电荷增加不多,原子半径减小缓慢,电离能增加不如主族元素明显。

③同一主族元素从上到下,原子半径增加,有效核电荷增加不多,则原子半径增大的影响

起主要作用,电离能由大变小,元素的金属性逐渐增强。

④同一副族电离能变化不规则。

4.电子亲和能

一个气态原子得到一个电子形成气态负离子所放出的能量称为元素的电子亲和能(第一电子亲和能),常以符号 A_1 表示。气态负离子继续得到第二个电子形成气态负二价离子所吸收的能量称为第二电子亲和能 A_2,依此类推可获得第三、第四电子亲和能。

图 6-18 为周期表中主族元素的第一电子亲和能数据,括号内的数据为第二电子亲和能。电子亲和能的大小取决于原子的有效核电荷、原子半径和原子的电子层结构。

H								He
−72.7								+48.2
Li	Be	B	C	N	O		F	Ne
−59.6	+48.2	−26.7	−121.9	+6.75	−141.0 (844.2)		−328.0	+115.8
Na	Mg	Al	Si	P	S		Cl	Ar
−52.9	+38.6	−42.5	−133.6	−72.1	−200.4 (531.6)		−349.0	+96.5
K	Ca	Ga	Ge	As	Se		Br	Kr
−48.4	+28.9	−28.9	−115.8	−78.2	−195.0		−324.7	+96.5
Rb	Sr	In	Sn	Sb	Te		I	Xe
−46.9	+28.9	−28.9	−115.8	−103.2	−190.2		−295.1	+77.2

图 6-18 主族元素的第一电子亲和能[①]

①同一周期元素一般从左到右,元素的第一电子亲和能的绝对值依次增大,即放出的能量增大。这是因为同周期从左到右核电荷增加,同时原子半径递减,所以核对外加人电子的吸引力递增,放出的能量增加。

②同一族元素,主族从上到下第一电子亲和能的绝对值依次减小,即放出的能量减小。这是因为同族从上到下虽然核电荷数增大,原子半径也增大,但原子半径的增大起主要作用,使得核对外加电子的吸引力增加得不太大,所以放出的能量依次减少。

5.电负性

通常把原子在分子中吸引成键电子的能力称为元素的电负性,用符号 χ 表示。元素的电负性越大,该元素原子在分子中吸引电子的能力越强,反之越弱。图 6-19 列出鲍林的元素电负性数值。

对图 6-19 进行分析可知,元素电负性递变规律如下:

①同一周期元素从左到右电负性逐渐增加,稀有气体的电负性是同周期元素中最大的。

②同一主族元素从上到下电负性逐渐减小,副族元素则从上到下电负性逐渐增大。

电负性是判断元素是金属或非金属以及了解元素化学性质的重要参数。一般来说,非金属元素的电负性大于 2.0,金属元素的电负性小于 2.0。电负性大的元素集中在周期表的右上

---

① 图中数据引自 Hotop H,Lineberger W C. Phys J Chem Ref Data,1985,14:731.

角,F 是电负性最大(4.0)的元素。电负性数据是研究化学键性质的重要参数。电负性差值大的元素之间的化学键以离子键为主,电负性相同或相近的非金属元素以共价键结合。

H 2.2																	He 3.2
Li 1.0	Be 1.6											B 2.0	C 2.6	N 3.0	O 3.4	F 4.0	Ne 5.1
Na 0.9	Mg 1.3											Al 1.6	Si 1.9	P 2.2	S 2.6	Cl 3.2	Ar 3.3
K 0.8	Ca 1.0	Sc 1.4	Ti 1.5	V 1.6	Cr 1.7	Mn 1.6	Fe 1.8	Co 1.9	Ni 1.9	Cu 1.9	Zn 1.7	Ga 1.8	Ge 2.0	As 2.2	Se 2.6	Br 3.0	Kr 2.9
Rb 0.8	Sr 1.0	Y 1.2	Zr 1.3	Nb 1.6	Mo 2.2	Tc 1.9	Ru 2.2	Rh 2.3	Pd 2.2	Ag 1.9	Cd 1.7	In 1.8	Sn 2.0	Sb 2.1	Te 2.1	I 2.7	Xe 2.6
Cs 0.8	Ba 0.9	Lu 1.3	Hf 1.3	Ta 1.5	W 2.4	Re 1.9	Os 2.2	Ir 2.2	Pt 2.3	Au 2.5	Hg 2.0	Tl 2.0	Pb 2.3	Bi 2.0	Po 2.0	At 2.2	Rn
Fr 0.7	Ra 0.9																

图 6-19 元素的电负性[1]

6.3 分子结构

6.3.1 价键理论

价键理论简称 VB 法,又称电子配对法,是 Heitler W 和 London F 应用量子力学处理两个 H 原子形成 H_2 分子的过程。得到的 H_2 分子的能量与核间距的关系曲线如图 6-20 所示。

量子力学认为,H_2 分子的形成是两个 H 原子 1s 轨道重叠的结果。当单电子自旋方向相同的两个 H 原子相互接近时,两原子的 1s 轨道重叠部分的波函数纱值相减,互相抵消,核间电子的概率密度几乎为零,从而增大了两核间的排斥力,两个 H 原子不能成键,这种不稳定的状态称为 H_2 分子的排斥态。只有当 2 个 H 原子的单电子自旋方向相反时,两个 H 原子互相靠近,两个 1s 轨道才会有效重叠,核间电子云密度增大,体系的能量随之降低,形成共价键。当核间距测定值达到 74pm(理论值为 87 pm)时,两个原子轨道重叠最大,系统能量最低,两个 H 原子间形成了稳定的共价键,这种状态称为 H_2 分子的基态,如图 6-21 所示。

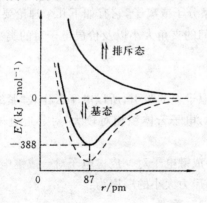

图 6-20 H_2 分子的能量与核间距的关系曲线

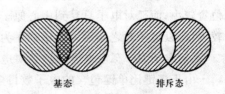

图 6-21 H_2 分子的基态和排斥态

① 图中数据引自 Millian M. Chenical and Physical Data(1992).

量子力学对 H_2 分子结构的处理阐明了共价键的本质是电性的,但因这种结合力是两核间的电子云密集区对两核的吸引力,而不是正、负离子间的库仑引力,所以它不同于一般的静电作用。成键的这对电子围绕两个原子核运动,在两核间出现的概率较大。

1930 年,鲍林等人将海特勒和伦敦对氢分子形成的研究成果扩展到其他分子上,建立了现代价键理论。该理论的基本要点有两条:

(1)电子配对原理

成键两原子中自旋相反的未成对电子相互靠近时,可相互配对形成稳定的共价键。这就意味着原子所能形成的共价键数目受到未成对电子数的限制。因此,共价键具有饱和性。电子配对以后会放出能量,放出能量越多,化学键越稳定。

(2)最大重叠原理

成键时原子轨道必须同号重叠,并且沿着最大重叠方向,因此共价键具有方向性。原子轨道重叠的越多,形成的共价键越牢固。

6.3.2 价层电子对互斥模型

分子的立体结构决定了分子许多重要性质,如分子中化学键的类型、分子的极性、分子之间的作用力大小、分子在晶体里的排列方式等。分子的立体结构是指其原子在空间的排布,可以用现代实验手段测定。分子或离子的振动光谱可确定分子或离子的振动模式,进而确定分子的立体结构;通过 X 衍射、电子衍射、中子衍射、核磁共振等技术也可测定分子的立体结构。

早在 1940 年,希吉维克和坡维尔在总结实验事实的基础上提出了一种简单的理论模型,用以预测简单分子或离子的立体结构。这种理论模型后经吉列斯比和尼霍尔姆在 20 世纪 50 年代加以发展,定名为价层电子对互斥模型,简称 VSEPR 模型。这种模型可以用来预测分子或离子的立体结构。不过,统计表明,对于我们经常遇到的分子或离子,特别是以非金属原子为中心的单核分子或离子,用这一理论模型预言的立体结构很少与事实不符。作为一种无须定量计算的简单模型,它应当说是很有价值的了。

1. VSEPR 理论要点

VSEPR 法适用于主族元素间形成的 AX_m 型分子或离子,它有如下几个理论要点:

①价层电子对间斥力大小取决于电子对之间的夹角大小以及价层电子对的类型。一般规律为:

· 电子对间的夹角越小,排斥力越大。

· 成键电子对由于受到左右两端带正电的原子核的吸引,所以电子云比较"紧缩",占据空间位置较小;而孤对电子只受到中心原子的吸引,电子云体积相对较大,对邻近电子对的排斥力较大,所以电子对之间斥力大小顺序为

孤对电子对—孤对电子对>孤对电子对—成键电子对>成键电子对—成键电子对

· 由于多键比单键包含的电子数目多,因而斥力大小的顺序为:

三键>双键>单键

②中心原子 A 与 m 个配位原子或原子团 X 形成的共价分子或离子 AX_m 中,分子的空间构型取决于中心原子 A 的价电子层中电子对数。

③价层电子对在中心原子周围按尽可能互相远离的位置排布,以使彼此间的排斥力最小。假设中心原子的价电子层为一球面,球面上相距最远的两点应为直径的两端,相距最远的三点是通过球心的内接三角形的三个顶点,相距最远的四点是内接正四面体的四个顶点,相距最远的五点是内接三角双锥的五个顶点,相距最远的六点是内接正八面体的六个顶点。

④对于只含共价键的 AX_m 型分子或离子,当中心原子的价层电子对中有 n 对孤对电子时,中心原子的价层电子对数等于成键电子对数与孤对电子对数之和,分子的几何构型与价层电子对数、成键电子对数及孤对电子对数有关。

⑤中心原子 A 与配位原子 X 之间以双键或三键结合时,因为同一多重键中的 σ 键和 π 键连接着相同的原子,VSEPR 理论把重键看做单键处理,只计算其中一对 σ 电子。

2.分子构型判断

运用价层电子对互斥理论判断分子的几何构型有以下步骤。

①确定中心原子的价层电子对数,判断电子对的空间构型。

中心原子的价层电子对数(VPN)可以由下面的式子来计算:

$$VPN=\frac{1}{2}\{[中心原子的价电子数+配位原子提供的价电子数+负离子电荷数]\}$$

或

$$VPN=\frac{1}{2}\{[中心原子的价电子数+配位原子提供的价电子数-正离子电荷数]\}$$

中心原子的价电子数就是它的族价。S 原子的价电子数为 6,N 原子为 5,C 原子为 4 等,而计算配位原子提供的价电子数时,H 与卤素的每个原子各提供 1 个价电子,O 和 S 原子则可认为不提供价电子,即它们提供的价电子数为 0。当计算的价电子对数不为整数时,按比其大 0.5 的整数位取价电子对数。

②根据中心原子的价电子对数,对照表 6-7 找出电子对间斥力最小的电子排布方式,得到价电子的理想模型。

表 6-7　价层电子对互斥理论理想模型

VPN	2	3	4	5	6
理想模型	直线形	平面三角形	正四面体	三角双锥	正八面体
电子间排斥力示意图	Y—A—Y				
几何构型	——				

③把配位原子按相应的几何构型排布在中心原子周围,每一对电子连接一个配位原子。没有配位原子的电子对则为孤对电子。

④考虑孤对电子和斥力顺序,得到分子稳定的实际几何构型。

下面是预测 SF_4 分子的几何构型的过程。

在 SF_4 分子中,中心 S 原子的价电子对数为 $(6+4)/2=5$,5 对电子形成三角双锥的构型,由于只有 4 个配位原子,因此存在一对孤对电子。这一对孤对电子可能占据三角双锥顶点的位置,也可能占据水平方向三角形的一个顶点位置,如图 6-22 所示。若从电子对之间的最大排斥作用和电子对之间夹角大小的影响考虑,当孤对电子占据三角双锥顶点的位置时,孤对电子与成键电子有三处成 $90°$,一处成 $180°$,而当孤对电子处于水平三角形的一个顶点位置时,则与成键电子有两处互成 $90°$,两处互成 $120°$。由于互成 $120°$ 的斥力远远小于互成 $90°$ 的斥力,互成 $90°$ 的排斥越多,分子的构型越不稳定,存在的可能性也就越低,因此,SF_4 中孤对电子应优先占据水平三角形的一个顶点位置,这样形成的分子斥力较小,从而比较为稳定。

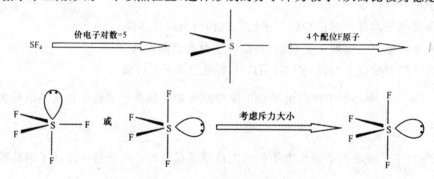

图 6-22　SF_4 分子的几何构型的预测

6.3.3　杂化轨道理论

1. 价键理论的局限性

价键理论成功的说明了共价键的形成,解释了共价键的方向性和饱和性,但用它来阐述多原子分子的空间构型却遇到了困难。例如,经实验测知,CH_4 分子的空间结构为正四面体,C 原子位于正四面体的中心,而 4 个 H 原子则分别位于正四面体的 4 个顶点上。4 个 C—H 键都是等同的(键长和键能都相等),其夹角(即键角)均为 $109°28'$。对 CH_4 分子来说,由于基态 C 原子的价层电子构型是 $2s^2 2p^2$:

按照这个结构,C 原子只能提供 2 个未成对电子,与 H 原子形成 2 个 C—H 键,而且键角应该是 $90°$ 左右,显然,这与上述实验事实不符。即使考虑到 C 原子价层有一个空的 2p 轨道,且能量比 2s 轨道只稍高一些,如果设想在成键时有一个 2s 电子会被激发到 2p 的一个空轨道上去,而使价层内具有 4 个未成对电子,即

这样,可以和 H 原子形成 4 个 C—H 键。因为从能量的观点来说,2s 电子被激发到 2p 所

需要的能量,可以被形成 4 个 C—H 键后放出的能量补偿而有余。但是这样形成的 4 个 C—H 键将是不完全等同的:由于 2p 轨道较 2s 轨道角度分布有一突出的部分,和相邻原子轨道重叠较大一些,因而由 p 电子构成的 C—H 键其键能理应较大一些,而由 s 电子所构成的 C—H 键其键能理应较小一些;由 p 电子所构成的 3 个 C—H 键理应互相垂直。显然,由以上假设并经过推理所得出的结论仍然与实验事实不符,说明价键理论是有局限性的,难以解释一般多原子分子的价键形成和几何构型问题。

2.杂化轨道理论要点

1931 年,鲍林在价键理论的基础上提出了轨道杂化的概念,较好地解释了多原子分子和配离子的空间构型问题,形成了杂化轨道理论。

杂化轨道理论的基本要点如下。

①多原子在形成分子时,在成键作用下,由于原子间的相互影响,同一原子中几个能量相近的不同类型的原子轨道(即波函数)进行线性组合,重新分配能量和确定空间方向,组成数目相等的新的原子轨道,这种轨道重新组合的过程称为杂化。杂化后形成的新轨道称为杂化轨道。

②杂化轨道比原来的轨道成键能力强,形成的化学键键能大,生成的分子更稳定。由于成键原子轨道杂化后,轨道角度分布图的形状发生了变化,其一头大,一头小,如图 6-23 所示。杂化轨道与未杂化的 p 轨道和 s 轨道相比,其角度分布更加集中于某个方向,在这些方向就有利于形成更大的重叠,因此杂化轨道比原有的原子轨道成键能力更强。

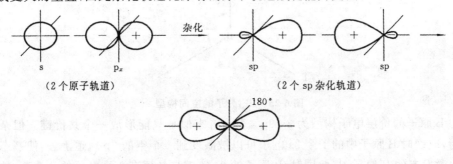

图 6-23 s 和 p 轨道组合成 sp 轨道示意图

③形成的杂化轨道之间应尽可能地满足化学键间排斥力越小,体系越稳定的最小排斥力原理,在最小排斥力原理下,杂化轨道之间的夹角应达到最大。分子的空间构型主要取决于分子中 σ 键形成的骨架,而杂化轨道形成的键为 σ 键,所以,杂化轨道的类型与分子的空间构型相关。

3.杂化轨道的类型与分子空间构型

(1)sp 杂化

sp 杂化是同一原子的 1 个 s 轨道和 1 个 p 轨道之间进行的杂化,形成 2 个等价的 sp 杂化轨道。这两个轨道在一直线上,杂化轨道间的夹角为 180°。

以 $HgCl_2$ 分子的形成为例,实验测得 $HgCl_2$ 的分子构型为直线形,键角为 180°用杂化理论分析,该分子的形成过程如下:

Hg 原子的价层电子为 $5d^{10}6s^2$ 成键时 1 个 6s 轨道上的电子激发到空的 6p 轨道上(成为

激发态 $6s^1 6p^1$），同时发生杂化，组成 2 个新的等价的 sp 杂化轨道。如图 6-24 所示，2 个 Cl 原子的 3p 轨道以"头顶头"方式与 Hg 原子的 2 个杂化轨道大的一端发生重叠，形成两个 σ 键。

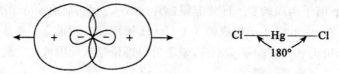

图 6-24　sp 杂化轨道分布与分子的几何构型

$HgCl_2$ 分子中三个原子在一直线上，Hg 原子位于中间（中心原子）。这样就圆满地解释了 $HgCl_2$ 分子的几何构型。$BeCl_2$ 以及 ⅡB 族元素的其他 AB_2 型直线形分子的形成过程与上述过程相似。

（2）sp^2 杂化

同一原子内由 1 个 ns 轨道和 2 个 np 轨道发生的杂化，称为 sp^2 杂化。杂化后组成的轨道称为 sp^2 杂化轨道。

实验测知，气态氟化硼（BF_3）具有平面三角形的结构。B 原子位于三角形的中心，3 个 B—F 键是等同的，键角为 120°，如图 6-25 所示。

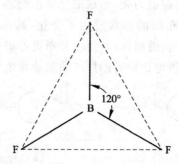

图 6-25　BF_3 分子的空间模型

基态 B 原子的价层电子构型为 $2s^2 2p^1$，表面看来似乎只能形成一个共价键。但杂化轨道理论认为，成键时 B 原子中的 1 个 2s 电子可以被激发到 1 个空的 2p 轨道上去，使基态的 B 原子转变为激发态的 B 原子；与此同时，B 原子的 2s 轨道与各填有 1 个电子的 2 个 2p 轨道发生 sp^2 杂化，形成 3 个能量等同的 sp^2 杂化道：

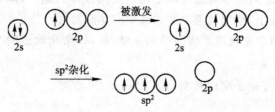

其中每个 sp^2 杂化轨道都含有 $\frac{1}{3}$ s 轨道和 $\frac{2}{3}$ p 轨道的成分。sp^2 杂化轨道的形状如图6-26所示。由于所含的 s 轨道和 p 轨道成分不同，在形状的"肥瘦"上有所差异。成键时，以杂化轨道大的一头与 F 原子的成键轨道重叠而形成 3 个 σ 键。根据理论推算，键角为 120°，BF_3 分子中的 4 个原子都在同一平面上。这样，推断结果与实验事实相符。除 BF_3 气态分子外，其他气

态卤化硼分子内,B原子也是采取 sp² 杂化的方式成键的。

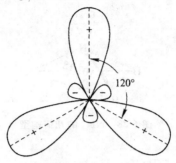

图 6-26　sp² 杂化轨道

(3)sp³ 杂化

同一原子内由 1 个 ns 轨道和 3 个 n_p 轨道发生的杂化,称为 sp³ 杂化,杂化后组成的轨道称为 sp³ 杂化轨道。sp³ 杂化可以而且只能得到 4 个 sp³ 杂化轨道。4 个杂化轨道的大头指向四面体的四个顶点,杂化轨道间的夹角为 109°28′,如图 6-27 所示。4 个 H 原子的 s 轨道以"头顶头"的形式与 4 个杂化轨道的大头重叠,形成 4 个 σ 键。因此甲烷分子为正四面体构型,与实验测得完全相符。除 CH_4 分子外,CCl_4、CF_4、SiH_4、$SiCl_4$、$CeCl_4$ 等分子也是采取 sp³ 杂化的方式成键的。

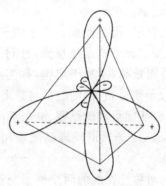

图 6-27　sp³ 杂化轨道

(4)等性杂化与不等性杂化

①等性杂化。在以上三种杂化轨道类型中,每种类型形成的各个杂化轨道的形状和能量完全相同,所含 s 轨道和 p 轨道的成分也相等,这类杂化称为等性杂化。

②不等性杂化。当几个能量相近的原子轨道杂化后,所形成的各杂化轨道的成分不完全相等时,即为不等性杂化。以 NH_3 分子形成为例。

实验测定 NH_3 为三角锥形,键角为 107°18′,略小于正四面体时的键角。N 原子的价层电子构型为 $2s^2 2p^3$,成键时形成 4 个 sp³ 杂化轨道。其中 3 个杂化轨道中各有 1 个成单电子,分别与 H 原子的 1s 轨道重叠成键。第 4 个杂化轨道被成对电子所占有,不参与成键。由于孤对电子与成键电子对间的斥力大于成键电子对与成键电子对间的斥力,使 N—H 键的夹角变小,如图 6-28 所示。

杂化轨道理论圆满地解释了一些分子的构型,加深了我们对分子构型的理解,但不论先有实验事实再用理论解释,或是先根据理论推测再用实验验证,都必须符合实践。

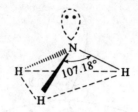

图 6-28 NH₃ 的几何构型

6.3.4 分子轨道理论

价键理论和杂化轨道理论抓住了形成共价键的主要因素,比较直观,容易为人们接受,特别是杂化轨道理论在解释分子的空间构型方面是相当成功的。但它们过分强调成键电子仅在相邻原子之间的小区域内运动,因而具有局限性。例如,无法解释像 He 这样的存在单电子键的分子或离子的形成,也无法解释 O_2、B_2 等分子具有顺磁性等。1932 年,一种将分子作为整体来考虑的分子轨道理论新理论出现了,它较好地解释了上述问题。

1.分子轨道理论要点

①强调分子的整体性,认为原子在形成分子以后,电子不再局限于个别原子轨道,而是在属于整个分子的若干分子轨道中运动。

②分子轨道可以通过原子轨道线性组合而成。几个原子轨道可以组合成几个分子轨道,其中有一些分子轨道的能量比原来的原子轨道能量低,有利于成键,称为成键轨道;另一些分子轨道的能量比原来的原子轨道能量高,不利于成键,称为反键轨道。在一些较复杂的分子中,还可能有一些不参加成键的分子轨道,它们的能量与原来的原子轨道相同,称为非键轨道。

③电子在分子轨道中的排布服从能量最低原理、泡利不相容原理和洪德规则。

④为了组合成有效的分子轨道,原子轨道要遵循能量相近、对称性匹配和最大重叠三项原则。

• 最大重叠原则。能量相近、对称性匹配的两个原子轨道线性组合时,重叠程度越大,组合成的分子轨道能量越低,形成的化学键越牢固。

• 对称性匹配原则。只有对称性匹配的原子轨道才能组合成成键分子轨道。对称性匹配是指两个原子轨道的同号部分发生重叠,否则就是对称性不匹配。

• 能量相近原则。只有能量相近的原子轨道才能组合成有效的分子轨道。

2.分子轨道的形成

(1)s—s 原子轨道的组合

一个原子的 ns 原子轨道与另一个原子的 ns 原子轨道组合成 2 个分子轨道的情况,如图 6-29 所示。

由图 6-29 的 2 个分子轨道的形状可以看出:电子若进入上面那种分子轨道,其电子云的分布偏于两核外侧,在核间的分布稀疏,不能抵消两核之间的斥力,对分子的稳定不利,对分子中原子的键合会起反作用,因此上面这种分子轨道称为反键分子轨道(简称反键轨道);电子若进入下面那种分子轨道,其电子云在核间的分布密集,对两核的吸引能有效地抵消两核之间的斥力,对分子的稳定有利,使分子中原子间发生键合作用,因此下面这种分子轨道称为成键分子轨道(简称成键轨道)。

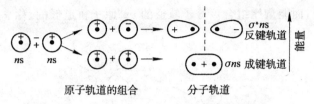

图 6-29　s—s 原子轨道的组合成分子轨道示意图

由 s—s 原子轨道组合而成的这两种分子轨道,其电子云沿键轴(两原子核间的连线)对称分布,这类分子轨道称为 σ 分子轨道。为了进一步把这两种分子轨道区别开来,图 6-30 中上面那种称为 σ^* ns 反键分子轨道;下面那种称为 σns 成键分子轨道。通过理论计算和实验测定可知 σ^* ns 分子轨道的能量比组合该分子轨道的 ns 原子轨道的能量要高。电子进入 σ^* ns 反键轨道会使体系能量升高,电子进入 σns 成键轨道则会使体系能量降低,在轨 σ 道上的电子称为 σ 电子。

例如,氢分子轨道和氢原子轨道能量关系可用图 6-30 表示。图中每一实线表示 1 个轨道。当来自 2 个氢原子的自旋方向相反的 2 个 1s 电子成键时,根据能量最低原理,将进入能量较低的 σ1s 成键分子轨道,体系能量降低的结果形成 1 个以 σ 键结合的 H_2 分子。H_2 的分子轨道式可表示为:$H_2\left[(\sigma 1s)^2\right]$。

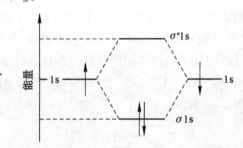

图 6-30　H_2 分子轨道能级示意图

(2)p—p 原子轨道的组合

一个原子的 p 轨道和另一个原子的 p 轨道组合成分子轨道,可以有"头碰头"和"肩并肩"两种组合方式。其中,当两个原子沿 x 轴靠近时,两个原子的 p_x 轨道将以"头碰头"方式组合成两个 σ 轨道,分别是成键轨道 σ_{p_x} 和反键轨道 $\sigma_{p_x}^*$,如图 6-31 所示。

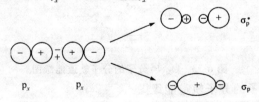

图 6-31　p—p "头碰头"组合成的分子轨道

当 2 个原子的 np_z 原子轨道沿着 x 轴的方向相互接近,可以组合成 2 个分子轨道,其电子云的分布有一对称面,此平面通过 x 轴,电子云则对称地分布在此平面的两侧,这类分子轨道称为 π 分子轨道。在这 2 个 π 分子轨道中,能量比组合该分子轨道的 np_z 原子轨道高的称 $\pi^* np_z$ 反键分子轨道;而能量比组合该分子轨道的 np_z 原子轨道低的,称 πnp_z 成键分子轨道,如图 6-32 所示。

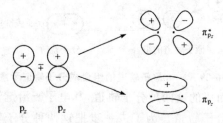

图 6-32　p—p"肩并肩"形成的分子轨道

当 2 个原子的 np_y 原子轨道沿着 x 轴的方向相互接近,可组合成 πnp_y 成键分子轨道和 $\pi^* np_y$ 反键分子轨道。πnp_y 轨道与 πnp_z 轨道,$\pi^* np_y$ 轨道与 $\pi^* np_z$ 轨道,其形状相同,能量相等,只是空间取向互成 90° 角。

3.分子轨道能级

每个分子轨道都有相应的能量,其数值主要通过光谱实验来确定。将分子中各分子轨道按能量由低到高排列起来,就得到分子轨道能级图。对于第二周期的同核双原子分子来说,分子轨道能级图有两种情况。

（1）O_2,F_2 分子轨道能级图

O、F 原子的 2s、2p 轨道能量相差较大,在组合成分子轨道时,基本不发生 2s 与 2p 轨道的相互作用,只是发生两原子对应的原子轨道之间的线性组合,因此,分子轨道能级顺序为:

$$\sigma_{1s} < \sigma_{1s}^* < \sigma_{2s} < \sigma_{2s}^* < \sigma_{2p_y} < \pi_{2p_y} = \pi_{2p_z} < \pi_{2p_y}^* = \pi_{2p_z}^* < \sigma_{2p_x}^*$$

相应的分子能级图,如图 6-33 所示。

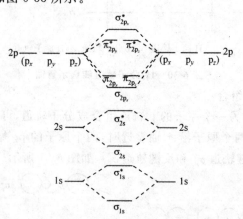

图 6-33　O_2、F_2 分子的分子轨道能级图

（2）第二周期其他分子的分子轨道能级图

除 O、F 原子外,第二周期其他元素原子的 2s、2p 轨道能量相差较小,在组合成分子轨道时,不仅发生两原子对应的原子轨道之间的线性组合,而且发生 2s 与 2p 轨道的相互组合,从

而使分子轨道的能级次序发生改变。此时，分子轨道能级顺序为：

$$\sigma_{1s} < \sigma_{1s}^* < \sigma_{2s} < \sigma_{2s}^* < \pi_{2p_y} = \pi_{2p_z} < \sigma_{2p_x} < \pi_{2p_y}^* = \pi_{2p_z}^* < \sigma_{2p_x}^*$$

相应的分子能级图，如图 6-34 所示。

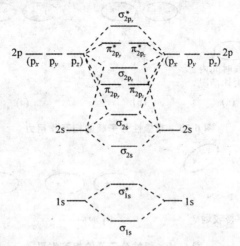

图 6-34　第二周期其他同核双原子分子的分子轨道能级图

另外，电子进入成键轨道有利于两个原子的结合；而进入反键轨道则不利于两个原子的结合。因此，进入成键轨道的电子数越多，化学键越牢固，分子越稳定；反之，进入反键轨道的电子数越多，化学键越不牢固，分子越不稳定。为了粗略地衡量化学键的相对强度，分子轨道理论中将分子中净成键电子数的一半定义为键级，即

$$键级 = \frac{成键轨道电子数 - 反键轨道电子数}{2}$$

一般来说，键级越大，分子越稳定，当键级为零时，分子不存在。

6.3.5　分子间力与氢键

1. 分子间的力

（1）色散力

非极性分子的偶极矩为零，似乎不存在相互作用。事实上分子内的原子核和电子在不断地运动，在某一瞬间，正、负电荷中心发生相对位移，使分子产生瞬时偶极，如图 6-35（a）所示。当两个或多个非极性分子在一定条件下充靠近时，就会由于瞬时偶极而发生异极相吸的作用，如图 6-35（b）和（c）所示。这种作用力虽然是短暂的，瞬间即逝。但原子核和电子时刻在运动，瞬时偶极不断出现，异极相邻的状态也时刻出现，所以分子间始终维持这种作用力。这种由于瞬时偶极而产生的相互作用力，称为色散力。

色散力不仅是非极性分子之间的作用力，也存在于极性分子的相互作用之中。色散力的大小与分子的变形性或极化率有关。极化率越大，分子间的色散力越大，物质的熔点、沸点越高。

（2）取向力

当两个极性分子充分靠近时，由于极性分子中存在固有偶极，就会发生同极相斥、异极相吸的取向（或有序）排列，如图 6-36（b）所示。取向后，固有偶极之间产生的作用力，称为取向力。

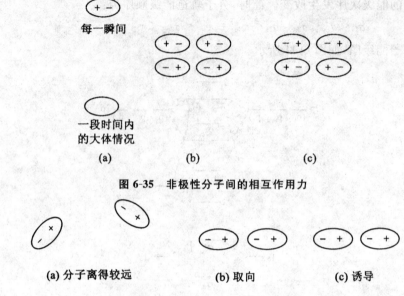

图 6-35　非极性分子间的相互作用力

(a) 分子离得较远　　　(b) 取向　　　(c) 诱导

图 6-36　极性分子间的相互作用

取向力的大小决定于极性分子的偶极距,偶极距越大,取向力越大。

(3)诱导力

极性分子中存在固有偶极,可以作为一个微小的电场。当非极性分子与它充分靠近时,就会被极性分子极化而产生诱导偶极(见图 6-37),诱导偶极与极性分子固有偶极之间有作用力;同时,诱导偶极又可反过来作用于极性分子,使其也产生诱导偶极,从而增强了分子之间的作用力,这种由于形成诱导偶极而产生的作用力,称为诱导力。

诱导力与分子的极性和变形性有关,分子的极性和变形性越大,其产生的诱导力就越大。

极性分子与极性分子之间也存在诱导力。

(a) 分子离得较远　　　　　　　(b) 分子靠近时

图 6-37　极性分子与非极性分子间的作用力

极性分子与极性分子之间也存在诱导力和色散力。

综上所述,在非极性分子之间只有色散力,在极性分子和非极性分子之间有诱导力和色散力,在极性分子和极性分子之间有取向力、诱导力和色散力。这些力本质上都是静电引力。表6-8 给出了一些分子间上述三种作用力的分配情况。

表 6-8　三种作用力在分子之间的分布情况

单位:KJ・mol^{-1}

分子	取向力	诱导力	色散力	总能量
Ar	0.000	0.000	8.49	8.49
CO	0.003	0.008	8.74	8.75

续表

分子	取向力	诱导力	色散力	总能量
HI	0.025	0.113	25.86	26.00
HBr	0.686	0.502	21.92	23.11
HCl	3.305	1.004	16.82	21.13
NH_3	13.31	1.548	14.94	29.80
H_2O	36.38	1.929	8.996	47.31

2. 氢键

按照前面对分子间力的讨论,在卤化氢中,HF 的熔、沸点理应最低,但事实并非如此。类似情况也存在于 VIA,VA 族各元素与氢的化合物中(图 6-38)。

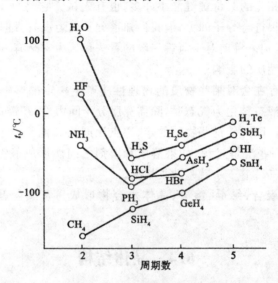

图 6-38　VI ～ VII 族各元素的氢化

从图 6-38 可以看出 HF,H_2O 和 NH_3 有着反常的熔、沸点,说明这些分子除了普遍存在的分子间力外,还存在这一种特殊作用力叫氢键。

(1)氢键的形成

下面我们以 HF 为例说明氢键的形成。在 HF 中,由于 F 的电负性很大且半径小,所以 H—F 键中共用的电子对强烈的偏向于 F 原子一方,这样就使得 H 原子核几乎"裸露"在外,而 F 原子中还有 3 对孤对电子,几乎"裸露"在外的 H 原子核与另一个 HF 中 F 的孤对电子产生了一种吸引作用,这种吸引作用就是氢键,常用虚线表示(图 6-39)。由于氢键的作用,使得简单的 HF 分子缔合,分子间作用加大,沸点上升。

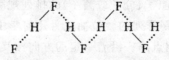

图 6-39　HF 分子中的氢键

（2）氢键的表示方法

通常以 X—H⋯Y 表示，其中用 H⋯Y 表示 H 与 Y 之间形成了氢键。在这个表达式中，与 H 连接的 X 原子必须电负性大、半径小，使 H 原子几乎成为"裸露"的质子。而 Y 必须是含孤对电子、带有较多负电荷、电负性大、半径小的原子。X 和 Y 可以是相同的原子，也可以是不同的原子。通常，X 和 Y 是周期表中的 F、O、N 等元素的原子。某些情况下，Cl 和 C 也参与形成氢键，但都比较弱，一般情况下，只考虑 F、O、N 形成氢键的情况。例如，氢键 F—H⋯O，当 H 原子与 F 原子以共价键结合时，F 的电负性高，吸引电子能力强，使得 H 原子带有部分的正电荷。带有正电的 H 原子与含有孤对电子、电负性较高的 O 靠近时，它们之间就产生了静电吸引力及共价键力，这种作用力就是氢键。

（3）氢键的本质

对于氢键人们有不同的看法，有人认为属于一种共价键，但是它的形成又不符合价键理论，并且它的键能也比相应的共价键键能小许多；也有人认为它是分子间力，氢键的键能略微比分子间力大，这似乎很符合分子间力，但我们知道分子间力没有方向性，而氢键有方向性，这和分子间力又有很大区别。目前对于氢键一般的看法是认为它是有方向性的分子间力。

（4）氢键对化合物性质的影响

一般来说，氢键的存在会对某些物质的物理性质产生一定的影响。如 HF、H_2O、NH_3 由固态转化为液态，或由液态转化为气态时，除需克服分子间力外，还需破坏分子间形成的氢键，从而需消耗更多的能量，因此使这些物质的熔、沸点比同族其他元素形成的氢化物高很多，出现反常情况。此外在一些溶解过程，如果溶质和溶剂之间能形成氢键，将会有利于溶质的溶解。如乙醇溶于水，氨气易溶于水就是此类情况。

总之，氢键在分子聚合、结晶、溶解、晶体水合物形成等重要物理化学过程中起着重要作用。

6.4 晶体结构

6.4.1 晶体的结构、特征和类型

固态物质可以按照其中原子排列的有序程度分为晶体和非晶体。无定形体由于其内部质点排列不规则，没有一定的结晶外形，如玻璃、石蜡等。这种聚集状态是不稳定的，适当的改变条件又会形成晶体，它们没有固定的熔点。而晶体具有一定的几何形状其内部质点在空间有规律的重复排列，像石英、氯化钠等，有固定的熔点。

1.晶体的内部结构

（1）晶格

为了便于研究晶体中微粒（原子、分子或离子）的排列规律，法国结晶学家 A. Bravais 提出：把晶体中规则排列的微粒抽象为几何学中的点，并称为结点。这些结点的总和称为空间点阵。沿着一定的方向按某种规则把结点联结起来，则可以得到描述各种晶体内部结构的几何图像为晶体的空间格

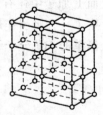

图 6-40 晶格

子(简称为晶格),图 6-40 为最简单的立方晶格示意图。

按照晶格结点在空间的位置,晶格可有各种形状。其中立方体晶格具有最简单的结构,它可分为三种类型(见图 6-41)。

(a) 简单立方晶格　　(b) 面心立方晶格　(c) 体心立方晶格

图 6-41　立方晶格

(2)晶胞

在晶格中,能表现出其结构的一切特征的基本重复单位称为晶胞。整个晶体就是按晶胞的组成、结构在三维空间重复排列。晶胞可看作为晶体的缩影。作为晶胞它必须是:晶体的基本重复单位;能代表晶体的化学组成;必然为平行六面体。图 6-42 为 NaCl 晶体的晶胞。

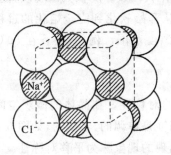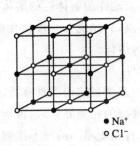

● Na$^+$
○ Cl$^-$

图 6-42　氯化钠的晶体结构

2.晶体的特征

晶体是由在空间排列得很有规律的微粒(原子、离子、分子等)组成的。晶体结构最基本的特征是周期性。晶体是由原子、离子或是分子在空间按一定规律周期重复排列构成的固态物质,具有三维空间周期性。由于这样的内部结构,晶体具有以下性质。

(1)各向异性

晶体在不同的方向上具有不同的物理性质,如不同的方向具有不同的电导率,不同的折射率和不同的机械强度等。晶体的这种特殊性是由晶体内部原子的周期性排列所决定的。在同期性排列的微观结构单元中,不同方向的原子或分子的排列情况是不同的,这种差异通过成千上万次叠加,在宏观上体现出各向异性。而玻璃体等非晶态物质,其微观结构的差异由于无序分布而平均化了,所以非晶态物质是各向同性的。例如,玻璃的折射率是各向等同的,隔着玻璃观察物体就不会产生视差变形。

(2)有一定的几何外形

从外观看,晶体一般具有一定的几何外形。如图 6-43 所示,食盐晶体是立方体,石英晶体是六角柱体,方解石($CaCO_3$)晶体是棱面体。

有一些物质(如炭黑和化学反应中刚析出的沉淀等)从外观看虽然不具备整齐的外观,但结构分析证明,它们是由极微小的晶体组成的,物质的这种状态称为微晶体。微晶体仍然属于晶体的范畴。

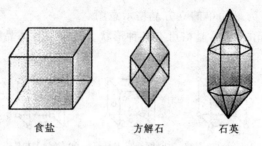

食盐　　　　　　方解石　　　　石英

图 6-43　几种晶体的外形

（3）有固定的熔点

在一定压力下将晶体加热,只有达到某一温度(熔点)时,晶体才开始熔化。在晶体没有全部熔化之前,即使继续加热,温度仍保持恒定不变,这时所吸收的热量都消耗在使晶体从固态转变为液态,直至晶体完全熔化后温度才继续上升,这说明晶体都具有固定的熔点。例如,常压下冰的熔点为 0℃。非晶体则不同,加热时先软化成黏度很大的物质,随着温度的升高黏度不断变小,最后成为流动性的熔体性的熔体,从开始软化到完全熔化的过程中,温度是不断上升的,没有固定的熔点,只能说有一段软化的温度范围。例如,松香在 50℃～70℃ 之间软化,70℃ 以上才基本成为熔体。

（4）特定的对称性

晶体的外观与内部微观结构都具有特定的对称性。在晶体的微观空间中,原子呈周期性的整齐排列。对于理想的完美晶体,这种周期性是单调的、不变的,如图 6-44 所示。在晶体中相隔一定的距离,总有完全相同的原子排列出现的现象称为平移对称性。

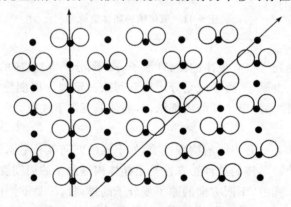

图 6-44　平移对称性

由图 6-44 可以看出,图中斜上箭头方向的一个平移量相当于向上箭头方向一个平移量的 5 倍。

3.晶体的类型

晶格是一种几何概念,将许多点等距离排列成一行,再将行等距离平行排列,将这些点连接起来就成了平面格子,再从两维体系扩展到三维体系,得到的是空间格子,这就是晶格。晶格是用点和线反映晶体结构的周期性,是从晶体结构中抽象出来表示晶体周期性结构的。晶体中的质点就位于晶格的结点上。一般可以根据晶格结点中粒子的种类不同,将晶体分为离子晶体、原子晶体、分子晶体和金属晶体这四种主要的类型。离子晶体前已述及,现在介绍其他类型晶体。

6.4.2 原子晶体

晶格结点上排列的是原子,原子之间通过共价键结合。凡靠共价键结合而成的晶体统称为原子晶体。例如,金刚石就是一种典型的原子晶体。

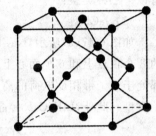

在金刚石晶体中,每个碳原子都被相邻的 4 个碳原子包围(配位数为 4),处在 4 个碳原子的中心,以 sp^3 杂化形式与相邻的 4 个碳原子结合,成为正四面体的结构。由于每个碳原子都形成四个等同的 C—C 键(σ 键),把晶体内所有的碳原子联结成一个整体,因此在金刚石内不存在独立的小分子(见图 6-45)。

图 6-45 金刚石的晶体结构

不同的原子晶体,原子排列的方式可能有所不同,但原子之间都是以共价键相结合的。由于共价键的结合力强,因此原子晶体熔点高,硬度大。原子晶体物质一般多为绝缘体,即使熔化也不能导电。

属于原子晶体的物质为数不多。除金刚石外,单质硅(Si)、单质硼(B)、碳化硅(SIC)、石英(SiO_2)、碳化硼(B_4C)、氮化硼(BN)和氮化铝(A1N)等,亦属原子晶体。

6.4.3 分子晶体

在分子晶体中,组成晶格的质点是分子,分子之间以分子间作用力(范德华力和氢键)结合。它们可以是单质分子,也可以是化合物分子;可以是极性分子,也可以是非极性分子。

由于分子间的作用力远小于离子键和共价键的结合作用,因此分子晶体的熔、沸点都很低,硬度都很小。许多分子晶体在常温下呈气态或液态。例如,O_2、CO_2 等是气体,乙醇、冰醋酸等是液体,有些是固体,如单质 I_2 等。同类型分子的晶体,其熔、沸点随相对分子质量的增加而升高。例如,卤素单质的熔、沸点按 F_2、Cl_2、Br_2、I_2 顺序递增,这是因为它们均为非极性分子,分子间的色散力随分子的相对分子质量增加而增大。HF、H_2O、NH_3、CH_3CH_2OH 等分子间除存在范德华力外,还有氢键的作用力,它们的熔、沸点较高。

6.4.4 离子晶体

晶体的特征是由其内部结构所决定的。应用 X 射线衍射法对大量晶体研究的结果表明,组成晶体的质点总是在空间有规律地、周期性地排列着。结晶学中称由这些质点所组成的几何图形为晶格(见图 6-46),晶格中质点占据的位置称为结点。晶格中的最小重复单位称为晶胞,晶胞在空间连续重复延伸就成为晶格。根据组成晶体的质点种类和作用力的不同,可将晶体分为离子晶体、原子晶体、分子晶体和金属晶体四种基本类型。

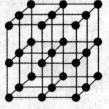

图 6-46 晶格

由正、负离子通过离子键结合而成的晶体称为离子晶体。在离子晶体中,结点上是正、负离子。由于离子键较强,因此离子晶体具有较高的熔点、沸点和硬度。离子晶体一般很脆,易溶于极性溶剂,水溶液和熔融态能导电。

在离子晶体中不存在单个的分子,整个晶体可以看成一个巨型分子。

1.离子晶体的结构类型

离子晶体中正、负离子在空间的排列情况是多种多样的。这里只介绍 AB 型离子晶体中最简单的结构类型。对于晶胞形状为正立方体的 AB 型离子化合物来说,按配位数划分主要有以下三种类型:

(1)NaCl 型

如图 6-47(a)所示,NaCl 型晶体属于面心立方晶格。组成晶体的正离子分布在正立方体的 8 个顶点上和 6 个面心上,负离子也分布在正立方体的 8 个顶点上和 6 个面心上,每个离子都处于 6 个带相反电荷的离子所形成的正八面体的中心,正、负离子的配位数均为 6,为最常见类型。此外,LiF、CsF 等晶体都属于 NaCl 型晶体。

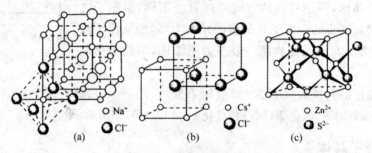

图 6-47　离子晶体的结构

(2)CsCl 型

如图 6-47(b)所示,CsCl 型晶体属于简单立方晶格。组成晶体的正离子分布在正立方体的八个顶点上,负离子也分布在正立方体的八个顶点上,每个离子都处于 8 个带相反电荷离子所形成的正立方体的中心,正、负离子的配位数均为 8。此外,CsBr、CsI 等晶体也属于 CsCl 型晶体。

(3)立方 ZnS 型

如图 6-47(c)所示,立方 ZnS 型晶体属于面心立方晶格。组成晶体的正离子分布在正立方体的 8 个顶点上和 6 个面心上,负离子也分布在正立方体的 8 个顶点上和 6 个面心上,但质点分布较复杂。在晶体中,由同种离子而所形成的四面体的中心刚好有半数被相反电荷的离子所占据,正、负离子的配位数均为 4。此外,ZnO、HgS 等晶体也属于立方 ZnS 型晶体。

配位数和晶体类型主要与正、负离子半径比有关。对于大多数晶体来说,r_+/r_- 在 $0.225\sim0.414$,配位数为 4,为立方 ZnS 型;$0.414\sim0.732$,配位数为 6,为 NaCl 型;$0.732\sim1.0$,配位数为 8,为 CsCl 型。

2.晶格能

离子晶体的熔、沸点的高低和硬度的大小取决于离子键的强度,而离子键的强度可用晶格能来衡量。晶格能是指在标准态下将 1mol 离子晶体变成无限远离的气态正、负离子时所需要的能量。常用符号 U 表示。可以粗略地认为它与正、负离子的电荷和半径有关:

$$U \propto \frac{|z_+ \cdot z_-|}{r_+ + r_-}$$

即离子电荷越多,半径越小,晶格能越大,离子晶体的硬度越大,熔、沸点越高。

6.4.5　金属晶体

一切金属元素的单质或多或少具有下列通性:有金属光泽、不透明,有良好的导热性与导电性、有延性和展性,熔点较高(除汞外在常温下都是晶体)等。这些性质是金属晶体内部结构的外在表现。

1. 金属键理论

金属原子半径相对比较大,价电子数目少,其电离能和电负性比较低,与非金属相比,原子核对其本身价电子或其他原子的电子吸引力比较弱,表明金属失电子比较容易,这些脱离原子核的电子称为自由电子或离域电子。金属键理论主要有改性共价键理论和能带理论。

(1) 改性共价键理论

金属的改性共价键理论把金属键形象地描绘成从金属原子上"脱落"下来的大量自由电子形成可与气体相比拟的带负电的"电子气",金属原子则"浸泡"在"电子气"之中,即依靠正离子与构成"电子气"之间的静电引力而使金属原子结合到一起。金属离子通过吸引自由电子联系在一起,形成金属晶体,这就是金属键。

金属键无方向性,无固定的键能,金属键的强弱与自由电子的多少有关,也与离子半径、电子层结构等其他许多因素有关。金属键的强弱可以用金属原子化热等来衡量。金属原子化热是指 1mol 金属变成气态原子所需要的热量。金属原子化热数值小,其熔点低,质地软;反之,则熔点高,硬度大。

由于金属中存在自由电子,因此在电场作用下,自由电子定向移动形成电流,故金属具有良好的导电性。受热时,金属离子振动加强,与其不断碰撞的自由电子可将热量交换并传递,使金属温度很快升高,呈现良好的导热性。另外,自由电子几乎可以吸收所有波长的可见光,随即又发射出来,因而金属具有通常所说的金属光泽。金属键是在一块晶体的整个范围内起作用的,因此要断开金属比较困难。但由于金属键没有方向性,原子排列方式简单,重复周期短,因此在两层正离子之间比较容易产生滑动,在滑动过程中自由电子的流动性能帮助克服势能障碍,如图 6-48 所示。滑动过程中,各层之间始终保持着金属键的作用,金属虽然发生了形变,但不致断裂。因此,金属一般有较好的延性、展性和可塑性。

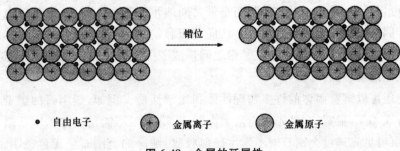

　　• 自由电子　　　　　　金属离子　　　　　金属原子

图 6-48　金属的延展性

（2）能带理论

金属能带理论是分子轨道理论的扩展。原子单独存在时的能级在九个原子构成的一块金属中形成相应的能带，一个能带就是一组能量十分接近的分子轨道，其总数等于构成能带的相应原子轨道的总和，例如，金属钠的 3s 能带是由 n 个钠原子的个 3s 轨道构成的 n 个分子轨道。通常规是一个很大的数值，而能带宽度一般不大于 2eV，将能带宽度除以规，就得出能带中分子轨道的能量差，这当然是一个很小的数值，因此可认为能带中的分子轨道在能量上是连续的。

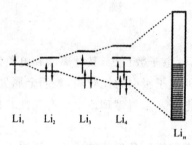

图 6-49　金属晶体中的能带模型

图 6-49 表明：一个锂原子有一个 2s 轨道，两个锂原子有两个 2s 轨道建造的两个分子轨道，三个锂原子有三个 2s 轨道建立的三个分子轨道，……，九个锂原子有九个 2s 轨道建立的九个连续的分子轨道构成的 2s 能带。

能带宽度与许多因素有关。它与原子之间的距离有关，也与构成能带的原子轨道的轨道能大小有关。随原子距离渐近，能带变宽，当金属中的原子处于平衡位置，各能带具有一定宽度；原子轨道能大，能带宽度大；原子轨道能小，能带宽度小。另外，温度也影响能带宽度。

按能带填充电子的情况不同，可把能带分为满带（或价带）、空带和导带三类——满带中的所有分子轨道全部充满电子；空带中的分子轨道全都没有电子；导带中的分子轨道部分地充满电子。例如，金属钠中的 1s、2s、2p 能带是满带，3s 能带是导带，3p 能带是空带。也就是说，金属键在本质上是一种离域键，形成金属键的电子遍布整个金属，但其能量不是任意的，因而它们并非完全自由，而是处在具有一定能量宽度的能带中。

能带理论是一种既能解释导体，又能解释半导体性质的理论，还可定量地计算引入杂质引起的固体能带结构的变化而导致固体性质的变化。简单地说，按照能带理论，绝缘体满带与空带之间有很大带隙，电子不可逾越，因而不能导电；典型的半导体的满带与空带之间的带隙较小，受激电子可以跃过，当电子跃过满带与空带之间的带隙进入空带后，空带的电子向正极移动，同时，满带因失去电子形成带正电的空穴向负极移动，引起导电。有的半导体需要添加杂质才会导电。杂质的添入，本质上是在禁带之间形成了一个杂质能带，使电子能够以杂质能带为桥梁逾越原先的禁带而导电。

能带理论还可以解释固体的许多物理性质和化学性质。例如，金刚石的满带与空带之间的带隙宽度为 5.4eV，很宽，可见光的能量大大低于 5.4eV，不能使满带的电子激发到空带上去，因而当一束可见光透过金刚石时不发生任何吸收，纯净的金刚石呈无色透明。由此可见，按照能带理论，带隙的大小对固体物质的性质至关重要。

2.金属晶体的类型

对于金属单质而言,晶体中原子在空间的排布情况可看成是等径圆球的堆积。为了形成稳定的金属结构,金属原子将尽可能采取紧密的方式堆积起来,所以金属一般密度较大,而且每个原子都被较多的相同原子包围着,配位数较大。

研究表明,等径圆球的密堆积有三种基本构型:面心立方密堆积,如图 6-50(a)所示;六方密堆积,如图 6-50(b)所示;体心立方密堆积,如图 6-50(c)所示。

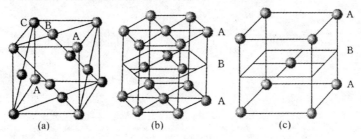

图 6-50　金属晶体结构

6.4.6　混合型晶体

混合型晶体是一种特殊类型晶体,其晶体内同时存在着若干种不同的作用力,故具有若干种晶体的结构和性质。石墨晶体就是一种典型的混合型晶体。

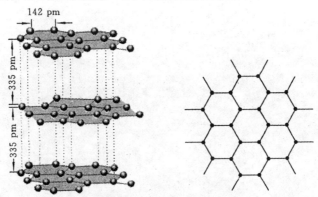

图 6-51　石墨晶体的层状结构

石墨晶体具有层状结构,如图 6-51 所示。处在平面层的每一个 C 原子采用 sp^2 杂化轨道与相邻的 3 个 C 原子以 σ 键相连接,键角为 $120°$,形成由无数个正六边形连接起来的、相互平行的平面网状结构层。每个 C 原子还剩下 1 个 p 电子,其轨道与杂化轨道平面垂直,这些 p 电子都参与形成同层 C 原子之间的 π 键,这种由多个原子共同形成的 π 键叫做大 π 键。大 π 键中的电子沿层面方向的活动能力很强,与金属中的自由电子有某些类似之处(石墨可做电极材料),故石墨沿层面方向电导率大。石墨层内相邻 C 原子之间的距离为 142pm,以共价键结合。相邻两层间的距离为 335pm,相对较远,因此层与层之间引力较弱,与分子间力接近。因层间结合力弱,当石墨晶体受到与石墨层相平行的力作用时,各层较易滑动,裂成鳞状薄片,石墨可用做铅笔芯和润滑剂。

石墨晶体内既有共价键,又有类似金属键那样的非定域键(和分子间力)在共同起作用,可称为混合键型的晶体。

除石墨外,滑石、云母、黑磷等也都属于层状过渡型晶体。另外,纤维状石棉属链状过渡型晶体,链中 Si 和 O 间以共价键结合,硅氧链与阳离子以离子键结合,这种结合力不及链内共价键强,故石棉容易被撕成纤维。

第7章 无机非金属材料

7.1 陶 瓷

7.1.1 陶瓷的化学组成

传统陶瓷又称普通陶瓷,是指以天然存在的矿物为主要原料的陶瓷制品。普通陶瓷的原料是由石英、黏土和长石三部分组成,三者以适当的比例混合而成。

(1) 石英

石英的化学组成为 SiO_2,其不受 HF 以外的酸的侵蚀,在室温下与碱不发生化学反应,硬度较高,所以石英是一种具有耐热性、抗蚀性、高硬度等特征的优异物质。在普通陶瓷中,石英是构成陶瓷制品的骨架,赋予制品耐热、耐蚀等特性。

石英的外观视其种类不同而异,呈乳白色或灰色半透明状,其相对密度因晶型不同而变,一般在 2.23～2.65 之间,石英在加热过程中发生晶型转变。石英晶型转变的结果,会引起一系列物理变化,其中对陶瓷产生较大的体积变化。

石英的黏性很低,属非可塑性原料,无法做成制品的形状。为了使其具有成形性,需掺入黏土。

(2) 黏土

黏土是一种含水的铝硅酸盐矿物,主要化学成分为 SiO_2、Al_2O_3、H_2O、Fe_2O_3、TiO_2 等。黏土具有很独特的可塑性与结合性,调水后成为软泥,能塑造成形,烧后变得致密坚硬。黏土矿物有多种,其中最重要的是高岭土。

(3) 长石

长石是一族矿物的总称,为架状硅酸盐结构。其分为钠长($Na_2O \cdot Al_2O_3 \cdot SiO_2$)、钾长石($K_2O \cdot Al_2O_3 \cdot SiO_2$)、钙长石($CaO \cdot Al_2O_3 \cdot SiO_2$)和钡长石($BaO \cdot Al_2O_3 \cdot SiO_2$)四大类。

在高温下长石为有黏性的熔融液体,可润湿粉体,冷却至室温后,可使粉体中的各组分牢固地结合,成为致密的陶瓷制品。陶瓷生产中使用的长石是几种长石的互溶物,并含有其他杂质,所以没有固定的熔融温度。它只是在一个温度范围内逐渐熔融,熔融后的玻璃态物质能够溶解一部分黏土分解物及部分石英,促进成瓷反应的进行,并降低烧成温度。长石的这种作用称为助剂作用。冷却后的以长石为主的低共熔体以玻璃态存在于陶瓷制品中,构成陶瓷的玻璃基质。

石英、黏土和长石为传统陶瓷的三组分,其中石英为耐高温骨架成分,黏土提供了可塑性,长石为助熔剂。其真正不可少的组分为骨架成分,其余两个组分的存在,破坏了骨架成分所具有的耐高温、耐腐蚀、高硬度等特性。

7.1.2 陶瓷的分类

1.按照化学成分分类

按照陶瓷的化学成分不同,可将陶瓷分为氧化物陶瓷、碳化物陶瓷、氮化物陶瓷及硼化物陶瓷。

(1) 氧化物陶瓷

氧化物陶瓷种类很多,在陶瓷家族中占有非常重要的地位。最常用的氧化物陶有 Al_2O_3、SiO_2、ZrO_2、MgO、CeO_2、CaO、Cr_2O_3、莫来石($Al_2O_3 \cdot SiO_2$)和尖晶石($MgAl_2O_4$)等。

(2) 碳化物陶瓷

碳化物陶瓷通常具有比氧化物更高的熔点。最常用的是 SiC、WC、B_4C、TiC 等。碳化物陶瓷在制备过程中需要气氛保护。

(3) 氮化物陶瓷

Si_3N_4 是氮化物陶瓷应用最广泛的,它具有优良的综合力学性能和耐高温性能。另外,TiN、BN、AlN 等氮化物陶瓷的应用也日趋广泛。

(4) 硼化物陶瓷

硼化物陶瓷主要是作为添加剂或第二相加入其他陶瓷基体中,以达到改善性能的目的。

2.按照性能和用途分类

根据陶瓷的性能和用途不同,可将陶瓷分为结构陶瓷和功能陶瓷两类。

(1) 结构陶瓷

结构陶瓷主要使用其力学性能,如强度、韧性、硬度、弹性模量、耐磨性、耐高温性能等。它可作为结构材料用于制造结构零件,上面讲到的四种陶瓷大多数为结构陶瓷。

(2) 功能陶瓷

功能陶瓷主要使用其物理性能,如电性能、热性能、光性能、生物性能等,它可作为功能材料用于制造功能器件,例如铁电陶瓷用来制造电-磁元件;介电陶瓷用来制造电容器;压电陶瓷用来制作位移或压力传感器;固体电解质陶瓷利只离子传导特性可以制造氧探测器;生物陶瓷用来制造人工骨骼和人工牙齿等。此外,高温超导材料和玻璃光导纤维也属于功能陶瓷的范畴。

上述分类方法是相对的,而不是绝对的。结构陶瓷和功能陶瓷有时并无严格界限,对于某些陶瓷材料,二者兼有。如压电陶瓷将其划分为功能陶瓷之列,但对其力学性能如抗压强度、韧性、硬度、弹性模量也有一定的要求。

7.1.3 陶瓷的性能

陶瓷材料具有以下性能特点:

①弹性模量大(刚性好),是各种材料中最大的。陶瓷材料属于脆性材料,抗冲击韧性很低。陶瓷材料内部缺陷如气孔、裂纹等减少,陶瓷材料的切性和强度将大大提高。

②抗压强度比抗拉强度大。陶瓷的抗拉强度与抗压强度之比为 1:10。此外,陶瓷硬度高,一般为 1000~5000HV。

③熔点高,高温强度高,线膨胀系数很小,是很有前途的高温材料。其在高温下不氧化,抗熔融金属的侵蚀性好,可用于制作坩埚,对酸、碱、盐等都具有良好的耐蚀性。但与金属比,其抗热冲击性差,不耐温度急剧变化。

④导电能力在很大范围内变化。大部分陶瓷材料都是绝缘材料,但有些是半导体材料,还有一部分是压电材料、热电材料和磁性材料等。某些陶瓷具有光学特性,有些还可作为生物医学材料使用。

7.1.4　陶瓷的制备

陶瓷材料的脆性限制了陶瓷材料不能采用金属材料所经常使用的各种工艺过程来进行制备,陶瓷构件的制造与材料制备过程基本上是同时完成的。目前,陶瓷有两种基本的成形工艺:

①用细颗粒陶瓷原料,加上粘结剂成形,然后高温烧结成所需的制品。

②基本工艺方法是将原料熔融成液体,然后在冷却和固化时成形,如制备玻璃制品。

陶瓷的整个工艺过程相当复杂,但大致分为三大步骤:原料配置、坯料成形、窑炉烧成。

1.原料配置和坯料成形

原料配置就是将石英、黏土和长石三种原料按一定的比例进行称量。然后进行的是材料的成形,也就是将配置好的原料加入水或其他成形助剂,使其具有一定的可塑性,然后通过某种方法使其成为具有一定形状的坯体。常用的成形方法如下。

(1)挤压成形

将由增塑剂与水混合均匀后的粉末作为坯料,然后用真空挤压机将坯料从挤型口挤出。该方法适合于黏土系陶瓷原料的成形,适宜制造横断面形状相同的坯体,如棒状、管状等长尺寸坯件。

(2)注浆成形法

注浆成形法是将制备好的坯料泥浆注入多孔性模型内,由于多孔性模型的吸水性,泥浆贴近模壁的一层被模子吸水而形成均匀的泥层。该泥层随时间的延长而逐渐加厚,当达到所需的厚度时,将多余的泥浆倾出。最终该泥层继续脱水收缩而与模型脱离,从模型中取出后即为毛坯,整个过程如图 7-1 所示。

该方法适用于制造形状复杂、不规则、薄而体积大且尺寸要求不严的器物,例如花瓶、茶壶、汤碗、手柄等。注浆成形后的坯体结构较均匀,但其含水量大且不均匀,烧成收缩较大。

(3)模压成形法

模压成形法是利用压力将干粉坯料在模型中压成致密坯体的一种成形方法。由于模压成形的坯料水分少、压力大,坯体比较致密,因此能获得收缩小、形状准确、无须干燥的生坯。该方法适用于成形形状简单的小型坯体,但对于形状复杂的大型制品,采用一般的干压成形就比较困难。

2.烧成

经过成形的坯料,必须最后通过高温烧成才能获得瓷器的特性。烧成又称为烧结。坯体在烧成过程中会发生一系列物理化学变化,如膨胀、收缩、气体的产生、液相的出现、旧晶相的

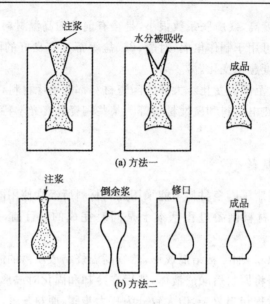

图 7-1　注浆成形法示意图

消失、新晶相的析出等,目的是去除坯体内所含溶剂、粘结剂、增塑剂等,并减少坯体中的气孔,增强颗粒间的结合强度。

普通陶瓷一般采用窑炉在常压下进行烧结,该过程大致可分为以下四个阶段:

(1)蒸发期

此阶段不发生化学变化,主要是排除坯体内的残余水分,为常温~300℃。

(2)氧化物分解和晶型转化期

此阶段发生较复杂的化学变化,这些变化主要包括粘土中结构水的排除,有机物、碳和无机物等的氧化,碳酸盐、硫化物等的分解,以及石英的晶型转变(β 石英←→573℃←→α 石英),为 300℃~950℃。

(3)玻化成瓷期

这是烧结过程的关键,坯体的基本原料长石和石英、高岭土在三元相图上的最低共熔点为985℃,随着温度升高,液相量逐渐增多,液相使坯体致密化。同时,液相析出新的稳定相莫来石,莫来石晶体的不断析出和线性尺寸的长大,交错贯穿在瓷坯中起骨架作用,使瓷坯强度增大,最终,莫来石、残留石英及瓷坯内的其他组分借助玻璃状物质而连结在一起,组成了致密的瓷坯,为 950℃~烧成温度。

(4)冷却期

在冷却过程中,玻璃相是在 775℃~550℃之间由塑性状态转变为固态,残留石英在 573℃由 α 石英转变为 β 石英。在液相固化温度区间必须减慢冷却速率,以避免由于结构变化引起较大的内应力,为止火温度~常温。

7.1.5　结构陶瓷与功能陶瓷

1. 结构陶瓷

结构陶瓷是作为工程结构材料使用的陶瓷材料,具有高机械强度、耐高温、耐腐蚀、耐摩擦,以及高硬度等性能,因此,其机械强度和断裂韧性对其应用非常重要。陶瓷材料机械强度的大小通常用抗张强度、抗压强度和抗弯强度来表示。陶瓷虽然抗压强度相当高,但抗张强度却很小,是一种脆性材料。

陶瓷材料的机械强度与其成分、结构和制造工艺都有密切的关系。成分不同,机械强度也就不同。陶瓷的微观结构对其性能有很大影响。晶粒细的陶瓷具有较高的机械强度,而粗晶粒材料则由于存在较多缺陷,容易产生裂纹,使材料的强度下降。

对于多晶材料,晶界比晶粒内部弱,因此其破坏多是沿晶界断裂。细晶材料晶界比例大,沿晶界破坏时,裂纹的扩展要走迂回曲折的道路,晶粒愈细,此路程愈长,材料的强度愈高。多晶材料中初始裂纹尺寸与晶粒度相当,晶粒愈细,初始裂纹尺寸就愈小,这样就提高了临界应力。气孔是使陶瓷材料机械强度下降的重要原因,大多数无机材料的弹性模量和强度都随气孔率的增加而降低。气孔不仅减少了负荷面积,而且在气孔附近区域应力集中,减弱了材料的负荷能力。除气孔率外,气孔的形状及分布也很重要。通常气孔多存在于晶界上,这往往成为了开裂源。当然,在特定情况下,气孔也具有有利的一面,即存在高的应力梯度时,气孔能起到容纳变形,阻止裂纹扩展的作用。

从本质上来说,机械强度是由其内部的结合力所决定的。实际强度低的主要原因在于瓷体中有许多微裂纹和气孔等缺陷,而应力就集中在这些地方,在外力的作用下就会导致瓷体的破裂。此外,材料强度的本质还是内部质点间的结合力。从对材料的形变及断裂的分析可知,在晶体结构稳定的情况下,影响强度的主要参数有三个:弹性模量 E、断裂功(断裂表面能)γ 和裂纹尺寸 c。发生脆断的临界应力 $\sigma_c = \sqrt{2E\gamma/(\pi c)}$,其中 E 是非结构敏感的,γ 与微观结构有关,但单相材料的微观结构对 γ 的影响不大。唯一可控制的是材料中的微裂纹,可以把微裂纹理解成各种缺陷的总和。因此对其强韧化常采用消除缺陷和阻止其发展的措施。

就化学成分分类,结构陶瓷种类较多,按其组分可分为氧化物陶瓷和非氧化物陶瓷,有些结构陶瓷也具有功能陶瓷的性能,如 ZrO_2 陶瓷等。常见的氧化物陶瓷包括氧化铝、氧化锆、氧化钇、氧化钛、氧化镁等;非氧化物陶瓷包括氮化铝、氮化硼、氮化硅等氮化物陶瓷及碳化硅、碳化钛、碳化硼等碳化物陶瓷。

(1)氧化铝陶瓷

主要组成物为 Al_2O_3,一般含量大于 45%。含有少量的 SiO_2 的陶瓷,α-Al_2O_3 为主晶相。根据 Al_2O_3 的含量不同分为 75 瓷(25% Al_2O_3),又称刚玉－莫来石瓷;95 瓷(95% Al_2O_3)和 99 瓷(99% Al_2O_3),后两者又称刚玉瓷。氧化铝瓷强度高于普通瓷 2~3 倍,有的甚至高 5~6 倍;硬度高,仅次于金刚石、碳化硼、立方氮化硼和碳化硅,有很好的耐磨性;耐高温性能好,含 Al_2O_3 高的刚玉瓷有高的蠕变抗力,能在 1600℃ 高温下长期工作;耐腐蚀性及绝缘性好。缺点是脆性大,抗热震性差,不能承受环境温度的突然变化。

氧化铝陶瓷主要用于制作内燃机的火花塞、火箭和导弹的导流罩、轴承、切削刀具,以及石油化工用泵的密封环、纺织机上的导线器、熔化金属用的坩埚及高温热电偶的套管等。

(2)氮化硅陶瓷

以 Si_3N_4 为主要成分的陶瓷,Si_3N_4 为主晶相,是一种高温高强度、高硬度、耐磨、耐腐蚀并能自润滑的高温陶瓷,线膨胀系数在各种陶瓷中最小,具有极好的耐腐蚀性,除氢氟酸外,能耐其他各种酸的腐蚀,并能耐碱、各种金属的腐蚀,并具有优良的电绝缘性和耐辐射性。

氮化硅陶瓷主要用作高温轴承、在腐蚀介质中使用的密封环、热电偶套管、也可用作金属切削刀具。此外，氮化硅为共价晶体，还具有优异的电绝缘性能。近年来在 Si_3N_4 中添加一定数量的 Al_2O_3 构成新型陶瓷材料，称为赛纶(Sialon)陶瓷。它可用常压烧结方法就能达到接近热压烧结氮化硅陶瓷的性能，是目前强度最高并有优异的化学稳定性、耐磨性和热稳定性的陶瓷。

(3)碳化硅陶瓷

碳化硅 SiC 是键能高而稳定的共价晶体，有与金刚石相似的晶体结构，晶体呈蓝黑色，发珠光，化学稳定，可以看成是金刚石晶体中半数的碳原子为硅原子所取代而形成的原子晶体，熔点高达 2827℃，硬度近于金刚石，又称金刚砂。

碳化硅陶瓷是目前高温强度最高的陶瓷。其导热性好，仅次于氧化铍陶瓷；热稳性、抗蠕变性能、耐磨性、耐蚀性都优于 Si_3N_4。此外，碳化硅陶瓷还是良好的高温结构材料，主要用于制作火箭尾喷管的喷嘴、热电偶套管、浇注金属用的浇道口、炉管、燃气轮机叶片、热交换器及核燃料的包封材料等。

利用它的高硬度和耐磨性制作砂轮、磨料等。碳化硅由砂与过量焦炭的混合物由电炉加热而制得：

$$SiO_2+3C\xrightarrow[\text{电炉}]{\triangle}SiC+2CO$$

(4)六方氮化硼陶瓷

六方氮化硼 BN，属于共价晶体，晶体结构为六方晶系，其结构和性能与石墨相似，故又称"白石墨"，硬度较低。六方氮化硼陶瓷具有良好的耐热性和导热性，其热导率与不锈钢相当；热膨胀系数小（比其他陶瓷及金属均低得多），故其抗热震性和热稳定均好；绝缘性好，在 2000℃的高温下仍是绝缘体；化学稳定性高，能抵抗铁、铝、镍等熔融金属的侵蚀；硬度较其他陶瓷低，可进行切削加工；有自润滑性。

六方氮化硼陶瓷常用于制作热电偶套管、熔炼半导体及金属的坩埚、冶金用高温容器和管道、玻璃制品成型模、高温绝缘材料等。由于 BN 有很大的吸收中子截面，因此常被用作核反应堆中吸收热中子的控制棒。

其他工具陶瓷尚有氧化铝、氮化硅等陶瓷，但从综合性能及工程应用均不及上述前三种工具陶瓷。

2.功能陶瓷

功能陶瓷是指其自身具有某方面的物理化学特性，表现出对电、光、磁、化学和生物环境产生响应的特征性陶瓷，可用以制造很多功能材料。功能陶瓷具有性能稳定、可靠性高、来源广泛、可集多种功能于一体的特性。

功能陶瓷涉及的领域比较多，按其功能特点，可分为一次功能陶瓷和二次功能陶瓷。前者指输出与输入能量形式相同的陶瓷材料，如单纯的导电陶瓷，通以电能，输出仍为电能；后者指发生能量形式转换的陶瓷，如压电陶瓷，施予机械能，产生电能。

(1)介电陶瓷

介电性是指物质受到电场作用时，构成物质的带电粒子只能产生微观上的位移而不能进行宏观上的迁移的性质。它以分子或晶格正、负电荷重心不重合的电极化方式传递或记录(存储)电的作用和影响,电荷始终处于束缚状态并决定介电性质。宏观表现出对静电的储存和损耗的性质,通常用介电常数 ε 和介电损耗来表示,ε 越大,说明介电性越强,介电损耗越大,电场作用下材料结构电极化程度越高,正负电荷分离越严重。当在高电压作用下,正负电荷"挣脱"相互束缚,发生长程迁移,进入导体状态,即材料被"击穿"。绝缘体也不存在可自由迁移的电荷,材料中正负电荷均处于相互束缚状态。但绝缘体概念强调高电阻和正负电荷的束缚更为紧密,外电场下更不容易被极化,一般要求介电常数与介电损耗较小。因而,相对于介电材料只是程度上的差异,世上没有绝对不能被电极化的材料。理论上来说,介电材料也属于绝缘体,但相对于绝缘材料,更强调其可极化特征。

陶瓷根据其电性能特征可以分为绝缘陶瓷、介电陶瓷、压电陶瓷、导电陶瓷及超导陶瓷。以绝缘陶瓷为例。绝缘陶瓷一般要求介电常数 $\varepsilon < 9$,介电损耗 $\tan\delta$ 在 $2 \times 10^{-4} \sim 9 \times 10^{-3}$ 之间,电阻率要求大于 $10^{10}\ \Omega \cdot cm$。一般将禁带宽度 E_g 大于几个电子伏特的陶瓷归入绝缘陶瓷,陶瓷半导体的 E_g 小于 2eV。大多数陶瓷属于绝缘体,少部分属于半导体、导体,甚至超导体。

(2)导电陶瓷

氧化物陶瓷中,原子的外层电子通常受到原子核的吸引力,被束缚在各自原子的周围,不能自由运动。在外电场作用下,这些离子晶体可通过上述离子的迁移而导电,其导电性能与强电解质液相近,因而称作固体电解质,或快离子导体。

某些氧化物陶瓷加热时,处于原子外层的电子可以获得足够的能量,以便克服原子核对它的吸引力,而成为可以自由运动的自由电子,这就是电子导电陶瓷。一般离子晶体尽管导电性差,但其束缚离子和束缚电子在外电场作用都有一定运动倾向,存在很弱的离子导电和电子导电性,且多为离子导电,电子导电很微弱。然而,材料含变价离子,生成非化学计量化合物或引入不等价杂质时,将产生大量自由电子或空穴,电子导电增强,成为半导体。离子晶体热缺陷造成的离子电导称为本征离子电导,杂质造成离子电导称为杂质电导。杂质载流子的电导活化能比正常晶格上离子的要低得多。在低温时,即使杂质数量不多也会造成很大的电导率。在低温时,杂质电导起主导作用,高温时本征电导起主导作用。玻璃基本上是离子电导,电子电导可忽略。玻璃结构较松散,电导活化能比晶体低,其电导率比相同组成的晶体大。陶瓷通常由晶相和玻璃相组成,其导电性在很大程度上取决于玻璃相。

(3)敏感性陶瓷

敏感陶瓷是某些传感器中的关键材料,用于制作敏感元件,敏感陶瓷多属于半导体陶瓷,是继单晶半导体材料之后,又一类新型多晶半导体电子陶瓷。根据某些陶瓷的电阻率、电动势等物理量对热、湿、光、电压及某些气体、某种离子的变化特别,敏感这一特性,按其相应的特性,可把这些材料分别称为热敏、湿敏、光敏、压敏、气敏及离子敏感陶瓷。

敏感陶瓷多属半导体陶瓷,半导体陶瓷一般是氧化物。在正常条件下,氧化物具有较宽的禁带($E_g > 3eV$),属绝缘体,要使绝缘体变成半导体,必须在禁带中形成附加能级,施主能级或受主能级,施主能级多靠近导带底,而受主能级多靠近价带顶。它们的电离能较小,在室温可受热激发产生导电载流子,形成半导体。通过化学计量比偏离或掺杂的办法,可以使氧化物陶瓷半导化。

在实际生产中,通常通过掺杂使陶瓷半导化。氧化物晶体中,高价金属离子或低价金属离子的替位,都引起能带畸变,分别形成施主能级或受主能级,得到 n—型或 p—型半导体。多晶陶瓷的晶界是气体或离子迁移的通道和掺杂聚集的地方。晶界处易产生晶格缺陷和偏析。晶粒表层易产生化学计量比偏离和缺陷。这些都导致晶体能带畸变,禁带变窄,载流子浓度增加。晶粒边界上离子的扩散激活能比晶体内低得多,易引起氧、金属及其他离子的迁移。通过控制杂质的种类和含量,可获所需的半导体陶瓷。

(4)光学陶瓷

光学陶瓷又称透明陶瓷,它能像玻璃一样透明。选用高纯原料,并通过工艺手段排除气孔就可能获得透明陶瓷。同时,晶相与玻璃相之间折射率差异也应尽可能降低,减少折射。早期就是采用这样的办法得到透明的氧化铝陶瓷,后来陆续研究出如烧结白刚玉(氧化铝)、氧化镁、氧化铍、氧化钇、氧化钇-二氧化锆等多种氧化物系列透明陶瓷。近期又研制出非氧化物透明陶瓷,如砷化镓(GaAs)、硫化锌(ZnS)、硒化锌(ZnSe)、氟化镁(MgF_2)、氟化钙(CaF_2)等。

制造透明陶瓷时,在玻璃原料中加入一些微量的金属或者化合物(如金、银、铜、铂、二氧化钛等)作为结晶的核心,在玻璃熔炼、成型后,再用短波射线(如紫外线、X 射线等)进行照射,或者进行热处理,使玻璃中的结晶核心活跃起来,彼此聚结在一起,发育成长,形成许多微小的结晶。用短波射线照射产生结晶的玻璃陶瓷,称为光敏型玻璃陶瓷,用热处理办法产生结晶的玻璃陶瓷,称为热敏型玻璃陶瓷。

透明陶瓷的重要用途是制造高压钠灯,它的发光效率比高压汞灯提高一倍,使用寿命达 2 万小时,是使用寿命最长的高效电光源。高压钠灯的工作温度高达 1200℃,压力大、腐蚀性强,选用氧化铝透明陶瓷为材料成功地制造出高压钠灯。此外,由于透明陶瓷的透明度、强度、硬度都高于普通玻璃,耐磨损、耐划伤、抗表面损坏性能好。因此在军事领域,它用在护目头盔和坦克、飞机等的窗口材料上,美国空军以此为基础合成的透明防弹护板,经受住了连续射出的枪弹考验,重量却比普通防弹玻璃轻一半。

(5)生物陶瓷

生物陶瓷是指具有特殊生理行为的一类陶瓷材料,主要用来构成人类骨骼和牙齿的某些部分,甚至可望部分或整体地修复或替换人体的某些组织、器官,或增进其功能。

与早期使用的塑料、合金材料相比,陶瓷生物材料具有较多优势,采用生物陶瓷可以避免不锈钢等合金材料容易出现的溶析、腐蚀、疲劳等问题;陶瓷的稳定性和强度也远远强于生物塑料。陶瓷是经高温处理工艺所合成的天机非金属材料,因此它具备许多其他材料无法比拟的优点。

目前,世界各国相继发展了生物陶瓷材料,它不仅具有不锈钢塑料所具有的特性,而且具有亲水性、能与细胞等生物组织表现出良好的亲和性,因此生物陶瓷具有广阔的发展前景。除了作为生物体组织、器官替代增强材料,生物陶瓷还可用于生物医学诊断、测量等。生物陶瓷概念的内涵也在不断丰富,外延纵深拓展,涉及的领域越来越广泛。

7.2 玻 璃

玻璃是一种无机非晶态材料,是由熔体过冷而制得的非晶无机物。它具有良好的耐蚀、耐热和电学、光学特性,原料丰富、价格便宜,可制成各种形状、大小的制品,应用极广。

　　玻璃包括传统玻璃和用非熔融法(如气相沉积、真空蒸发和溅射等)制得的新型玻璃。玻璃的广义定义是具有经典玻璃的特性的物质。非晶半导体材料主要有非晶硅和硫系非晶玻璃,应用在存储器、传感器、静电复印及太阳能电池等方面。

7.2.1　玻璃的性能

　　玻璃属于脆性材料,抗弯、抗拉强度不高,但它的硬度高、抗压强度好。具有较好的化学稳定性。

　　(1)玻璃的强度

　　玻璃的理论强度可按下式近似计算:

$$\sigma_{th} = XE$$

式中,E 为弹性模量;X 为与物质结构和键型有关的常数,一般为 $0.1 \sim 0.2$。一般玻璃的理论强度大致为 100MPa,而实际强度则不到理论值的 1%。玻璃的理论强度与实际强度间存在显著差别的主要原因,在于表面微裂纹、内部不均匀性或缺陷的存在以及微观结构上的各种因素。

　　(2)玻璃的脆性

　　玻璃的脆性可以用抗冲击能力来表示。玻璃分子松弛运动的速度低是脆性的主要原因,即玻璃受到突然施加的负荷(冲击力)时,内部质点来不及作出适应性流动就相互分裂而破坏。此外,玻璃的化学成分对其脆性影响也很大。如玻璃中加入碱金属和二价金属氧化物时,其脆性随加入离子半径的增大而增加。

　　热处理对玻璃的抗冲击强度影响很大,通过退火消除玻璃中的应力,可使玻璃的抗冲击强度提高 40%~50%。

　　(3)玻璃的弹性模量

　　玻璃的弹性模量与玻璃组分的化学键强度有关,键力越强模量越大。因此在玻璃中引入离子半径小、极化能力强的离子如 Li^+、Be^{2+}、Mg^{2+}、Al^{3+}、Ti^{4+} 等,可以提高玻璃的弹性模量。

　　玻璃的弹性模量 E 一般为 $44 \sim 88GPa$。大多数硅酸盐玻璃的 E 值随温度上升而下降,而硼硅酸盐玻璃的 E 值均随温度升高而增大。

　　(4)玻璃的化学稳定性

　　玻璃有较高的化学稳定性,对不同介质有不同的抗侵蚀能力。除氢氟酸外,一般的酸并不直接与玻璃起反应,而是通过水的作用侵蚀玻璃。浓酸对玻璃的侵蚀能力低于稀酸,就是因为浓酸中水含量低。

7.2.2　常见的几种玻璃

　　(1)硅酸盐玻璃

　　SiO_2 是硅酸盐玻璃中的主体氧化物。由 SiO_2 组成的石英玻璃是硅酸盐玻璃中结构最简单的品种,也是其他硅酸盐玻璃的基础。该体系是应用最广泛的玻璃,可做窗玻璃、容器和电子管等。

　　(2)硼酸盐玻璃

　　B_2O_3 是硼酸盐玻璃中主要玻璃形成剂。硼玻璃为层状结构,其性能不如 SiO_2 玻璃,软化温度低、化学稳定性差,故纯 B_2O_3 玻璃实用价值小。但在 B_2O_3 中加入一定量碱金属氧化物,可改善玻璃的物理性能。

7.2.3 玻璃的制备

1. 玻璃的形成

熔融法是形成传统玻璃的方法,它是将单组分或多组分的玻璃原料加热成熔体,在冷却过程中不断析出非晶体而转变为玻璃体。并非所有物质都能形成玻璃,有些能形成玻璃的物质由于工艺条件不合适,也不会形成玻璃。硅酸盐、硼酸盐和石英等熔融体在冷却过程中有可能全部转变成玻璃体,也可能部分转变为玻璃体。

(1)形成玻璃的物质

可单一形成玻璃的氧化物有 SiO_2、B_2O_3 等;有些氧化物本身不能形成玻璃,但能与某些氧化物如 SiO_2 一起形成玻璃,如 TeO_2、SeO_2、Al_2O_3、V_2O_5 等。

(2)形成玻璃的条件

玻璃的形成主要取决于内在结构,即化学键的类型和强度、负离子团的大小、结构堆集排列的状况等。

①结构因素。能单一形成玻璃的氧化物的无机熔体,在转变为玻璃时,熔体中含有多种负离子基团,如硅酸盐熔体中的 $[SiO_4]^{4-}$、$[Si_2O_7]^{6-}$、$[Si_6O_{18}]^{12-}$。这些基团处于缩聚平衡状态,随着温度降低,聚合过程占优势。聚合程度越高,形成链状或网状结构大型负离子集团时,就越容易形成玻璃。

②动力学条件。冷却速率对玻璃形成影响很大。熔体能否形成玻璃主要取决于熔体过冷后是否形成晶核,以及晶核能否长大。这两个过程都需要时间。因此,熔体要形成玻璃,必须在熔点以下迅速冷却,使它来不及析晶。形成玻璃的临界冷却速率是随熔体组成而变化的。

2. 玻璃生产工艺

玻璃可以采用轧制、拉制、浇注、压制和吹制来成形。选用何种方法加工,主要取决于最终应用。

(1)滚压

该方法适用于平板玻璃的生产。原料熔化后,流经两滚筒,并严格控制温度,在合适的黏度下滚压成平板玻璃,然后使板材穿过一个长退火炉。为了得到表面光洁度高、平整的板材,可使玻璃熔体流经液态锡的浮池上面,池内保持可控制的加热气氛以防止氧化,让成形板材穿过退火炉即得成品。目前国内的茶色玻璃大多采用较先进的浮法生产。

(2)压制和吹制

该方法适用于容器制造。先将黏性玻璃块放入模具中压制,然后移去半个模具,以最终形状的模具代替,吹制成所要求的外形。

(3)浇铸

将玻璃熔体注入模具里完成浇铸。为了使熔融玻璃充满模具,有些还需使模具旋转,称为离心浇铸。

（4）熔融抽丝

玻璃纤维的制备是将熔融玻璃料流过多孔加热铂板而成纤维状,对纤维在缠绕的同时进行牵引,最后得到玻璃纤维。

7.3　水　泥

水泥是水硬性无机胶凝材料,它具有良好的粘结性,凝结硬化后有很高的机械强度,是建筑工业三大基本材料之一。

7.3.1　水泥的组成与分类

水泥的品种很多,大多是硅酸盐水泥,其主要化学成分是 Ca、Al、Si、Fe 的氧化物,其中大部分是 CaO,约占 60％以上;其次是 SiO_2,约占 20％;剩下部分是 Al_2O_3,Fe_2O_3 等。水泥中的 CaO 来自石灰石;SiO_2 和 Al_2O_3 来自粘土;Fe_2O_3 来自粘土和氧化铁粉。

水泥按用途和性能分为通用水泥、专用水泥和特性水泥三类。通用水泥主要有硅酸盐水泥、普通硅酸盐水泥及矿渣、火山灰质、粉煤灰质、复合硅酸盐水泥等,主要用于土建工程。专用水泥是指有专门用途的水泥,主要用于油井、大坝、砌筑等。特性水泥是某种性能特别突出的水泥,主要有快硬型、低热型、抗硫酸盐型、膨胀型、自应力型等类型。水泥按水硬性矿物组成可分为硅酸盐的、铝酸盐的、硫酸盐的、少熟料的等。

7.3.2　水泥的水化和硬化

水泥的水化硬化是个非常复杂的物理化学过程,水泥与水作用时,颗粒表面的成分很快与水发生水化或水解作用,产生一系列的化合物,反应如下:

$$3CaO \cdot SiO_2 + nH_2O \longrightarrow 2CaO \cdot SiO_2(n-1)H_2O + Ca(OH)_2$$
$$2CaO \cdot SiO_2 + mH_2O \longrightarrow 2CaO \cdot SiO_2 \cdot mH_2O$$
$$3CaO \cdot Al_2O_3 + 6H_2O \longrightarrow 3CaO \cdot Al_2O_3 \cdot 6H_2O$$
$$4CaO \cdot Al_2O_3 \cdot Fe_2O_3 + 7H_2O \longrightarrow 3CaO \cdot Al_2O_3 \cdot 6H_2O + CaO \cdot Fe_2O_3 \cdot H_2O$$

从上述反应可以看出,其水化产物主要有氢氧化钙、含水硅酸钙、含水铝酸钙、含水铁铝酸钙等。它们的水化速度直接决定了水泥硬化的一些特性。

水泥凝结硬化分为三个阶段:溶解期、胶化期和硬化期(结晶期)。

（1）溶解期

水泥遇水后,在颗粒表面进行上述化学反应,生成氢氧化钙、含水硅酸钙、含水铝酸钙。前两个化合物在水中容易溶解,随着它们的溶解,水泥颗粒产生了新表面,再与水发生反应,使周围水溶液很快成为它们的饱和溶液。

（2）胶化期

紧接溶解期的过程,水分继续深入颗粒内部,颗粒内部作用的新成生物不能再被溶解,只能以分散状态胶体析出,并包围在颗粒表面形成一层凝胶薄膜,使水泥浆具有良好的塑性。随着化学反应继续进行,新生成物不断增加,凝胶体逐渐变稠,使水泥浆失去塑性,而表现为水泥的凝结。

（3）硬化期

水泥浆凝结后，凝胶体内水泥颗粒未水化部分将继续吸收水分进行反应，因此，胶体逐渐脱水而紧密，同时氢氧化钙及含水铝酸钙也由胶体转变为稳定的结晶相，析出结晶体嵌入凝胶体，两者相互交错，使水泥产生强度。

水泥硬化后，生成的游离氢氧化钙微溶于水，但空气中的 CO_2 能和 $Ca(OH)_2$ 作用生成一层 $CaCO_3$ 硬壳，可防止氢氧化钙溶解。

7.3.3 水泥的制备

1. 原料

制备硅酸盐水泥的主要原料为石灰质原料、黏土质原料和铁质校正原料。

石灰质原料：主要包括石灰岩、泥灰岩、白垩、贝壳等。主要成分为 SiO_2、Al_2O_3、Fe_2O_3、CaO、MgO 等，其中氧化钙的含量最多。

黏土质原料：主要包括黄土、黏土、页岩、粉砂岩及河泥等，其中前两者应用最多。主要成分为 SiO_2、Al_2O_3、Fe_2O_3、CaO、MgO 及部分的 K_2O、Na_2O、SO_3 等，其中二氧化硅含量最多。

铁质校正原料：当石灰质和黏土质原料配置所得到的生料成分不符合配料方案时，必须根据所缺少的组分添加铁质校正原料。一般，掺加氧化铁含量大于 40% 的铁质校正原料。常用的有低品位铁矿石、炼铁厂尾矿以及硫酸厂工业废渣等。

2. 制备过程

将粘土、石灰石和铁质校正原料等按一定比例混合磨细，制成水泥生料，送进回转窑里进行煅烧，生料即烧结成块，从窑中出来的产品就是熟料。将熟料磨成细粉，加入少量石膏，即成硅酸盐水泥。其过程大致可分为三个阶段：生料制备、熟料煅烧和水泥粉磨。

（1）生料制备

生料制备有干法和湿法两种。前者是将原料同时烘干与粉磨或先烘干后粉磨成生料粉，而后进入窑内煅烧。后者是将原料加水粉磨成生料浆，输入湿法回转窑煅烧成熟料。

（2）熟料煅烧

熟料煅烧一般在回转窑和立窑中进行。虽然两种窑类型不同，但生料在窑内进行的反应大致相同。以湿法回转窑为例加以说明。

① 干燥脱水。干燥是将物料中的自由水蒸发，脱水是使物料失去结合水。自由水蒸发温度为 100℃ 左右，而黏土矿物脱水在 500℃～600℃。

② 碳酸盐分解。生料中的碳酸盐，在煅烧温度下发生分解：

$$CaCO_3 \underset{500℃}{\xrightleftharpoons{}} CaO + CO_2$$

$$MgCO_3 \underset{800℃}{\xrightleftharpoons{}} MgO + CO_2$$

③ 固相反应。在碳酸盐分解时，石灰质和黏土质之间，通过质点间的相互扩散进行固相反应，形成相应的产物。表 7-2 为相关温度及产物。

表 7-2 固相反应温度及产物

温度	生成产物
~800℃	$CaO \cdot Al_2O_3$（CA）、$CaO \cdot Fe_2O_3$（CF）、$CaO \cdot SiO_2$（C_2S）
800~900℃	$12CaO \cdot 7Al_2O_3$（$C_{12}A_7$）
900~1100℃	$3CaO \cdot Al_2O_3$（C_3A）、$4CaO \cdot Al_2O_3 \cdot Fe_2O_3$（$C_4AF$），游离钙最多
1100~1200℃	$3CaO \cdot Al_2O_3$（C_3A）、$4CaO \cdot Al_2O_3 \cdot Fe_2O_3$（$C_4AF$）大量形成，$C_2S$最多

④熟料烧结。在 1250℃下，硅酸盐水泥开始出现液相，水泥熟料开始烧结，物料逐渐变成色泽灰黑、结构致密的熟料。同时，硅酸二钙和游离氧化钙逐步溶解在液相里，硅酸二钙吸收氧化钙形成硅酸三钙。其反应式为

$$C_2S + CaO \xrightarrow{\text{液相}} C_3S$$

⑤熟料冷却。熟料冷却对熟料的矿物组成具有较大的影响。急速冷却可使高温下形成的液相来不及结晶而形成玻璃相，并且伴随着相变，影响熟料的使用性能。因此，在工艺装备允许的条件下应尽量采用快速冷却。

3. 水泥粉磨

水泥熟料经过粉磨后，在其中加入少量的石膏，达到一定细度才成为水泥。水泥加水调和后具有可塑性，并逐渐硬化，在硬化过程中对砖瓦、碎石和钢骨等有很强的粘着力，从而结合成坚硬、完整的构件。

7.4 耐火材料

耐火度是材料在高温作用下不熔化的性质，耐火材料是指耐火度不低于 1580℃的材料。一般来说，对耐火材料性能的要求如下：

①耐火材料的耐火度一定要高于炉子的工作温度。工业炉的工作温度通常为 1000℃~1800℃。

②有较高的荷重软化开始温度。荷重软化开始温度是指材料在 0.2 MPa 应力下加热到高温开始变形（约达 0.6%）的温度。

③高温时体积稳定性要好。

④有抗酸性渣或碱性渣侵蚀的能力和一定的抗热振性。

7.4.1 常用的耐火材料

常用的耐火材料有耐火土砖、高铝砖、轻质砖、各种耐火纤维及耐火混凝土等。耐火黏土砖所用原料是耐火黏土和高岭土。黏土砖的主要成分是 30%~48% Al_2O_3 和 50%~60% SiO_2，它是耐火材料中产量最大、使用最广泛的一种材料。高铝砖是 Al_2O_3 含量大于 48%的硅酸铝质耐火材料，其性能高于黏土砖，但是高温下收缩较大，且价格较贵，可用于炼钢炉、电阻炉等。轻质砖的化学成分与重质砖相同，只是含有更多的气孔，因此耐火又绝热。耐火纤维中使用最多的是硅酸铝耐火纤维，其制品包括各种纤维毡、纤维纸、纤维绳等，主要用作加热炉、

热处理炉等的内衬,以及用于炉窑、管道隔热和密封。

7.4.2 耐火材料的制备

耐火材料品种很多,选择的原料不同,生产中就会进行不同的物理化学反应。但它们的生产工序和加工方法却基本一致,其工序可分为原料加工、配料、混练、成形、干燥和烧成。

（1）原料加工

一般,生产耐火材料的原料需经过煅烧后才能使用,防止其直接制成砖坯时在加热过程中松散开裂,造成废品。经过煅烧后的矿石称为耐火熟料,可以保证耐火成品材料外形尺寸正确性。然后对煅烧料进行破碎,制成一定细度的颗粒或细粉,便于混合成形。再经过筛分,获得符合规定尺寸的颗粒组分。

（2）坯料制备

根据耐火材料的工艺特点,配料将不同材质和粒度的物料按一定的比例进行配置,然后进行混炼,即使不同组分和粒度的物料同适量的结合剂经混合和挤压作用达到分布均匀和充分润湿的目的。此外,混炼还可以使得物料颗粒接触和塑化。

（3）成形

成形是将泥料加工成一定形状的坯体或制品的过程,其方法如下：

①注浆法成形。将含水率40%的泥浆注入吸水性模型中,经模型吸收水分后,在表面形成一层泥料膜,当膜达到一定厚度要求时,将多余的泥浆倾出,放置一段时间后,当坯体达到一定强度时脱模。

②可塑法成形。该方法适用于含水率16%～25%的塑性状态泥料,设备为挤泥机。

③半干法成形。该方法适用于含水率2%～7%的泥料成形方法。其坯体具有密度高、强度大、烧成收缩小和制品尺寸易控制等特点。

④挤压成形。该方法适用于条形、压块状和管型坯体,它是将可塑性泥料经过强力模孔成形的方法。

（4）坯体干燥

坯体干燥是为了提高强度和保证烧成初期的顺利进行。避免烧成初期由于升温快、水分急剧丢失而造成的制品开裂。

（5）烧成

对坯体进行煅烧的过程称为烧成,它一般其分为三个阶段：加热阶段,最高烧成温度的保温阶段,冷却阶段。通过此阶段,坯体发生分解和化合反应,形成玻璃质或与晶体结合的制品,从而使得制品获得较好的体积稳定性和强度。

第8章 无机金属材料

8.1 常见金属合金

金属材料是人类认识和开发利用较早材料之一。金属通常可分为黑色金属与有色金属，黑色金属是指铁、铬、锰金属及它们的合金，且以铁金属、铁合金为主，故黑色金属常近似认为就是铁系金属与铁合金，如钢、生铁、铁合金、铸铁等。除铁、铬、锰以外的金属称为有色金属。有色金属及其合金是现代材料的重要组成部分，与能源及信息技术的关系十分密切。黑色金属常作为结构材料使用，而有色金属多作为功能性材料使用。有色金属和黑色金属相辅相成，共同构成现代金属材料体系。

8.1.1 合金的基本结构与性能

由两种或两种以上的金属或金属与非金属经熔炼、烧结或其他方法组合而成并具有金属特性的物质称为合金。组成合金的最基本的、独立的物质叫做组元，组元通常是纯元素或稳定的化合物。

轻质合金是以轻金属为主要成分的合金材料。有色金属与合金中的铝、镁及其合金都属于轻金属和轻合金。轻合金中用途最广泛的先进铝合金家族中，高强高模铝锂合金是其中的一枝新秀。锂是自然界中最轻的金属，密度为 $0.534g \cdot cm^{-3}$，大约是铝的 1/5，是钢的 1/15。所以在铝合金中增加少量的锂就可以使它的密度显著降低。对于快速冷凝粉末铝锂合金来说，直接采用铝锂合金的减重效果可以达到 10％左右，这对于追求轻质高强材料的航空航天工业来说是具有很大吸引力的。

根据组成合金组元数目的多少，合金可分成二元合金或多元合金等。合金在固态下可以形成均匀的单相合金，也可以是由几种不同的相组成的多相合金，合金中的相之间由明显的界面分开。虽然各种合金中的组成相是多种多样的，但它们可以归纳为混合物合金、固溶体合金与金属化合物合金等基本类型。

非均匀混合物合金常常具有低共熔点特征。例如，铋熔点 271℃，镉熔点 321℃，当 20％的镉与 80％的铋混合熔融，降温，可获得熔点最低达 140℃的低共熔合金。金相观察显示，该合金是由铋、镉各自极细微晶粒相互间混合、紧密作用而得。

晶格固溶体形式的合金主要分为间隙固溶体、置换固溶体两大类。

间隙固溶体常见于原子半径较小的元素（B、C、N、H 原子）参与形成的合金，如碳元素进入 γ-Fe 的面心立方晶格间隙中，形成的间隙固溶体称为奥氏体（图 8-1），Fe 原子晶格结构未改变。溶质原子 C 溶入溶剂的数量越多，溶剂 Fe 的晶格畸变就越大，当溶质的溶入超过一定数量时，溶剂的晶格就会变得不稳定，于是溶质原子就不能继续溶解，所以间隙固溶体永远是有限固溶体。

溶剂晶格中的某些晶格点位置被溶质原子取代的固溶体称为置换固溶体。一般说来，溶质与溶剂原子在周期表中位置越靠近、晶格类型相同,原子半径差越小,其溶解度越大,甚至可以以任何比例互溶形成无限固溶体。例如,铜和镍都是面心立方晶格,是处在同一周期的两个相邻元素,可形成无限固溶体。由于溶质原子与溶剂原子的直径不可能完全相同,因此,形成置换固溶体时也会造成固溶体中的晶格常数的变化和晶格畸变。

● 铁原子 • 碳原子
奥氏体晶体结构

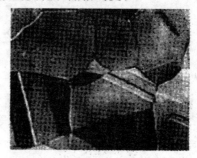
奥氏体显微组织

图 8-1　碳溶于 γ-Fe 中的间隙固溶体

由于溶质原子的溶入,固溶体的晶格发生畸变,位错的移动受到了阻碍,最终使金属材料的强度、硬度升高。这种通过溶入溶质元素形成固溶体,使金属材料的变形抗力增大,强度、硬度升高的现象称为固溶强化。固溶强化是金属材料强化的重要途径之一。对力学性能要求较高的结构材料,几乎都是以固溶体作为最基本的组成相。适当掌握固溶体中的溶质含量,可以在显著提高金属材料的强度、硬度的同时,仍能保持良好的塑性和韧性。

合金中溶质含量超过溶剂的溶解度时将出现新相,这个新相可能是一种晶格类型和性能完全不同于任意合金组元的化合物,它是由合金组元发生相互作用而形成的一种具有金属特性的物质,称为金属化合物。

在两种金属元素电负性、电子层结构、原子半径等参数相差较大时,容易出现金属化合物合金,该金属化合物也可指金属—非金属、准金属—非金属元素间的类似作用。按原子作用特点,可分为"正常价"化合物与电子化合物。"正常价"化合物的化学键介于离子键与金属键之间,通常由金属元素与周期表中 IV_A 族、V_A 族、VI_A 族元素组成,如 Mg_2Si、Mg_2Pb、MnS 等,导电与导热性低于对应组元金属。合金中大多数金属化合物属于电子化合物,原子以金属键相互作用,不遵守化合价规则。其特征是化合物中价电子数和原子数之比(e/a)为一定值,也即有一定的电子浓度(C_e),这类化合物首先为休谟—饶塞里(W. Hume-Rothery)发现,它由过渡族金属 I_B 族(Cu、Ag、Au),部分 VIII_B 族(Fe、Ni、Co)和 II_B、III_B、IV_B 等族金属所组成,例如铜和锌、铝、锡分别形成的二元合金中的 β、γ、ε 相都是电子化合物(表 8-1)。

表 8-1　Cu 与 Zn、Al、Sn 形成的电子化合物合金

电子化合物合金	21/14(β 相)	21/13(γ 相)	21/12(ε 相)
	体心立方晶格	复杂立方晶格	密排六方晶格
Cu-Zn	CuZn	Cu_5Zn_8	$CuZn_3$
Cu-Al	Cu_3Al	Cu_9Al_4	Cu_5Al_3
Cu-Sn	CuSn	$Cu_{31}Zn_8$	Cu_3Sn_8

β 相的共同特点是它们的电子浓度均等于 3/2(21/14)，γ 相的电子浓度均等于 21/13，ε 相的电子浓度均为 7/4(21/12)。电子化合物在相图中有一定的成分范围。有些三元化合物也服从电子浓度规则，如 MgSnNiz，电子浓度为 3/2，呈 β 黄铜结构。

通常，金属化合物都具有复杂的晶体结构，且熔点、硬度和脆性要高于相应单一金属。在材料加工方面，尽管可通过形成金属化合物来提高合金的强度、硬度和耐磨性，但也会降低塑性和韧性。金属化合物是各类合金钢、硬质合金及许多有色合金的重要组成部分。

多数工业合金均为固溶体和少量化合物构成的混合物，通过调整固溶体的溶解度和其中化合物的形态、数量、大小及分布，可使合金的力学性能在一个相当大的范围内变动，从而满足不同的性能要求。合金的相结构对合金的性能有很大的影响。

此外，金属化合物还包括一类结构更为复杂的间隙化合物结构，与间隙固溶体结构有一定相似之处。除上述力学方面的性能特点外，金属间化合物合金在储能合金、形状记忆合金、磁性材料、超导材料、电子材料、半导体材料、超耐热材料、超硬材料等功能材料领域也有重要应用价值。

8.1.2　铁系合金的组织结构

以铁为基础，以碳为主要添加元素的合金，统称为铁碳合金。习惯上把碳含量大于 2.11% 的归类于铁，碳含量小于 2.11% 的归类于钢。当铁中含碳在 0.03%～1.2% 范围时则为钢，含碳 1.2%～2.5% 的铁缺乏实用性，一般不进行工业生产。

铁系合金材料的性能与掺杂元素组成、晶格形态及介观金相形态等多层次因素相关，不同的加工工艺导致不同的结构状态，因而导致不同的性能。生铁是含碳量 2.11%～6.67% 并含有非铁杂质较多韵铁碳合金，生铁的杂质元素主要是硅、硫、锰、磷等。生铁质硬而脆，缺乏韧性，几乎没有塑性变形能力，因此不能通过锻造、轧制、拉拔等方法加工成型。但含硅高的生铁（灰口铁）的铸造及切削性能良好。纯铁质软，一般不作为材料使用，熔点 1535℃，共有 α-Fe、γ-Fe、δ-Fe 三种同素异构体。常温下呈体心立方结构的为 α-Fe 相，升温 941℃ 时，转变为面心立方结构，为 γ-Fe 相。继续升温 1390℃，转变为 δ-Fe，晶格为体心立方结构，即纯铁在固态下的冷却过程中有两次晶体结构变化：

$$\delta\text{-Fe} \underset{}{\overset{1394℃}{\rightleftharpoons}} \gamma\text{-Fe} \underset{}{\overset{912℃}{\rightleftharpoons}} \alpha\text{-Fe}$$

半径较小的碳原子可进入到铁的晶格中，在一定条件下形成多种相态的合金结构。

奥氏体（austenite，符号 A 表示）是碳溶解在 γ-Fe 中的间隙固溶体，它仍保持 γ-Fe 的面心立方晶格，晶界比较直，呈规则多边形，淬火钢中残余奥氏体分布在马氏体间的空隙处，不具有磁性。奥氏体溶碳能力较大，在 727℃ 时溶碳为 $\omega_c=0.77\%$，1148℃ 时可溶碳 2.11%。奥氏体是在大于 727℃ 高温下才能稳定存在的组织，并且其塑性较好，是绝大多数钢种在高温下进行压力加工时所要求的组织。

（1）马氏体

马氏体（martensite，符号 M 表示）的晶体结构为体心四方结构（BCT），中高碳钢中加速冷却通常能够获得这种组织，是碳在 α-Fe 中的过饱和固溶体（图 8-2）。马氏体的三维组织形态通常有片状（plate）或者板条状（lath），但是在金相观察中（二维）通常表现为针状（needle—

shaped)。片状马氏体(针状马氏体)常见于高、中碳钢及高 Ni 的 Fe-Ni 合金中。马氏体钢普遍具有较高强度和硬度。

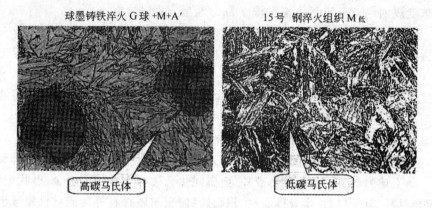

图 8-2　碳钢马氏体金相显微图

(2)铁素体

铁素体(ferrite,符号 F 表示)是碳溶解在 α-Fe 立方晶格中的间隙固溶体,具有体心立方晶格,如图 8-3 所示。α-Fe 体心晶格间隙较小,容纳的 C 原子也很少,大约仅为 0.02%,铁素体成分上更接近纯铁。

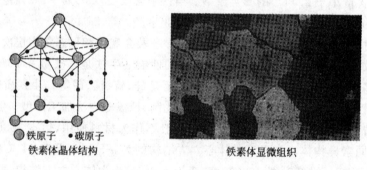

●铁原子　·碳原子
铁素体晶体结构

铁素体显微组织

图 8-3　铁素体晶格结构与金相组织

铁素体的力学性能特点是塑性、韧性好,而强度、硬度低。亚共析成分的奥氏体通过先共析析出,形成铁素体,当碳含量接近共析成分时,铁素体沿晶粒边界析出,这部分铁素体称为先共析铁素体或组织上自由的铁素体。

随着形成条件的不同,先共析铁素体具有不同形态,如等轴形、沿晶形、纺锤形、锯齿形和针状等。

此外,铁素体还是珠光体组织的基体。在碳钢和低合金钢的热轧(正火)和退火组织中,铁素体是主要组成相。铁素体的成分和组织对钢的工艺性能有重要影响,在某些场合下对钢的使用性能也有影响。

(3)渗碳体

渗碳体(cementite,符号 C 表示)是碳与铁形成的一种化合物 Fe_3C,一般含碳 6.67%,是一种具有极高硬度(BHN 600 以上)的脆性化合物,塑性、韧性几乎为零。其晶格为复杂的正交晶格,熔点 1227℃。

渗碳体是碳在退火和正火钢中以及白口铸铁中的一般存在形式,也是共析组织珠光体的组成之一(另一为铁素体)。在过共析钢中,则作为自由渗碳体,在珠光体晶界呈网状析出,或以片状在晶内析出。当淬火碳钢的回火温度超过约 250℃ 时,马氏体中的过饱和碳以针状或片状渗碳体的形态析出。

渗碳体内经常固溶有其他元素。在碳钢中,一部分铁为锰所置换;在合金钢中为铬、钨、钼等元素所置换,形成合金渗碳体。渗碳体不是稳定的碳化物,在长时间退火后将最终分解出自由炭(石墨)。在铁碳合金中有不同形态的渗碳体,其数量、形态与分布对铁碳合金的性能有直接影响。

(4)珠光体

珠光体(pearlite,符号 P 表示)是奥氏体冷却时,在 727℃ 发生共析转变的产物,碳质量分数平均为 $\omega_c=0.77\%$。显微组织为由铁素体片与渗碳体片交替排列的片状组织,高碳钢经球化退火后也可获得球状珠光体(也称粒状珠光体),本质上是一种铁素体和渗碳体相间成层排列的混合物,由于显微镜下图像状似珠母,被称珠光体,如图 8-4 所示。

图 8-4　片层珠光体显微照片

珠光体一词常用于描述冶金学中所有其他呈层排列的共析组织,它是钢中最常见的组织之一,力学性能介于铁素体与渗碳体之间,强度较高,硬度适中,塑性和韧性较好。珠光体的片间距离取决于奥氏体分解时的过冷度,过冷度越大,所形成的珠光体片间距离越小。

8.1.3　金属材料的制备

金属材料最重要的一道制备工序是冶炼。冶金学是一门研究如何经济地从矿物或原料中提取金属或金属化合物,并用各种加工方法制成具有一定性能的金属材料的科学。

根据过程性质可将冶金分为物理冶金和化学冶金。物理冶金是指通过成形加工的方法制备有一定性能的金属或合金材料,研究其组成、结构的内在联系,涉及金属学、粉末冶金、金属铸造和压力加工等。从矿物中提取金属或金属化合物的整个生产过程中伴随着化学反应,即为化学冶金。

1. 钢铁的冶炼

钢铁的产量是一个国家工业水平和生产能力的主要标志。铁在自然界的储量大,仅次于铝;冶炼加工容易,成本低;其具有良好的物理、力学和工艺性能;可以利用钢铁制作性能更好的合金。

(1)炼铁

炼铁的主要过程是将铁矿石在高炉(图 8-5)里通过复杂的物理、化学反应生成金属铁的过程,如图 8-6 所示。

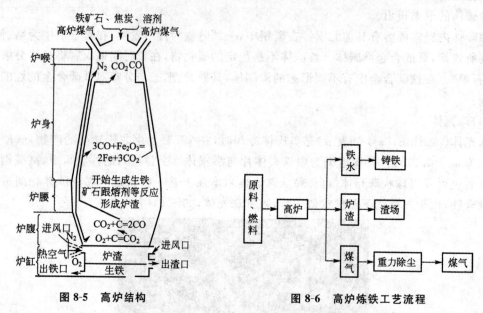

图 8-5　高炉结构　　　　图 8-6　高炉炼铁工艺流程

高炉炼铁的过程非常复杂,其大致的过程是(图 8-5):将矿石、焦炭、助溶剂等按一定比例组成炉料,从高炉顶部加入,并从上到下进行一系列复杂的过程。焦炭的作用是产生还原气体、使熔融的铁增碳和产生反应需要的热量。助溶剂的作用是去除矿石里的杂质元素使之产生渣与铁水分离。从炉底部吹入 $800℃\sim1000℃$ 的热空气。

焦炭在炉的底部燃烧生成 CO_2,并与 C 进行反应生成 CO。反应式为:

$$C+O_2 \longrightarrow CO_2$$
$$CO_2+C \longrightarrow 2CO$$

焦炭产生的 CO 气体与下落被加热的炉料相遇产生如下反应:

$$3Fe_2O_3+CO \longrightarrow 2Fe_3O_4+CO_2$$
$$Fe_3O_4+CO \longrightarrow 3FeO+CO_2$$
$$FeO+CO \longrightarrow Fe+CO_2$$

其中,CO 的还原称为间接还原,在 $500℃\sim1000℃$ 进行,当处于高温的炉体部分时,产生焦炭的直接还原。但是由于焦炭是固体,发生还原反应时与氧化铁表面接触的面积不如气体 CO 大,所以炼铁中的主要反应依然是 CO 还原反应。

另外还包括相应的造渣过程,反应如下:

$$CaCO_3 \longrightarrow CaO+CO_2$$
$$CaO+SiO_2 \longrightarrow CaSiO_3$$
$$3CaO+Al_2O_3 \longrightarrow Ca_3(AlO_3)_2$$

(2)炼钢

炼钢根据工艺流程可以分为间接炼钢法、熔融还原法和直接炼钢法三类。

间接炼钢法：是先将矿石还原熔化成生铁，再将生铁装入炼钢炉得到钢的方法。其由高炉炼铁和转炉炼钢两步构成，其工艺成熟，生产效率高，成本低，是现代炼钢大规模采用的方法。

熔融还原法：是在铁矿石高温熔融状态下用碳把铁氧化物还原成金属铁的非高炉炼铁方法。其产品为液态生铁，可用传统转炉精炼成为钢。其工艺简单，是一个非高炉炼铁的较好的技术方法。

直接炼钢法：是由铁矿石一步冶炼得到钢的方法。此法将矿石放入直接还原的电炉中，用气体或固体还原剂还原出含碳量比较低的、含有杂质的半熔融状态的海绵铁，从而形成直接还原—电炉串联生产钢的方法。其特点是工序少，避免了反复氧化还原过程，但是铁回收率低，要求使用高品位的矿石，能耗高，因而只在某些地区作为典型钢铁的生产的补充方法。

此外，炼钢根据所使用的炉子不同，可以分为平炉炼钢、转炉炼钢和电炉炼钢三种。平炉是历史悠久的一种炼钢方法，转炉炼钢现在使用得最广，电炉炼钢炼制的钢材质量高。

炼钢用的原料可分为金属和非金属两类。金属料主要有铁水、废钢和铁合金等，非金属材料主要是造渣材料、氧化剂、冷却剂和增碳剂等。铁水是氧气转炉的必备材料，并应控制其含 Si、Mn、S、P 等量，应努力保证进入转炉的铁水温度大于 $1200℃$，保持稳定，有利于炉子热行，迅速成渣，减少喷溅。

废钢是电弧炉炼钢的基本原料，用量达到 $70\%\sim90\%$。对于废钢矿石法的平炉，其也是主要金属材料。而其对氧气转炉，既是金属料也是冷却剂。

铁合金在炼钢中主要起到脱氧和合金化元素的作用，主要有 Fe—Mn、Fe—Si、Fe—Cr 及复合脱氧剂。造渣材料主要目的是去除钢中多余的杂质元素，主要有石灰、萤石、白云石及合成造渣材料等。氧化剂主要作用是在炼钢过程中除去过多的 C，主要有氧气、铁矿石和氧化铁皮等。冷却剂主要作用是使钢快速冷却，使用的有废钢、富铁矿和石灰石等。还原剂和增碳剂主要有石墨电极、焦炭、电石、硅铁、硅钙和铝等。

2. 有色金属的冶炼

现代冶金工业通常把金属分为黑色金属和有色金属，其中铁、铬、锰三种金属称为黑色金属，其余各种金属都称为有色金属。下面简单介绍生产中常用的金属铜和铝的冶炼。

(1)铜的冶炼

目前自然界中含铜矿物有 240 多种，常见的有 30～40 种，而具有工业开采价值的铜矿仅 10 余种。铜矿物可分为自然铜、硫化矿和氧化矿三种类型，自然铜在自然界中很少，主要是硫化矿和氧化矿。目前工业开采的铜矿石最低品位为 $0.4\%\sim0.5\%$。开采出来的低品位矿石，经过选矿富集，使铜的品位提高到 $10\%\sim30\%$。

铜的生产方法或冶金工艺概括起来有火法和湿法两大类。

火法炼铜是当今生产铜的主要方法，图 8-7 所示为火法炼铜的流程图。

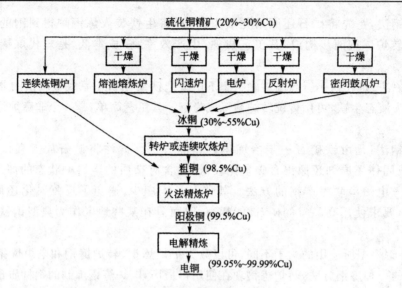

图 8-7　火法炼铜的流程

湿法炼铜是在常压或高压下,用溶剂浸出矿石或焙烧矿中的铜,经净液使铜与杂质分离,而后用电积或置换等方法,将溶液中的铜提取出来。对氧化矿,大多数工厂用溶剂直接浸出;对硫化矿,一般先经焙烧然后浸出焙烧矿。湿法炼铜流程如图 8-8 所示。

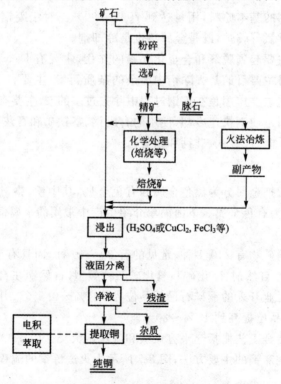

图 8-8　湿法炼铜的流程

（2）铝的冶炼

铝工业有三个主要生产环节:从铝土矿提取氧化铝(氧化铝生产);用冰晶石－氧化铝融盐

电解法生产金屑铝(铝电解);铝加工。

铝土矿按其含有的氧化铝水合物的类型,可分为三水铝石型铝土矿、一水软铝石型铝土矿、一水硬铝石型铝土矿和混合型铝土矿,其主要化学成分有 Al_2O_3、SiO_2、Fe_2O_3、TiO_2,少量的 CaO、MgO、硫化物及微量的镓、钒、磷、铬等元素的化合物。氧化铝生产方法有碱法、酸法、酸碱联合法、热法等。

①碱法。碱法生产氧化铝,就是用碱处理铝土矿,使矿石中的氧化铝水合物和碱反应生成铝酸钠溶液。铝土矿中的铁、钛等杂质和绝大部分的二氧化硅则成为不溶性的化合物进入固体残渣中,这种残渣被称为赤泥。铝酸钠溶液与赤泥分离后,经净化处理,分解析出 $Al(OH)_3$,将 $Al(OH)_3$ 与碱液分离并经过洗涤和焙烧后,即获得产品氧化铝。目前工业上几乎全部采用碱法生产氧化铝。

②酸法。酸法生产氧化铝就是用硫酸、盐酸、硝酸等无机酸处理铝矿石,得到含铝盐溶液,然后用碱中和这些盐溶液,使铝生成氢氧化铝析出,焙烧氢氧化铝或各种铝盐的水合物晶体,便得到氧化铝。

用酸法处理铝矿石时,存在于矿石中的铁、钛、钒、铬等杂质与酸作用进入溶液中,这不但引起酸的消耗,而且它们与铝盐分离比较困难。氧化硅绝大部分成为不溶物进入残渣与铝盐分离,但有少量成为硅胶进入溶液,所以铝盐溶液还需要脱硅,而且需要昂贵的耐酸设备。用酸法处理分布很广的高硅低铝矿在原则上是合理的,在铝土矿资源缺乏的情况下可以采用此法。

③酸碱联合法。酸碱联合法是先用酸法从高硅铝矿石中制取含铁、钛等杂质的不纯氢氧化铝,然后再用碱法处理。这一流程的实质是用酸法除硅,碱法除铁。

④热法。热法适合于处理高硅高铁的铝矿,其实质是在电炉中熔炼铝矿石和碳的混合物,使矿石中的氧化铁、氧化硅、氧化钛等杂质还原,形成硅合金。而氧化铝则呈熔融状态的炉渣而上浮,由于密度不同而分离,所得氧化铝渣再用碱法处理从中提取氧化铝。

现代铝工业生产,主要采取冰晶石—氧化铝融盐电解法。直流电流通入电解槽,在阴极和阳极上起电化学反应。电解产物,阴极上是铝液,阳极上是 CO 和 CO_2 气体。铝液用真空抽出,经过净化和澄清之后,浇铸成商品铝锭。阳极气体中还含有少量有害的氟化物和沥青烟气,经过净化之后,废气排入大气,收回的氟化物则返回电解槽。

8.2　储氢合金

氢是一种燃烧值很高的燃料,为 $(1.21 \sim 1.43) \times 10^5 \, kJ \cdot kg^{-1}$,是汽油燃烧值的 3 倍,其燃烧产物又是最干净、无污染的物质水,是未来最有前途、最理想的能源。储氢合金是一种能储存氢气的合金,它具有储存的氢的密度大于液态氢,氢储入合金中时,不需要消耗能量反而能放出热量,储氢合金释放氢时所需的能量也不高,加上工作压力低、操作简便、安全的特点,是最有前途的储氢介质。储氢合金的储氢能力很强,单位体积内,储氢的密度是同温同压下,气态氢的 1000 倍,相当于储存了 1000 个大气压的高压氢气,需要储氢时,金属与氢气反应生成金属氢化物且放出热量,需要用氢时,在加热或减压的条件下,使储于其中的氢释放出来。如同铅蓄电池的充、放电。

8.2.1　金属贮氢原理

许多金属(或合金)可固溶氢气形成含氢的固溶体(MH_x),固溶体的溶解度$[H]_M$与其平衡氢压p_{H_2}的平方根成正比。在一定温度和压力条件下,固溶相(MH_x)与氢反应生成金属氢化物,反应式如下:

$$\frac{2}{y-x}MH_x + H_2 \Longleftrightarrow \frac{2}{y-x}MH_y + \Delta H$$

式中,MH_y是金属氢化物,ΔH为生成热。贮氢合金正是靠其与氢起化学反应生成金属氢化物来贮氢的。

贮氢材料的金属氢化物有两种类型:一类是Ⅰ和Ⅱ主族元素与氢作用,生成的离子型氢化物。这类化合物中,氢以负离子态嵌入金属离子间;另一类是Ⅲ和Ⅳ族过渡金属及 Pb 与氢结合,生成的金属型氢化物。氢以正离子态固溶于金属晶格的间隙中。

金属与氢的反应是一个可逆过程。正向反应,吸氢、放热;逆向反应,释氢、吸热;改变温度与压力条件可使反应按正向、逆向反复进行,实现材料的吸释氢功能。平衡氢压-氢浓度等温曲线可用图 8-9 表示。

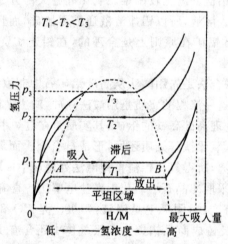

图 8-9　金属-氢体系的 p-C-T 曲线

在图 8-9 中,由 0 点开始,金属形成含氢固溶体,A 点为固溶体溶解度极限。从 A 点,氢化反应开始,金属中氢浓度显著增加,氢压几乎不变,至 B 点,氢化反应结束,B 点对应氢浓度为氢化物中氢的极限溶解度。图中 AB 段为氢气、固溶体、金属氢化物三相共存区,其对应的压力为氢的平衡压力,氢浓度(H/M)为金属氢化物在相应温度的有效氢容量。由图中还可以看出,金属氢化物在吸氢与释氢时,虽在同一温度,但压力不同,这种现象称为滞后。作为贮氢材料,滞后越小越好。

根据 p-C-T 图可以作出贮氢合金平衡压-温度之间的关系图,如图 8-10 所示。下图表明,对各种贮氢合金,当温度和氢气压力值在曲线上侧时,合金吸氢,生成金属氢化物,同时放热;当温度与氢压力值在曲线下侧时,金属氢化物分解,放出氢气,同时吸热。

储氢合金的吸氢反应机理如图 8-11 所示。氢分子与合金接触时,就吸附于合金表面上,氢分子的 H-H 键离解为原子态氢,H 原子从合金表面向内部扩散,进入比氢原子半径大得

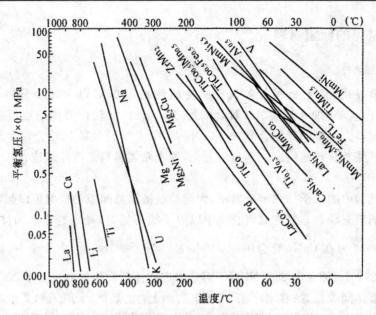

图 8-10　各种贮氢合金平衡分解压—温度关系曲线

多的金属晶格的间隙中而形成固溶体。固溶于金属中的氢再向内部扩散。固溶体一旦被氢饱和,过剩 H 原子与固溶体反应生成氢化物,这时,产生溶解热。

一般来说,氢与金属或合金的反应是一个多相反应,这个多相反应由下列基础反应组成:

①H_2 传质。

②化学吸附氢的解离:$H_2 \Longleftrightarrow 2H_{ad}$。

③表面迁移。

④吸附的氢转化为吸收氢:$H_{ad} \Longleftrightarrow H_{abs}$。

⑤氢在 α 相的稀固态溶液中扩散。

⑥α 相转变为 β 相:$H_{abs}(\alpha) \Longleftrightarrow H_{abs}(\beta)$。

⑦氢在氢化物(β 相)中扩散。

了解氢在金属本体中扩散系数的大小,有助于掌握金属中氢的吸收—解吸过程动力学参数。

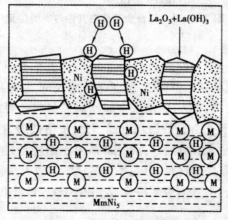

图 8-11　合金的吸氢反应机理

8.2.2 常见的储氢材料

1. 稀土储氢材料

人们很早就发现，稀土金属与氢气反应生成热到 1000℃ 以上才会分解的稀土氢化物 REH_2，而在稀土金属中加入某些第二种金属形成合金后，在较低温度下也可吸放氢气，是良好的储氢合金材料。典型的储氢合金——$LaNi_5$ 是 1969 年荷兰菲利浦公司发现的，从而引发了人们对稀土系储氢材料的研究。到目前为止，稀土储氢材料是性能最佳、应用最广泛的储氢材料。

金属晶体结构中的原子排列十分紧密，大量的晶格间隙间隙的位置可以吸收大量的氢，使氢处于最密集的填充状态。氢在储氢合金中以原子状态储存，处于合金八面体或四面体的间隙位置上。图 8-12 氢在 $LaNi_5$ 合金中占有的位置。在 $Z=\frac{1}{2}$ 面上，由 5 个 Ni 原子构成一层。氢原子位于由 2 个 La 原子与 2 个 Ni 原子形成的四面体间隙位置和由 4 个 Ni 原子与 2 个 La 原子形成的八面体间隙位置；在 $Z=0$ 或 $Z=1$ 的面上，由 4 个 La 原子和 2 个 Ni 原子构成一层。当氢原子进入 $LaNi_5$ 的晶格间隙位置后，成为氢化物 $LaNi_5H_6$。随着压力的增大和温度的降低，甚至可形成 $LaNi_5H_9$ 的结构。在 $LaNi_5H_6$ 中，由于氢原子的进入，使金属晶格发生膨胀（约 23%）；放氢后，金属晶格又收缩。因此，反复的吸氢/放氢导致晶格细化，即表现出合金形成裂纹甚至微粉化。

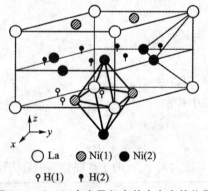

○ La　◎ Ni(1)　● Ni(2)

Φ H(1)　φ H(2)

图 8-12　$LaNi_5$ 合金及氢在其中占有的位置

2. 镁系合金储氢材料

镁做为储氢材料具有密度小，仅为 $1.74g \cdot cm^{-1}$，储氢量大，价格低廉，资源丰富的优点，是很有发展前途的一种储氢材料。但镁吸、放氢条件比较苛刻，速率慢，且条件较高，在碱溶液中极易被腐蚀。国际能源机构（IEA）确定未来新型储氢材料的要求为：储氢容量（质量分数）大于 5%，吸、放氢的反应条件温和。镁资源存储丰富、价格低廉，在氢的规模存储方面有很大的优势，镁基合金具有储氢量大、寿命长、无污染、体积小的特点，被人们看做是最有希望的燃料电池，燃氢汽车等用的储氢合金材料，引起了众多科学家致力于镁基合金的研制。

镁基储氢合金的代表是 Mg_2Ni，吸氢后生成 Mg_2NiH_4，储氢量为 3.6%。其优点为：

① 资源丰富。

② 价格低廉。

其缺点为：

①放氢需要在 250℃～300℃相对高温下进行。

②且放氢动力学性能较差，使其难以在储氢领域得到应用。

研究用机械合金化法将晶态 Mg_2Ni 合金化后，利用非晶合金表面的高催化性，显著改善镁基合金吸放氢的热力学和动力学性能。镁基储氢合金因 Mg 在碱液中易受氧化腐蚀，可导致合金电极容量的迅速衰减，与循环寿命与实用化的要求尚有较大距离，进一步提高合金的循环稳定性是目前国内外研究的热点课题。

3.钛系储氢材料

钛锆系储氢合金指具有 Laves 相结构的 AB_2 型间的金属化合物，具有储氢容量高、循环寿命长的优点，是目前高能量新型电极研究的热点。AB_2 型 Laves 相储氢合金有锆基和钛基两大类。锆基 AB_2 型 Laves 相合金主要有 Zr－V 系、Zr－Cr 系和 Zr－Mn 系，其中 $ZrMn_2$ 是一种吸氢量较大的合金，为适应电极材料的发展，20 世纪 80 年代末，在 $ZrMn_2$ 合金的基础上开发了一系列具有放电容量高、活化性能好的电极材料。钛基 AB_2 型储氢合金主要有 TiMn 基储氢合金和 TiCr 基储氢合金两大类。在此基础上，通过其他元素替代开发出了一系列多元合金。

钛铁系储氢合金的典型代表是 TiFe，有价格低廉、在室温下能可逆地吸收和释放氢、吸氢量（质量分数）高达 118％ 的有点。但 TiFe 在室温附近与氢反应生成正方晶相的 $TiFeH_{1.04}$（β相）分解热为 $28kJ \cdot mol^{-1}$ 和立方晶相的 $TiFeH_{1.95}$（γ 相），其燃烧热为 $31.4kJ \cdot mol^{-1}$，反应生成物很脆，为灰色金属状，在空气中会慢慢分解并放出氢而失去活性。而且 TiFe 容易被氧化，当成分不均匀或偏离化学计量时，储氢容量将明显降低，TiFe 合金还存在活化困难和抗杂质气体中毒能力差的缺点。为了改善 TiFe 的储氢性能和活化性能，必须对合金进行一些处理。首先，用过渡金属、稀土金属等部分替代 Fe 或 Ti；其次，改变传统的冶炼方式，采用机械合金化法制取合金；最后，对 TiFe 合金进行表面改性。

8.2.3　储氢材料的应用

1.储氢容器

传统的储氢方法，如钢瓶储氢及储存液态氢都有诸多缺点，而储氢合金的出现解决了上述问题。首先，氢以金属氢化物形式存在于储氢合金之中，密度比相同温度、压力条件下的气态氢大 1000 倍。可见用储氢合金作储氢容器具有重量轻、体积小的优点。其次，用储氢合金储氢，无需高压及储存液的极低温设备和绝热措施，节省能量，安全可靠。

由于储氢合金在储入氢气时会膨胀，因此通常情况下要在粒子间留出间隙。为此出现了一种"混合储氢容器"，也就是在高压容器中装入储氢合金。通过与高压容器相配合，这种空隙不仅可有效用于储氢，而且整个容器也将增加单位体积的储氢量。储氢容器设想使用普通的轻量高压容器。这种容器用碳纤维强化塑料包裹着铝合金衬板。装到容器中的储氢合金采用储氢量为重量 2.7％，合金密度为 $5g/cm^3$ 的材料。对能够储入 5kg 氢气的容器条件进行了推算。与压力相同的高压容器相比，重量增加了 30％～50％，但体积缩小了 30％～50％。

2.H₂的回收与纯化

利用 TiMn₅.₅储氢合金,可将 H₂ 气提纯到 99.9999％以上。可回收氨厂尾气中的 H₂ 以及核聚变材料中氚,利用它可分离氕、氘和氚。

3.加氢反应

CO、丙烯腈的加氢,烃的氨解、芳烃的氢化。

4.氢化物电极

20 世纪 70 年代初发现,LaNi₅ 和 TiNi 等储氢合金具有阴极储氢能力,而且对氢的阴极氧化也有催化作用。20 世纪 80 年代以后,用金属氢化物电极代替 Ni－Cd 电池中的负极组成的 Ni/MH 电池才开始进入实用化阶段。

以氢化物电极为负极,Ni(OH)₂电极为正极,KOH 水溶液为电解质组成的 Ni/MH 电池,如图 8-13 所示。

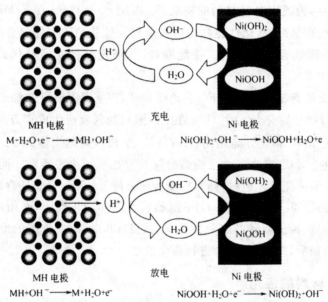

图 8-13 Ni－MH 镍氢电池充放电过程示意图

充电时,氢化物电极作为阴极储氢－M 作为阴极电解 KOH 水溶液,生成的氢原子在材料表面吸附,继而扩散入电极材料进行氢化反应生成金属氢化物 MH$_x$;放电时,金属氢化物 MH$_x$作为阳极释放出所吸收的氢原子并氧化为水。

决定氢化物电极性能的最主要因素是储氢材料本身。作为氢化物电极的储氢合金必须满足如下基本要求:①在碱性电解质溶液中良好的化学稳定性;②合适的室温平台压力;③高的阴极储氢容量;④良好的电催化活性和抗阴极氧化能力。

5.功能材料

化学能、热能和机械能可以通过氢化反应相互转换,这种奇特性质可用于热泵、储热、空调、制冷、水泵、气体压缩机等方面。总之,储氢材料是一种很有前途的新材料,也是一项特殊功能技术,21 世纪将会在氢能体系中发挥巨大作用。

8.3　超耐热合金

8.3.1　超耐热合金概述

耐热合金又称高温合金,对于在高温条件下的工业部门和应用技术,有着重大的意义。目前主要集中应用于航天航空发动机燃烧及相关零部件制造领域。先进飞机的关键部件之一就是发动机,其涡轮进口需要耐受高温、高压、高速气流的冲击,涡轮进口气体温度常可达1700℃以上,气压高达几十个大气压,由此才可能产生数万马力的功率。如果把涡轮前温度由900℃提高到1300℃,则发动机推力将会增加到130%,耗油率会大幅度下降。更先进的矢量推进发动机对矢量喷管结合处的耐温要求更高达2000℃,可见耐高温、高强度材料的重要性。

纯金属材料中有部分的熔点高于1650℃,并有一定储量的金属,被称作难熔金属,如钨、钽、钼、铌、铪、铬、钒、锆和钛等。一般说,金属材料的熔点越高,其可使用的温度限度越高。如用热力学温度表示熔点,则金属熔点 T_m 的60%被定义为理论上可使用温度上限 T_c,即 $T_c = 0.6T_m$。这是因为随着温度的升高,金属材料的机械性能显著下降,氧化腐蚀的趋势相应增大。因此,一般的金属材料都只能在500℃～600℃下长期工作,在700℃～1200℃高温下仍能长时间保持所需力学性能,具抗氧化、抗腐蚀能力,且能满足工作的金属材料通称超耐热合金。

高熔点仅仅只是超耐热合金的一个必要条件。在纯金属材料中,尽管有熔点高达2000℃以上的,但在远低于其熔点下,力学强度迅速下降,高温氧化、腐蚀严重,因而,极少用纯金属直接作为超耐热材料。普通的碳钢在800℃～900℃时强度就会直线降低。但是在其中加入其他一些金属成分,尤其是镍、铬、钨等,制成耐热合金,耐高温水平就可以不断提高。第Ⅴ副族、第Ⅵ副族、第Ⅶ副族元素是高熔点金属。因为其原子中未成对的价电子数很多,在金属晶体中形成坚强化学键,而且其原子半径较小,晶格结点上粒子间的距离短,相互作用力大,所以其熔点高、硬度大。耐热合金主要是指第Ⅴ～Ⅶ副族元素和第Ⅷ族元素形成的合金。

8.3.2　超耐热合金的分类

超耐热合金典型组织是奥氏体基体,在基体上弥散分布着碳化物、金属间化合物等强化相。高温合金的主要合金元素有铬、钴、铝、钛、镍、钼、钨等。合金元素起稳定奥氏体基体组织,形成强化相,增加合金的抗氧化和抗腐蚀能力的作用。常用的高温合金有铁基、镍基和钴基3种。

1. 铁基超耐热合金

铁基高温合金是从奥氏体不锈钢发展起来的,含有一定量的铬和镍等元素。它是中等温度(600℃～800℃)条件下使用的重要材料,具有较好的中温力学性能和良好的热加工塑性,合金成分比较简单,成本较低。主要用于制作航空发动机和工业燃气轮机上涡轮盘,也可制作导向叶片、涡轮叶片、燃烧室,以及其他承力件、紧固件等。另一用途是制作柴油机上的废气增压涡轮。由于沉淀强化型铁基合金的组织不够稳定,抗氧化性较差,高温强度不足,因而铁基合金不能在更高温度条件下应用。

2. 镍基超耐热合金

以镍为基体（含量一般大于 50%）、在 650℃～1000℃ 范围内具有较高的强度和良好的抗氧化、抗燃气腐蚀能力的高温合金。镍基合金是高温合金中应用最广、高温强度最高的一类合金。其主要原因如下：

①镍基合金中可以溶解较多合金元素，且能保持较好的组织稳定性。

②可以形成共格有序的 A_3B 型金属间化合物 γ-[$Ni_3(Al,Ti)$] 相作为强化相，使合金得到有效的强化，获得比铁基高温合金和钴基高温合金更高的高温强度。

③含铬的镍基合金具有比铁基高温合金更好的抗氧化和抗燃气腐蚀能力。

镍基合金含有十多种元素，其中 Cr 主要起抗氧化和抗腐蚀作用，其他元素主要起强化作用。根据它们的强化作用方式可分为固溶强化型合金和沉淀强化型合金：固溶强化元素，如钨、钼、钴、铬和钒等；沉淀强化元素，如铝、钛、铌和钽；晶界强化元素，如硼、锆、镁和稀土元素等。

3. 钴基超耐热合金

钴基高温合金是含钴量 40%～65% 的奥氏体高温合金，在 730℃～1100℃ 下，具有一定的高温强度、良好的抗热腐蚀和抗氧化能力。用于制作工业燃气轮机、舰船燃气轮机的导向叶片等。钴基合金的发展应考虑钴的资源情况。钴是一种重要战略资源，世界上大多数国家缺钴，以致钴基合金的发展受到限制。

钴基合金一般含镍 10%～22%，铬 20%～30%，钨、钼、钽和铌等固溶强化和碳化物形成元素，含碳量高，是一类以碳化物为主要强化相的高温合金。

钴基合金的耐热能力与固溶强化元素和碳化物形成元素含量多少有关。

8.3.3　超耐热合金的性能提高途径

提高超耐热合金高温强度和耐腐蚀性通常通过两种途径，即改变合金的组织结构和采用特种工艺技术。

1. 改变合金的组织结构

金属在高温下氧化的起始阶段是一种纯粹的化学反应过程，随着氧化反应的进一步发展，逐渐成为了一种复杂的热化学过程。在金属表面形成氧化膜后，反应是否继续向内部扩展，取决于氧原子穿过表面氧化膜的扩散速度，而后者则取决于温度和表面氧化膜的结构。铁能与氧形成 FeO、Fe_3O_4、Fe_2O_3 等一系列氧化物，在 570℃ 以下，铁表面形成结晶构造复杂的 Fe_3O_4 和 Fe_2O_3 氧化膜，氧原子难以扩散，因此氧化膜起着减缓深入氧化、保护内部的作用；但是温度提高到 570℃ 以上，氧化物中便增加了 FeO 成分。FeO 晶格中，氧原子不满定额的，结构很疏松，为了防止深入氧化，必须设法阻止 FeO 的形成。在钢中加入对氧的亲和力比铁强的 Cr、Si、Al 等，可以优先形成稳定、致密的 Cr_2O_3、Al_2O_3 或 SiO_2 等氧化物保护膜，成为提高耐热钢高温抗腐蚀的主要措施。

为了增强金属材料的耐高温蠕变性能，可以加入一些旨在提高其再结晶温度的合金元素，例如高熔点的合金元素 W、Mo、V 等。在钢中加入 1% 的 W 或 Mo，可以使得其再结晶温度分别提高 45℃ 和 115℃。此外，钢的组织状态对其抗热性也有影响，奥氏体组织的钢比铁素体组织的钢耐热性高。Ni、Mn、N 的加入能扩大和稳定奥氏体面心立方结构。其结构密集、扩散系数小、能容纳大量合金元素,能利用性能优异的 γ-[Ni$_3$(Al,Ti)]相的析出来强化,故其高温强度较好。

奥氏体——碳溶于 γ-Fe 的间隙固溶体。由于 γ-Fe 面心晶格的间隙较大,能容纳碳原子的数量较多,例如在 1130℃时为 2%。奥氏体有较好的塑性,同时强度也较高。马氏体——碳在 γ-Fe 中过饱和间隙固溶体,铁原子按体心四方分布,碳原子填入变形八面体空隙中。

2.采用特种工艺技术

采用定向凝固和粉末冶金工艺技术可以提高合金的高温强度。

(1)定向凝固

由于高温合金中含有多种合金元素,塑性和韧性都很差,通常采用精密铸造工艺成型,铸造结构中的一些等轴晶粒的晶界处于垂直于受力方向时,最容易产生裂纹。叶片旋转时,所受的拉力和热应力平行于叶片纵轴,定向凝固工艺形成沿纵轴方向的柱状晶粒,消除垂直于应力方向的晶界,从而可以使得热疲劳寿命提高 10 倍以上。

(2)粉末冶金

高熔点金属 W、Mo、Ta、Nb 的加入,凝固时会在铸件内部产生偏析,造成组织成分的不均匀,采用粒度数十至数百微米的合金粉末,经过压制、烧结、成型工序制成零件,可以消除偏析现象,组织成分均匀并可以大大节省材料。

例如,一个锻造涡轮盘毛坯质量为 180~200kg,而用粉末冶金法制造的涡轮盘质量只有 73kg。由于涡轮盘的轮缘和轮壳温度和受力情况不同,可以用成分和性能不同的两种合金粉末来制造,做到既经济又合理,这是其他工艺无法达到的。

8.4 超塑性合金

8.4.1 超塑性合金的现象

金属的超塑性现象是用适当的温度和较小的应变速率(拉伸速率为 10mm·s^{-1}),使金属产生 300% 以上的平均延伸率的现象。长期以来,人们一直希望能够很容易地对高强度材料进行塑性加工成型,成型以后,又能像钢铁一样坚固耐用。随着超塑性合金的出现,这种想像成为了现实。1928 年森金斯(Senkins)最初阐明合金的超塑性。1945 年发现锌铝合金的超塑性质尤为明显,从此,就以这种合金为中心,开展了铝基、铜基等合金的结构研究。

超塑性是高温蠕变的一种,因而发生超塑性需要一定的温度条件,称超塑性温度 T_s。但金属不会"自动"具有超塑性,必须在一定的温度条件下进行预处理。产生超塑性的合金,晶粒一般为微小等轴晶粒,是塑性合金的组织结构基础,这种超塑性叫作微晶超塑性。有些金属受热达到某个温度区域时,会出现一些异常的变化,若使这种金属在内部结构发生变化的温度范围上下波动,同时又对金属施力,就会使金属呈现相变超塑性。利用金属的超塑性可以制造高精度的形状极其复杂的零件,而这是一般锻造或铸造方法达不到的。超塑性金属的加工温度范围和变形速度虽有限制,但因为它的晶粒组织细致,又容易和其他合金压接在一起,组成复合材料,这在材料加工中又是一个很大的优势。

8.4.2 超塑性合金的分类

根据金属学特征可将超塑性分为细晶超塑性和相变超塑性两大类。

1. 细晶超塑性

细晶超塑性也称等温超塑性,是研究得最早和最多的一类超塑性,目前提到的超塑性合金主要是指具有这一类超塑性的合金。

产生细晶超塑性的必要条件是:

①温度要高,$T_s = (0.4 \sim 0.7)T_熔$。

②变形速率要小,低于 $10^{-3}\,s^{-1}$。

③材料组织为非常细的等轴晶粒,晶粒直径 $< 5\mu m$。

细晶超塑性合金要求有稳定的超细晶粒组织。细晶组织在热力学上不稳定,为了保持细晶组织的稳定,必须在高温下有两相共存或弥散分布粒子存在。两相共存时,晶粒长大需原子长距离扩散,因而长大速度小,而弥散粒子则对晶界有钉扎作用。因而细晶超塑性合金多选择共晶或共析成分合金或有第二相析出的合金,而且要求两相尺寸(对共晶或共析合金)和强度都十分接近。

关于细晶超塑性的微观机制,比较流行的观点认为,超塑性变形主要是通过晶界移动和晶粒的转动造成的。其主要证据是在超塑性流动中晶粒仍然保持等轴状,而晶粒的取向却发生明显变化。晶界的移动和晶粒的转动可通过图 8-14 所示的阿西比(Ashby)机制来完成。

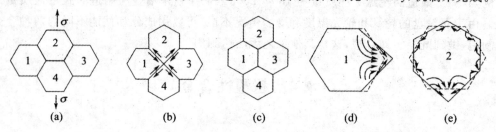

图 8-14　超塑性变形时的晶粒变化及其协调变形时的物质转移图

经过由(a)~(c)的晶粒重组过程,可以完成真应变。在这个过程中,不仅要发生晶界的相对滑动,而且要发生由物质转移所造成的晶粒协调变形,图 8-14 中(d)和(e)即为晶粒 1 和 2 在由(a)过渡到(b)时晶内和晶界的扩散过程。无论是晶界移动还是晶粒的协调变形,都是由体扩散和晶界扩散来完成的。由于扩散距离是晶粒尺寸数量级的,所以晶粒越细越有利于上述机制的完成。

2. 相变超塑性

相变超塑性不要求金属有超细晶粒组织,但要求金属有固态相变特性。在一定外力作用下,使金属或合金在一定相变温度附近循环加热和冷却,经过一定的循环次数以后,就可能诱发产生反复的组织结构变化,使金属原子发生剧烈运动而呈现超塑性,从宏观上获得很大的伸长率。

相变超塑性总的伸长率与温度循环次数有关,循环次数越多,总的伸长率越大。相变超塑性是在一个温度变动频繁的温度范围内,依靠结构的反复变化,不断使材料组织从一种状态转变到另一种状态,故又称它为动态超塑性。相变超塑性的主要工业用途是在焊接和热处理方面。可以利用金属在反复加热和冷却过程中,原子具有很强的扩散能力,使两块具有相变或同素异构转变的金属贴合,在很小的负荷下,经过一定的循环次数以后,就能完全黏合在一起。这就是所谓的超塑性焊接。

现有超塑性合金种类较多,其中很重要的工业用铝合金有如下 5 种:

(1)锌基合金

这是最早的超塑性合金,具有巨大的无颈缩延伸率。但其蠕变强度低,冲压加工性能差,不宜作结构材料。用于一般不需切削的简单零件。

(2)铝基合金

虽具有超塑性,但综合力学性能较差,室温脆性大,限制了在工业上的应用。含有微量细化晶粒元素(如 Zr 等)的超塑性铝合金则具有较好的综合力学性能,可加工成复杂形状部件。

(3)镍合金

镍基高温合金由于高温强度高,难以锻造成型。利用超塑性进行精密锻造,压力小,节约材料和加工费,制品均匀性好。

(4)超塑性钢

将超塑性用于钢方面,至今尚未达到商品化程度。含碳 1.25% 的碳钢在 650~700℃ 的加工温度下,取得 400% 的断后伸长率。

(5)钛基合金

钛合金变形抗力大,回弹严重,加工困难,难于获得高精度的零件。利用超塑性进行等温模锻或挤压,变形抗力大为降低,可制出形状复杂的精密零件。

8.4.3 超塑性显微变形机理

牛顿型流体的变形速度 ε 与变形所需的力 σ 成正比,即

$$\sigma = K\varepsilon^m$$

式中,应变速度感受性 m 为 1(K 为常数)。

金属材料在室温时变形所需的力与变形速度的 $(1/30)\sim(1/7)$ 成正比,开始变形时所需的力还要成倍地增大,而这些材料只延伸 20%~30%。具有超塑性的材料变形所需的力与变形速度的 $(1/3)\sim(2/3)$ 成正比,这种特性就是超塑性材料的特征。据认为,超细晶粒边界,即晶界的存在,使得超塑性合金具有近似于流体的结构,还使其所占体积的比率增大。

1969 年,巴尔(A. Ball)和休契松(M. M. Hutchison)提出晶内滑移调节晶界滑移机理,他们认为通过在障碍晶粒上的位错运动释放了由晶界滑移所产生的应力集中,满足晶界滑移的连续性而呈现超塑性。

1973 年,阿什比(M. F. Ashby)和维拉尔(R. A. Verrall)提出扩散调动流动的晶界滑移机理,把超塑性解释为在低应变速率下由扩散调节的流动机制和在高应变速率下由扩散控制的位错攀移机制之间的转换区域发生的现象。

1976 年,哈茨尔丁和纽贝里(D. E. Newbery)提出超塑性粘弹性模型,认为变形中晶界滑移和晶粒应变几乎是以相同的瞬时速率同时出现的。吉夫金斯(R. C. Gifkins)于 1976 年和 1978 年提出晶界滑移和"核外壳"理论,认为宏观变形是通过在晶粒外壳上的位错运动调节晶

界滑移的过程而产生的。

1979 年,帕德曼纳布汉(K. A. Padmanabhan)提出纯晶界滑移理论,认为达到稳定态流动时,在晶粒障碍处附近区域原子重排变得较容易和连续滑移不需要任何附加的调节过程。

1980 年阿列尔(A. Ariell)和马克赫奇(A. K. Mukherjee)提出超塑性速率控制变形机理,认为宏观应变主要是通过晶界迁移和晶粒转动所伴随的界面滑移导致三维的晶粒重排过程而取得的。

1986 年张作梅和卢连大对上述六种主要的变形机理预示与实验上的特征和结果做了比较,指出:还没有一个满意的结构超塑性显微变形机理可以解释绝大多数已得到的实验结果。他们观察发现,晶界面的不同位向和凹凸不平程度对晶界滑移影响极大,界面滑移总是在那些与最大剪应力方向相适应的一些晶界面所构成的变形阻力最小的路径上发生,而单晶粒主要在外壳上的局部应变和晶粒转动都对界面滑移有重要的调节作用。他们根据定量估算指出,在超塑性变形中,由晶界滑移、晶粒应变所引起的变形对宏观应变的贡献分别约为 69% 和 80%;在超塑性变形中,位错基本分布在晶界及其附近处,没有观察到位错在晶界上的塞积;晶粒在三维空间的重新排列主要靠晶界滑移、晶粒局部应变和转动三者相互协调来实现。

8.4.4 超塑性合金的应用

超塑性合金的研究与开发为金属结构材料的加工技术和功能材料的发展,开拓了新的前景,受到各国普遍重视。

1. 高变形能力的应用

在温度和变形速度合适时,利用超塑性合金的极大伸长率,可完成通常压力加工方法难以完成或用多道工序才能完成的加工任务。如 Zn−22Al 合金可加工成"金属气球",即可像气球一样易于变形到任何程度。这对于一些形状复杂的深冲加工内,缘翻边等工艺的完成有十分重要的意义。

超塑性加工作为一种固态铸造方式,成型零件尺寸精度高,可制备复杂零件,但是它加工速度慢,效率低。

对于超塑性合金可采用无模拉拔技术。它是利用感应加热线圈来加热棒材的局部,使合金达到超塑性温度,并通过拉拔和线圈移动速度的调整来获得各种减面率。

2. 减振能力的应用

合金在超塑性温度下具有使振动迅速衰减的性质,因此可将超塑性合金直接制成零件以满足不同温度下的减振需要。

3. 固相黏结能力的应用

细晶超塑性合金的晶粒尺寸远小于普通粗糙金属表面的微小凸起的尺寸(约 $10\mu m$),所以它与另一金属压合时,超塑性合金的晶粒可以顺利地填充满微小凸起的空间,使各种材料间的黏结能力大大提高。利用这一点可轧合多层材料、包覆材料和制造各种复合材料,获得多种优良性能的材料。这些性能包括结构强度和刚度、减振能力、共振点移动、韧脆转变温度、耐蚀及耐热性等。

4. 其他应用

利用动态超塑性可将铸铁等难加工的材料进行弯曲变形达 120°左右。对于铸铁等焊接后易开裂的材料,在焊后于超塑性温度保温,可消除内应力,防止开裂。

此外,超塑性还可以用于高温苛刻条件下使用的机械、结构件的设计、生产及材料的研制,也可应用于金属陶瓷和陶瓷材料中。总之,超塑性的开发与利用前景广阔,超塑性成型工艺将在航天、汽车、车厢制造等部门中广泛采用。

8.4.5　微细晶粒超塑性合金

1. 对变形速度的依赖性很大

这种材料发生超塑性的速度范围很低,必须通过采用与之相适应的低速度加工来减少工序。因为材料的缺口处应力集中十分显著,这些部位的形变速度局部较高,即使在超塑性温度范围内有时也会发生脆性断裂。这一点在超塑性合金加工和使用由超塑性合金制成的机械零件或结构件时必须充分注意。

2. 发生超塑性的温度高

表 8-2 和表 8-3 中列出了已经发现的具有代表性的超塑性合金,对其分析可知,绝大多数合金的超塑性发生温度都很高。在加工温度高时表面易于生成氧化皮,在室温使用时还必须考虑加工件的收缩,因此会影响尺寸的精度和表面的质量;若要求使用耐高温的润滑剂和工具材料时,则将导致成本提高。

表 8-2　主要有色金属超塑性材料的性质

合金系	名称	组成	温度/℃	最高 m 值	最大伸长率/%	备注
Ag 合金	Ag-Cu	Ag28.1Cu	675	0.53	500	共晶
Al 合金	Al-Cu	Al 17Cu	400	—	600	
	Al-Cu	Al 33Cu	440~520	0.8	>500	共晶
	Al-Cu-Mg	Al 33Cu7Mg	420~480	0.72	>600	共晶
	Al-Cu-Mg	Al 25Cu 11Mg	420~480	0.69	>600	共晶
	Al-Cu-Si	Al 25.2Cu5.2Si	500	0.43	1310	共晶
	Supral 150	Al6Cu0.5Zr	350~475	0.5	>1000	
	Al-Mg-Zr	Al6Mg0.4Zr	400~520	0.6	890	共晶
	Al-Si	Al 11.7Si	450~550	0.28	480	共晶
	BA 708	Al6Zn3Mg	320~400	0.35	400	
	AA 7075	Al5.6Zn2.5Mg 1.6Cu0.3Cr	350~475	0.41	190	
	Al-Zn-Mg-Zr	Al10.7Zn0.9Mg0.4Zr	550	0.9	1550	
	Al-Zn-Zr-Sn	Al5~10Zn 0.5Zr0.05Sn	500	0.7	800	

合金系	名称	组成	温度/℃	最高 m 值	最大伸长率/%	备注
Bi 合金	Bi-In	Bi 66In	20	0.76	450	共晶
	Bi-Sn	Bi 44Sn	20～30	—	1500	共晶
Cd 合金	Cd-Zn	Cd 16Zn	20	—	200	共晶
	Cd-Zn	Cd 27Zn	20～30	0.5	350	
Co 合金	Co-Al	Co 10Al	1200	0.47	850	共晶
Cr 合金	Cr-Co	Cr 30Co	120	—	160	
Cu 合金	Cu-Al	Cu9.8Al	700	0.7	700	共晶
	CDA 619	Cu 9.5 Al4Fe	800	0.5	～800	共晶
	CDA 638	Cu2.8Al1.8SiO.4Co	500～600	0.53	～310	
	In 836	Cu 15Ni37.5Zn	580	0.45	678	
	In 629	Cu 15Ni 28Zn 13Mn	580	0.49	450	
	Cu-P	Cu7P	410～600	0.5	600	
	Cu-Zn	Cu 40Zn	600	0.64	515	
	Cu-Zn-Fe	Cu38.5Zn3Fe	500～800	0.53	330	
Mg 合金	Mg-Al	Mg33.6Al	400	0.8	2100	共晶 32.2%Al
	Mg-Cu-Zr	Mg6Cu 0.5Zr	450	0.6	225	
	ZK60A	Mg5.5Zn0.5Zr	270～310	0.4	1700	
	Mg-Zr	Mg0.5Zr	500	0.3	150	粉末烧结材
Ni 合金	Ni	纯 Ni	820	—	225	
	In 100	Ni10Cr15Co4.5 Ti5.5Al3Mo	927～1093	0.5	1300	
	Ni-Cr-Fe	Ni39Cr10Fe 1.75Ti1Al	810～980	0.5	1000	粉末结烧挤压材
	Ni-Fe-Cr-Ti	Ni26.2Fe34.9 Cr0.58Ti	795～855	0.5	＞1000	
Pb 合金	Pb-Cd	Pb5Cd	50	0.35	—	
	Pb-Cd	Pb 17.5Cd	100	0.5～0.6	＞350	共晶
	Pb-Sn	Pb 19Sn	20	0.5	＞500	共晶
	Pb-Th	Pb 7.9Th	—	0.5	372	
Sn 合金	Sn-Bi	Sn1Bi	22	0.48	500	
	Sn-Bi	Sn5Bi	20	0.68	～1000	
	Sn-Pb	Sn2Pb	20	0.5	600	
	Sn-Pb	Sn 38.1Pb	20	0.5	＞1000	共晶

续表

合金系	名称	组成	温度/℃	最高 m 值	最大伸长率/%	备注
Ti 合金	IMI 317	Ti5Al 2.5Sn	900~1100	0.72	450	
	IMI 318	Ti6A14V	800~1000	0.72	1000	
	Ti-Al	Ti4Al2.5O	950~1050	0.6	—	
	Ti-Cr-V	Ti 13Cr 11 V3 Al 0.150	900	~1.0	150	
	Ti-Mn	Ti8Mn0.140	900	~1.0	150	
	Ti-Mo	Ti 15Mo 0.180	920	~1.0	450	
	IMI 679	Ti 11Sn 2.25Al1 Mo5Zr 0.25Si	800	—	500	
	IMI 700	Ti6A15Zr4Mol Cu 0.25Si	800	—	300	
W 合金	W-Re	W 15~30Re	2000	0.46	200	
Zn 合金	Zn-Al	Zn 0.2Al	23	0.81	465	
	Zn-Al	Zn 0.4Al	20	0.43	550	
	Zn-Al	Zn4.9Al	200~360	0.5	300	共晶
	Zn-Al	Zn22Al	200~300	0.45~0.6	500~1500	共析
	Zn-Al	Zn 40Al	250	0.48	700	
	Zn-Al-Cu	Zn 22Al 0~1Cu	250	0.65	—	
Zn 合金	Zn-Al-Cu	Zn22Al4Cu	250	0.5	~1000	共析
	Zn-Al-Mg	Zn22Al0.02Mg	250	0.33	490	共析
	Zn-Ni-Mg	Zn0.1Ni0.04Mg	23~252	0.5	>980	
	Zn-Al-Mn	Zn 22Al0.2Mn	22~250	0.5	~1000	
	Zn-W	ZnW 颗粒	26	—	100	
Zr 合金	Zr-杂质	Zr0.3 杂质	—	0.8	—	
	Zircalloy	Zr 1.5Sn0.15Fe 0.1Cr	900	0.5	200	

* m 值:公式 $\sigma = C\dot{\varepsilon}^{m}$ 中的指数,σ 为应力;$\dot{\varepsilon}$ 为应变,C 为常数。

表 8-3　主要的铁基超塑性材料的性质

合金系	名称	组成	温度/℃	最高 m 值	最大伸长率/%	备注
Fe-C	共析钢	Fe0.8C	704	0.35	100	共析
	共析钢	Fe 0.91C0.45Mn	716	0.42	133	共析
	过共析钢	Fe1.3~1.9C	600~800	0.52	750	
	白口铁	Fe2.6C	600~800	0.5	—	

合金系	名称	组成	温度/℃	最高 m 值	最大伸长率/%	备注
Fe-C-M	合金钢	Fe0.42C1.9Mn	727	0.5	460	AISI 1340
	合金钢	Fe1.5Mn0.8P	800~900	0.52	400	
	合金钢	Fe0.42C1.9Mn	800~900	0.52	400	
	高合金钢	Fe5Cr	850	0.28	152	
	IN744	Fe26Cr6.5Ni	870~980	0.5	200~600	Uniloy 326
	高合金钢	Fe4Ni3Mo1.6Ti	900	0.58	820	
Fe-Cu	Fe-Cu	Fe 50Cu	800	0.32	300	粉末烧结材

3.减振能力强

由于这种材料在超塑性温度附近有滞弹性行为,故减振能力很强,可用作减振和消音材料。

4.实现在低压力下的固相结合

这一特征可用于制造含有超塑性合金的复合材料,也促进了使超塑性合金用于复合材料的开发研究。

5.其他

一般地说,超塑性合金由于晶粒极其细小,加工变形时表面光洁度可达到和模具完全一样,而且,对精细雕刻面的转印也很容易实现。

8.5　减振合金

减振合金是利用合金内部所具有的大的内耗值,对机械或装置等的振动及噪声起控制作用,从而达到减振降噪的目的。这种材料也称为高阻尼材料。众所周知,振动和噪声污染是当前三大公害之一。而振动与噪声主要来源于交通运输和工业生产中各种机械部件间的撞击声,摩擦声以及由于振动而引起的气流噪声。治理机械噪声可以从设计上使物件避免共振,或采用附加的隔音装置等措施。但这势必导致机械的体积扩大,重量增加,成本提高。因此,目前减振降噪的最有效方法是利用金属基的高阻尼材料,即减振合金。

8.5.1　减振合金的类型及阻尼机制

1.复合型

复合型减振合金不是靠金属本身的阻尼能力,而是把金属板与滞弹性物质(高分子材料)以某种方式组合起来,制成复合钢板。振动时通过钢板与滞弹性材料界面上振动应力的弛豫或滞弹性材料的变形吸收振动能,从而发挥其阻尼功能。

按组合方式又可分为束缚型和非束缚型两种。

(1)束缚型

复合方式:在两块钢板中夹入滞弹性物质。

阻尼机制：钢板作弯曲振动时，中间层滞弹性物质剪切变形而吸收振动能。

阻尼性能 SDC[①]：>60%。

使用温度：常温，高温(≈200℃)。

(2)非束缚型

复合方式：钢板表面粘贴或涂敷滞弹性物质。

阻尼机制：滞弹性物质作伸缩变形吸收振动能。

阻尼性能 SDC：>30%。

使用温度：常温。

2.合金型

合金型减振合金是依靠合金本身发挥其阻尼减振功能。这类材料按阻尼机制不同可分为复相型、铁磁型、孪晶型、位错型 4 种。

(1)复相型

阻尼机制：由两相或两相以上的复相组织构成，第二相与基体界面上发生塑性流动或第二相产生塑性变形而消耗能量。

阻尼机制 SDC：10%~20%，20%~30%。

合金系：Fe-C,Zn-Al。

(2)铁磁型

阻尼机制：伴随着由变形而引起的磁畴壁非可逆移动而产生的磁—机械静滞后作用造成能量损耗。

阻尼机制 SDC：20%~30%。

合金系：纯 Fe,Fe-Cr,Fe-W,Fe-Mo,Fe-Co,FrSi,Co-Ni 系合金。

(3)孪晶型

阻尼机制：与马氏体中的孪晶界或母相与马氏体相界移动有关的能量损失。

阻尼机制 SDC：30%~40%。

合金系：Mn-Cu,Ti-Ni,Cu-Al-Ni,Cu-Zn-Al,Mn-Cu-Al。

(4)位错型

阻尼机制：晶体中的滑移位错与杂质原子相互作用导致的机械静滞后造成的能量损耗。

阻尼机制 SDC：40%~60%。

合金系：纯 Mg,Mg-Zr。

应当指出的是，某些减振合金的阻尼机制并不是单一的，而是由 2 种或 2 种以上的机制同时作用而导致振动能量的损耗。

8.5.2　减振合金的材料及其特性

各种减振合金具有不同的特性，只有根据材料的特性正确使用，才能充分发挥出材料的阻尼减振功能。表 8-4 列出了各类减振合金的特性。

---

① 阻尼性能 SDC(Specifie Demping Capacity,or)表示系统振动一周所损耗能量△W 与系统能量 W 之比:△W/W。

表 8-4　减振合金的特性

分类	特性	热处理	使用温度	时效变化	与振幅关系	与频率关系	与磁场关系	焊接性	加工性	耐蚀性	强度/MPa	表面硬化处理	成本
复合型	铸铁	特别不需要	~150	无	小	有	无	难	不行（RFC可能）	差	~100(RFC 450~700)	可能	低
	夹层钢板	需要	~100	无	小	有	无	难	（原板状）	差	软钢板断面积×45	可能	低
孪晶型		要(难)	~80	无	中	无	无	难	容易	稍差(耐海水腐蚀性好)	~600	可能	高
位错型		不需要		无	中	无	无	不行	难	稍差	~200	不行	高
强磁性型		要(易)	~380	无	大	无	有	容易	容易	好	~450	容易	低

1. 复合型材料

铸铁吸收振动能的特性很好,它对振动的衰减系数是钢的 6~10 倍,大部分用于曲轴、凸轮等的制造。铸铁具有较大的衰减系数主要是由于铸铁内有石墨的存在,引起内耗增大的结果。也就是说,石墨在振动能的作用下,经受反复的塑性变形,通过这一过程,将振动的能量转变成摩擦热而消耗掉,铸铁中的石墨含量越多,则衰减系数越大。这种利用第二相的防振合金类型,称为复合型。

对表 8-4 分析可以看出,复合型减振合金的阻尼能力与频率有关。故应尽量使获得最大阻尼能力时的频率与使用对象的频率相符合。复合型减振合金是由钢板与滞弹性物质复合而成,滞弹性物质随温度从玻璃态—橡胶态—流动态变化,此过程可使切变模量 G 和损失系数 η 发生很大变化。在某一温度范围,η 可达极大值,此温度范围即为该材料的使用温度范围。

2. 铁磁性型减振合金

12% 铬钢也具有良好的防振特性,这种钢和一般的铁一样是铁磁体,其磁致伸缩大,一旦得到外界的振动能,便出现磁畴移动和旋转,可把部分振动能量消耗掉,使振动和噪音迅速衰减,因此称为铁磁性型减振材料。

对表 8-4 分析可以看出,铁磁性型减振合金的阻尼效果与应变振幅有着强烈的依赖关系。由于铁磁性材料在机械振动时存在着附加的磁损耗。它是由宏观涡流、微观涡流和磁一机械静滞后 3 种损耗所组成。第 3 种损耗占主要部分,它是由于合金在交变应力作用下,合金内部的磁畴壁发生不可逆移动,形成磁一机械静滞后作用,在应力一应变曲线上出现滞后回线,造成能量的耗散,从而形成对振动的衰减阻尼作用。这种能量的衰减强烈地依赖于应变振幅,随着应变振幅的增大,内耗可大幅度地得到提高。其对数衰减率 δ_M 与应变振幅 ε 关系为:

$$\delta_M = 7.8 \times 10^6 \cdot \frac{\nu \lambda_S^3 \cdot E^2}{M_S^3} \cdot \varepsilon$$

式中,λ_S——饱和磁致伸缩系数;ν——瑞利常数;E——弹性模量;ε——I 应变振幅;M_S——饱和磁化强度。

磁一机械静滞后所造成的内耗受磁畴壁移动的难易程度控制。为了减少畴壁移动的阻力,应使尽可能多的畴壁产生不可逆移动。为此,应在合金化元素及加工中尽量消除阻碍畴壁移动的因素(如杂质、内应力等)。可采取高温退火消除内应力,控制晶粒大小及杂质原子(如N、C、H 等)析出等措施。

铁磁性型高阻尼材料使用温度较高,而且性能稳定性好,易于加工成型,价格便宜。为提高材料的耐蚀性和耐磨损性,可进行各种表面处理。目前开发出了一系列铁磁性型减振合金(表 8-5)。

表 8-5　几种铁磁性型减振合金的内耗

合金成分 (质量分数)/%	退火温度	最大切应振幅	内耗 Q^{-1}	作用在试样上的 拉应力 σ_L
Fe-14W	1200℃,1h	80×10^{-6}	80×10^{-3}	1.12MPa
Fe-15Cr	1200℃,1h	80×10^{-6}	80×10^{-3}	
Fe-25Co	1200℃,1h	80×10^{-6}	80×10^{-3}	2.25MPa
Fe-6Mo	1200℃,1h	80×10^{-6}	80×10^{-3}	2.25MPa

12%铬钢的高温抗蠕变强度大,同时衰减系数也高,在很早之前就已经作为蒸气透平机的叶片材料使用。在 12%铬钢中加入 3%以下的铝,还能有效地改进其在低应力下的衰减系数,这种钢叫做消声合金,在精密仪器、齿轮等方面的应用范围不断得到扩大。自然,高纯度铁和高纯度镍也属于铁磁性型减振材料。

此外,还有根特(Genter)合金和 NIVCO-10,前者是含 12%Cr,2%Al 和 3%Mo 的铁合金,而后者是含 22%Ni,2%Ti 和 0.25%Al 的钴合金。根特合金是高衰减系数减振合金中弹性模量最高的材料,可作为刀杆材料,用于切削加工时可避免因发生工具振动导致加工表面状态的劣化和加工效率的降低。

研究表明根特合金的减振效应在提高加工表面光洁度上作用明显;对于镗杆,当采用全长的 60%用根特合金其余 40%用硬质合金制成的复合刀杆时,其减振性能最好。

3. 位错型材料

在 Mg(高纯度 Mg 本身就是一种位错型减振材料)中加入 6%Zr 的 KlXl 合金,是由于位错和夹杂物原子之间的相互作用而吸收振动能量的,称为位错型材料。它是为了保护控制盘和陀螺罗盘等精密仪器免受导弹发射时的激烈冲击而专门研制的。

位错型减振合金的特点是比强度高,比重轻,能承受较大的冲击载荷,对油、苯、碱类的耐蚀性好,因此它适用于航空仪器仪表中。

4. 孪晶型材料

锰铜合金是很有名气的减振材料。其阻尼材料的使用温度由马氏体相变温度决定。如Mn-Cu 系孪晶高阻尼合金,含 Mn 量越高,马氏体转变温度 T_{MS} 就越高。

①在 T_{MS} 点以下温度使用时,由于晶内存在大量的微细孪晶组织,可以得到高的内耗值。

②在 T_{MS} 点以上,由孪晶机制引起的内耗则消失。

由此可知,Mn-Cu 系合金的使用温度受 Mn 含量的强烈限制,使用温度一般低于 80℃。但含 Mn 量越高使合金的加工性能越差。

锰铜合金的内耗受应变振幅影响,加大应变振幅,可提高内耗值。经长期时效后内耗随时间而减小,即时间稳定性差。在 Mn-Cu 合金中、加入 Al 可提高合金耐海水的腐蚀的性能。因此 Mn-Cu 减振合金可用于螺旋桨等海洋设备上。

从目前的形势看,关于减振合金的开发和研究可分两方面:一方面是对现有材料的改进,另一方面是研制阻尼、物理及机械综合性能优异的减振合金。如减振合金应具有价格便宜,使用方便,不用热处理,加工性好等优点。用于结构材料则应具有高的强度和良好的韧性。总之,随着减振合金应用领域的不断扩大,其发展前景是很可观的。

8.6 其他功能型合金

8.6.1 形状记忆合金

20 世纪 60 年代初,美国海军武器研究所进行了极为秘密的钛镍合金开发研究工作。钛镍合金轻质高强、对海水有非常优异的耐蚀性,可望成为潜水艇及登陆艇的结构材料。研究工作中他们意外地发现钛镍比为 1∶1 的合金试样在作了弯曲强度试验后,竟能够自动地恢复到试验前那种笔直的形状。进一步研究表明,外界温度的提高是引起试样恢复原来形状的原因。人们认为,这就是形状记忆效应发现的契机。

形状记忆材料是指具有一定初始形状的材料经形变并固定成另一种形状后,通过热、光、电等物理刺激或化学刺激的处理又可恢复成初始形状的材料,包括合金、复合材料及有机高分子材料。记忆合金的开发时间不长,但由于其在各领域的特效应用,正广为世人所瞩目,被誉为"神奇的功能材料"。

1. 形状记忆合金特征

普通金属材料拉伸过程中,当外应力超过弹性极限后,材料发生塑性应变,外应力去除后,塑性应变不能恢复,发生永久变形,如图 8-15 所示。形状记忆合金(Shape Memory Alloys,SMA)具有形状记忆效应(Shape Memory Effect,SME),即这种材料在外应力作用下产生一定限度的应变后,去除应力,应变不能完全恢复(弹性部分恢复),在随后加热过程中,当超过马氏体相消失的温度时,材料能完全回复到变形前的形状,如图 8-16 所示。合金材料恢复形状所需的刺激源通常为热源,故称热致形状记忆合金。

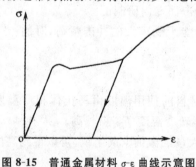

图 8-15 普通金属材料 σ-ε 曲线示意图

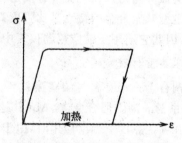

图 8-16 形状记忆效应示意图

2. 形状记忆合金的分类

不同的材料有不同的记忆特点,按形状恢复形式,形状记忆效应分为三类:

（1）一次性记忆

在马氏体状态下受力变形,加热时恢复高温相形状,冷却时不恢复低温相形状的现象称为一次性记忆效应,也称不可逆形状记忆效应或单程记忆效应（One-way Shape Memory Effect）［图 8-17(a)］。

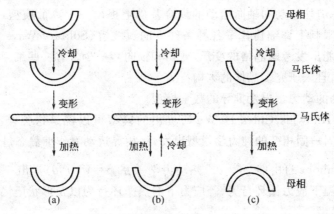

图 8-17　形状记忆合金的三种工作模式

（2）可逆记忆

加热时恢复高温形状,冷却时恢复低温形状,即通过温度升降自发地可逆地反复恢复高低温形状的现象称为可逆形状记忆效应或双程记忆效应（Two-way Shape Memory Effect）［图8-17(b)］。

（3）全方位记忆

加热时恢复高温相形状,冷却时变为形状相同而取向相反的高温相形状的现象称为全程记忆效应（All Round Shape Memory）。这是一种特殊的双程记忆效应,只在富镍的 TiNi 合金中出现。

3. 形状记忆合金的本构关系

与普通材料相比,SMA 材料作为一种全新的材料,具有独特的伪弹性（PE）和形状记忆效应（SME）。由于其特殊行为,本构关系的描述存在较大的难度。从对机理的研究人们逐步认识到这些现象是由于材料内部发生相变和马氏体变体重定向引起的。在此基础上,通过实验观察材料的宏观响应,用理论分析方法建立本构关系已经成为当前研究的重点,从早期的单晶自由能构成研究到后来的魏相理论模型以至细观研究,人们渴望能够通过数学的方法解释材料行为的机理和模拟材料的行为。这些工作大致可分为四类,重点对前三种进行叙述,以能量耗散为指导思想推到的细观力学模型在此不再叙述。

（1）基于热动力学理论,根据自由能构成推导的本构模型

这一类本构模型从材料的单晶自由能构成出发研究材料行为。如 Falk 基于 Landau 理论,提出考虑形状记忆效应材料的 Helmholtz 自由能函数 F,详细讨论了模型所能描述的机械行为和热动力学行为,诸如等温下的应力－应变关系、弹性常数、相变潜热、热和应力等诱发的相变等行为。

Falk 的 Helmholtz 自由能函数 F 为：

$$F(E,T) = \alpha E^6 - \beta E^4 + (\delta T - \gamma)E^2 + F_0(T)$$

式中, α、β、δ、γ 为与材料相关的正常数; E 和 T 分别为剪切应变和温度。

该模型是适用于单晶体且仅考虑晶体剪切运动,因此实验也应对单晶体进行。此外,模型中的采用剪切应力和应变,试验可以采用拉伸实验,只需要采用坐标旋转就可以转化为剪切分量。

Maugin 在考虑剪切运动和轴向运动的耦合基础上提出一个离散模型(Discrete Model),并在连续介质力学限制下详细讨论了各种条件下的孤波解(Solitary-Wave Solutions)。这类模型从单晶的自由能出发考虑晶格的变形(剪切和轴向),多少带有一些细观力学的特色,但据工程应用相差甚远,且未研究多晶体的本构行为。

(2)从相界运动的动力学出发推导的数学模型

Abeyarame 和 Knowles,Chien H. Wu 所提出的模型可以说是这类模型的代表,他们从 Ericksen 应力诱发固—固相变的纯力学模型出发,将相界运动看作准静态过程,采用热动力学的理论并结合 Helmhohz 自由能 $\phi(\gamma,\theta)$、热动力学关系 $S = V(f,\theta)$ 提出一维本构关系,并讨论模型对于材料等温下应力循环行为、等应力下的热循环行为以及形状记忆行为的描述能力。

(3)唯象理论模型

建立在实验基础上描述材料宏观行为的唯象理论模型在近十几年内有了很大的发展。如基于热力学、热动力学和相变动力学的本构关系和带有塑性特点的本构关系,由于它们在实际应用的方便性和参数体系便于确定,使其在智能结构分析中发挥着巨大作用。

由于形状记忆材料通常制成一维的丝状和其固有的相变特性(相对于加载方向的变体优先形成),促使与实验相联系的一维唯象本构模型得到较大发展。大致可分为两类,一类是建立在 Tanaka 模型基础上的系列本构关系,Liang 和 Rogers 首先修改了该模型并引入相变发展的余弦关系,其后 Brinson 进一步发展了该模型并将其用于有限元计算,Boyd 和 Lagoudas 在 Liang 模型基础上考虑复合材料中 SMA 丝的行为时,为了解决剪应力对相变的贡献,借助六不变量,将其推广到三维状态,另外的一类模型则从纯动力学理论出发由 Ivshin 和 Pence 提出。尽管形式有所不同,但总可归为两类控制方程,控制应力-应变-温度关系的力学方程和控制相变发展的相变运动方程。

尽管上述模型从不同的理论出发,得到不同形式的表达,但其根本目的在于不同程度地描述材料的机械行为和相变过程的热力学行为。从工程应用角度出发,建立在唯象论基础上的本构模型由于避开了如自由能等测量上的困难而且定义了适于工程计算的参量体系,在应用中发挥较好的作用,其他几类模型的参数体系由于测量上的困难,尽管在理论研究和材料性能描述上有着一定的优势,但对于工程应用却存在着较大的困难。

4. 形状记忆合金材料及其应用

具有形状记忆效应和超弹性的合金至今为止已发现有十几种记忆合金体系,可以分为 Ti-Ni 系、铜系、铁系合金三大类,包括 Au-Cd、Ag-Cd、Cu-Zn、Cu-Zn-Al、Cu-Zn-Sn、Cu-Zn-Si、Cu-Sn、Cu-Zn-Ga、In-Ti、Au-Cu-Zn、Ni-A1、Fe-Pt、Ti-Ni、Ti-Ni-Pd、Ti-Nb、U-Nb 和 Fe-Mn-Si 等。

最早发现的记忆合金可能是 $50\%\mathrm{Ti} + 50\%\mathrm{Ni}$。一些比较典型的形状记忆合金材料及其特性列于表 8-6。

表 8-6　具有形状记忆效应的合金

合金	组成/%	相变性质	T_{M_S}/℃	热滞后/℃	体积变化/%	有序无序	记忆功能
Ag-Cd	44～49Cd(原子分数)	热弹性	−190～−50	约 15	−0.16	有	S
Au-Cd	46.5～50Cd(原子分数)	热弹性	−30～100	约 15	−0.41	有	S
Cu-Zn	38.5～41.5Zn(原子分数)	热弹性	−180～−10	约 10	−0.5	有	S
Cu-Zn-X	X＝Si,Sn,Al,Ga（质量分数）	热弹性	−180～100	约 10	—	有	S,T
Cu-Al-Ni	14～14.5Al-3～4.5Ni(质量分数)	热弹性	−140～100	约 35	−0.30	有	S,T
Cu-Sn	约 15Sn(原子分数)	热弹性	−120～−30	—	—	有	S
Cu-Au-Sn	23～28Au-45～47Zn（原子分数）	—	−190～−50	约 6	−0.1 5	有	S
Fe-Ni-Co-Ti	33Ni-10Co-4Ti（质量分数）	热弹性	约−140	约 20	0.4～2.0	部分有	S
Fe-Pd	30Pd(原子分数)	热弹性	约−100	—	—	无	S
Fe-Pt	25Pt(原子分数)	热弹性	约−130	约 3	0.5～0.8	无	S
In-Tl	18～23Tl(原子分数)	热弹性	60～100	约 4	−0.2	无	S,T
Mn-Cu	5～35Cu(原子分数)	热弹性	−250～185	约 25	—	无	S
Ni-Al	36～38Al(原子分数)	热弹性	−180～100	约 10	−0.42	无	S
Ti-Ni	49～51Ni(原子分数)	热弹性	−50～100	约 30	−0.34	有	S,T,A

注:S—单向记忆效应;T—双向记忆效应;A—全方位记忆效应。

目前性能最佳的形状记忆合金仍然是钛镍合金。不同的合金或者同样的合金不同成分以及采用不同的热处理工艺,可以调节 T_{M_S} 和 T_{A_S},以便达到不同的使用要求。

(1)在军事和航天工业方面的应用

1969 年阿波罗-11 号登月舱所使用的无线通讯天线,该天线即用形状记忆合金制造。首先将 Ni-Ti 合金丝加热到 65℃,使其转变为奥氏体物相,然后将合金丝冷却到 65℃以下,合金丝转变为马氏体物相。在室温下将马氏体合金丝切成许多小段,再把这些合金丝弯成天线形状,并将各小段合金丝焊接固定成工作状态[图 8-18(a)],将天线压成小团状,体积减小到原来十分之一[图 8-18(b)],便于升空携带。太空舱登月后,利用太阳能加热到 77℃,合金转变成奥氏体,团状压缩天线便自动装开,恢复到压缩前的工作状态[图 8-18(c)]。

　（a）原始形状　　　（b）折成球形装入登月舱　　　（c）太阳能加热后

图 8-18　月球上使用的形状记忆合金天线

（2）在工程方面的应用

形状记忆合金目前使用量最大的是用以制作管接口。在使用温度下加工的管接口内径比管子外径略小，安装时在低温下将其机械扩张，套接完毕后由于管接口在使用温度下因形状记忆效应回复到原形而实现与管子的紧密配合，已经在 F-14 战斗机油压系统、沿海或海底输送管的接口固接取得了成功的应用。

把形状记忆合金制成的弹簧与普通弹簧安装在一起，可以制成自控元件。在高温和低温时，形状记忆合金弹簧由于发生相变，母相与马氏体强度不同，使元件向左、右不同方向运动。这种构件可以作为暖气阀门，温室门窗自动开启的控制，描笔式记录器的驱动，温度的检测、驱动。形状记忆合金对温度比双金属片敏感得多，可代替双金属片用于控制和报警装置中。

图 8-19 为在 T_{M_S} 以下以质量 m_1 使得 Ti-Ni 合金线圈收缩之后，加大质量至 m_2，再把线圈加热到 T_{A_f} 以上，使合金发生相转变而伸长到原来长度，返走距离为 $(l_0 - l)$，所以完成上述一个循环所做的功为 $(m_2 - m_1)(l_0 - l)$。

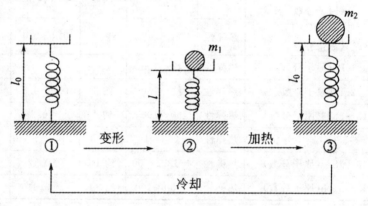

图 8-19　形状记忆用于热发动机的原理

Banks 热发动机是发表最早的形状记忆热发动机，它与转动轮处于偏心位置的曲轴和转动轮之间由 20 根弯成 U 字形的钛镍合金线连接着。在通过热水浴时，合金线伸直而推动偏心曲轴，其中沿切线的分量使得转动轮旋转。

Banks 热发动机属于偏心曲轴发动机，此后又相继开发了汽轮发动机。斜板型发动机和场致发动机等，它们具有相同的工作原理。

1973 年，美国试制成第一台 Ti-Ni 热机，利用形状记忆合金在高温、低温时发生相变，产生形状的改变，并伴随极大的应力，实现机械能与热能之间的相互转换。

（3）在医疗方面的应用

Ti-Ni 形状记忆合金对生物体有较好的相容性，可以埋入人体作为移植材料，医学上应用较多。在生物体内部作固定折断骨架的销、进行内固定接骨的接骨板，由于体内温度使 Ti-Ni 合金发生相变，形状改变，不但能将两段骨固定住，而且能在相变过程中产生压力，迫使断骨很快愈合。另外，假肢的连接、矫正脊柱弯曲的矫正板，都是利用形状记忆合金治疗的实例。

在内科方面，可将细的 Ti-Ni 丝插入血管，由于体温使其恢复到母相的网状，阻止 95% 的凝血块不流向心脏。用记忆合金制成的肌纤维与弹性体薄膜心室相配合，可以模仿心室收缩运动,制造人工心脏。

目前,形状记忆效应和超弹性已广泛用于医学和生活各个领域,如制造血栓过滤器、脊柱矫形棒、接骨板、人工关节、妇女胸罩、人造心脏等。还可以广泛地应用于各种自动调节和控制装置。形状记忆薄膜和细丝可能成为未来超微型机械手和机器人的理想材料。特别是它的质轻、高强度和耐蚀性使它备受各个领域青睐。作为一类新兴的功能材料,记忆合金的很多新用途正不断被开发。

8.6.2　非晶合金

1960 年,美国加州理工学院杜威兹(DHwez)等采用液态金属急冷的方法制备细晶粒合金时偶然得到了非晶态金属。与此同时,前苏联的米罗什尼琴科(Miroshnichienco)和 Salli 也报道了制备非晶态金属的相似装置和结果。此后"非晶态物理学"这门新兴的学科发展起来,各种气相或液相的快速冷凝技术被广泛应用于制备非晶态金属。

目前,非晶态金属材料在制备和应用领域都取得了极大的进展。美、日等发达国家非晶合金的生产已进入大批量、商业化阶段,广泛应用于电力、电子及其他领域。

1. 非晶合金的特征

不同于传统晶态合金材料,非晶态合金材料的基本特征可总结如下:

(1)非晶态形成能力对合金的依赖性

最早得到的非晶态合金是由熔体骤冷法获得的。通常,非晶态合金由金属组成或由金属与类金属组合,后一种组合更有利于非晶态的形成,合适的组合类金属为 B、P、Si、Ge。可见非晶态合金的形成对合金组元有较大的依赖性。

(2)结构的长程无序和短程有序性

X 射线、电子束衍射结果表明,非晶态金属材料不存在原子排列的长程有序性,电子显微镜等手段也观察不到晶粒的存在。研究表明,非晶态金属的原子排列也不是完全杂乱无章的。例如,X 射线衍射的结果表明,非晶态金属原子的最近邻、第二近邻这样近程的范围内,原子排列与晶态合金极其相似,即存在近程有序性。由于原子结构是典型的玻璃态,又称为金属玻璃。

(3)热力学的亚稳性

从热力学来看,它有继续释放能量、向平衡状态转变的倾向;从动力学来看,要实现这种转变首先必须克服一定的能垒,否则这种转变实际上是无法实现的,因而非晶态金属又是相对稳定的。非晶态金属的亚稳态区别于晶态的稳定性,一般,在 400℃ 以上的高温下,它就能够获得克服位垒的足够能量,实现结晶化。因此,这种位垒的高低是十分重要的,位垒越高,非晶态金属越稳定,越不容易结晶化。可见位垒高低直接关系到非晶态金属材料的实用价值和使用寿命。

2. 非晶合金的结构

研究非晶态材料结构所用的实验技术目前主要沿用分析晶体结构的方法,其中最直接、最有效的方法是通过散射来研究非晶态材料中原子的排列状况。由散射实验测得散射强度的空间分布,再计算出原子的径向分布函数,然后,由径向分布函数求出最近邻原子数及最近原子间距离等参数,依照这些参数,描述原子排列情况及材料的结构。目前分析非晶态结构,最普遍的方法是 X 射线射及电子衍射,中子衍射方法也开始受到重视。近年来还发展了用扩展 X 射线吸收精细结构(EXAFS)的方法研究非晶态材料的结构,这种方法是根据 X 射线在某种元素原子的吸收限附近吸收系数的精细变化,来分析非晶态材料中原子的近程排列情况。EX-AFS 和 X 射线衍射法相结合,对于非晶态结构的分析更为有利。

利用衍射方法测定结构,最主要的信息是分布函数,用来描述材料中的原子分布。双体分布函数 $g(r)$ 相当于取某一原子为原点($r=0$)时,在距原点为 r 处找到另一原子的几率,由此描述原子排列情况。

图 8-20 为气体、固体、液体的原子分布函数。非晶态的图形与液态很相似但略有不同,而和完全无序的气态及有序的晶态有明显的区别。

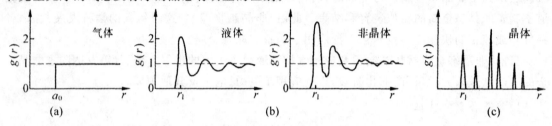

图 8-20 气体、固体、液体的原子分布函数图

径向分布函数

$$J(r) = \frac{N}{V} \cdot g(r) \cdot 4\pi r^2$$

式中,N/V 为原子的密度。根据 $g(r)$-r 曲线,可求得两个重要参数:配位数和原子间距。

通常在理论上把非晶态材料中原子的排列情况模型化,其模型归纳起来可分两大类:一类是不连续模型,如微晶模型,聚集团模型;另一类是连续模型,如连续无规网络模型,硬球无规密堆模型等。

(1)微晶模型

在模型中,非晶态材料被认为是由"晶粒"非常细小的微晶粒组成。从这个角度出发,非晶态结构和多晶体结构相似,只是"晶粒"尺寸只有几埃到几十埃。微晶模型认为微晶内的短程有序结构和晶态相同,但各个微晶的取向是杂乱分布的,形成长程无序结构。从微晶模型计算得出的分布函数和衍射实验结果定性相符,但细节上(定量上)符合得并不理想。假设微晶内原子按 hcp,fcc 等不同方式排列时,非晶 Ni 的双体分布函数 $g(r)$ 的计算结果与实验结果比较,如图 8-21 所示。

(2)拓扑无序模型

在模型中,非晶态结构的主要特征被认为是原子排列的混乱和随机性,强调结构的无序性,而把短程有序看作是无规堆积时附带产生的结果。在这一前提下,拓扑无序模型有多种形式,主要有无序密堆硬球模型和随机网络模型。

①无序密堆硬球模型。由贝尔纳提出,用于研究液态金属的结构。贝尔纳发现无序密堆结构仅由五种不同的多面体组成,如图 8-22 所示,称为贝尔纳多面体。在该模型中,这些多面体作不规则的但又是连续的堆积。

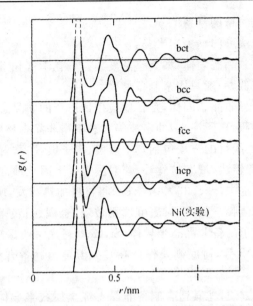

图 8-21　微晶模型得出的径向分布函数与非晶态 Ni 实验的结果比较

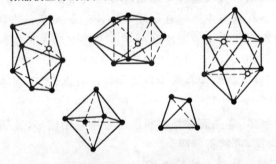

图 8-22　贝尔纳多面体

　　无序密堆硬球模型所得出的双体分布函数与实验结果定性相符,但细节上也存在误差。

　　②随机网络模型的基本出发点是保持最近原子的键长、键角关系基本恒定,以满足化学键的要求。该模型的径向分布函数与实验结果符合得很好。

3.非晶合金的制备

　　原则上只要冷却速度足够快,使熔体中原子来不及作规则排列就完成凝固过程,即可形成非晶态金属。实际上,要使一种材料非晶化,还得考虑材料本身的内在因素,主要是材料的成分及各组元的化学本质。对于一种材料,需要多大的冷却速度才能获得非晶态,或者说,根据什么可以判断一种材料在某一冷却速度下能否形成非晶态,这是制备非晶态材料的一个关键问题。目前的判据主要有结构判据和动力学判据。

　　·结构判据是根据原子的几何排列,原子间的键合状态,及原子尺寸等参数来预测玻璃态是否易于形成。

　　·动力学判据考虑冷却速度和结晶动力学之间的关系,即需要多高的冷却速度才能阻止形核及核长大。

(1)非晶态合金带材、线材的制备

制备非晶态材料的方法可归纳为三大类：

·由气相直接凝聚成非晶态固体,如真空蒸发、溅射、化学气相沉积等。利用这种方法,非晶态材料的生长速率相当低,一般只用来制备薄膜。

·由液态快速淬火获得非晶态固体,是目前应用最广泛的非晶态合金的制备方法。

·由结晶材料通过辐照、离子注入、冲击波等方法制得非晶态材料。

制备非晶态合金带材、线材的方法包括真空蒸发、离子镀膜、溅射、化学气相淀积、气枪法、活塞法、离心法、单辊法、双辊法、液态拉丝法、喷射法等。下面几种常用的制备方法。

①真空蒸发法。在真空中$(-1.33 \times 10^{-4}$ Pa$)$将材料加热蒸发,所产生的蒸气沉积在冷却的基板衬底上形成非晶态薄膜。其中,衬底可选用玻璃、金属、石英等,并根据材料的不同,选择不同的冷却温度。如对于制备非晶态半导体(Si,Ge),衬底一般保持在室温或高于室温的温度;对于过渡金属 Fe,Co,Ni 等,衬底则要保持在液氮温度。制备合金膜时,采用各组元同时蒸发的方法。

真空蒸发法操作简单方便,尤其适合制备非晶态纯金属或半导体。但是合金品种存在一定的限制,成分难以控制,而且蒸发过程中不可避免地夹带杂质,使薄膜的质量受到影响。

②溅射法。溅射法是在真空中通过在电场中加速的氩离子轰击阴极(合金材料制成),使被激发的物质脱离母材而沉积在用液氮冷却的基板表面上形成非晶态薄膜。采用这种方法制得的薄膜较蒸发膜致密,与基板的粘附性也较好。但是由于真空度较低(1.33~0.133 Pa),因此容易混入气体杂质,而且基体温度在溅射过程中可能升高,适于制备晶化温度较高的非晶态材料。

溅射法在非晶态半导体、非晶态磁性材料的制备中应用较多,近年发展的等离子溅射及磁控溅射,沉积速率大大提高,可制备厚膜。

③气相沉积法(CVD)。这种方法较多用于制备非晶态 Si,Ge,Si$_3$N$_4$,SiC,SiB 等薄膜,适用于晶化温度较高的材料,不适于制备非晶态金属。

④液体急冷法。液体急冷法是指将液体金属或合金急冷获得非晶态的方法,常用于制备非晶态合金的薄片、薄带、细丝或粉末,适于大批量生产,是目前实用的非晶态合金制备方法。

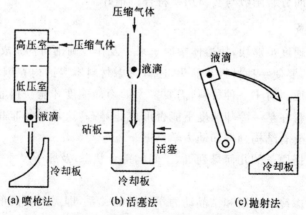

图 8-23　液体急冷法制备非晶态合金薄片

用液体急冷法制备非晶态薄片,目前只处于研究阶段,根据所使用的设备不同分为喷枪法[图 8-23(a)],活塞法[图 8-23(b)]和抛射法[图 8-23(c)]。

在工业上实现批量生产的是用液体急冷法制非晶态带材,主要方法有离心法、单辊法、双辊法。如图 8-24 所示,这种方法的主要过程是:将材料(纯金属或合金)用电炉或高频炉熔化,用惰性气体加压使熔料从坩锅的喷嘴中喷到旋转的冷却体上,在接触表面凝固成非晶态薄带。

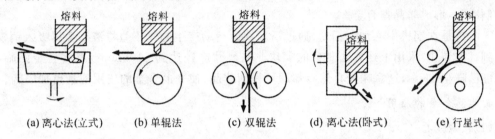

(a) 离心法(立式)　(b) 单辊法　(c) 双辊法　(d) 离心法(卧式)　(e) 行星式

图 8-24　液体淬火法制备非金属合金薄带

这几种方法各有优缺点,离心法和单辊法中,液体和旋转体都是单面接触冷却,尺寸精度和表面光洁度不理想;双辊法是两面接触,尺寸精度好,但调节比较困难,只能制做宽度在 10mm 以下的薄带。目前较实用的是单辊法,产品宽度在 100mm 以上,长度可达 100m 以上。

图 8-25 是非晶态合金生产线示意图。

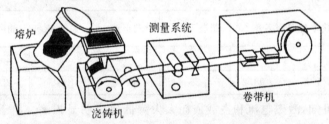

熔炉　　测量系统　　卷带机　　浇铸机

图 8-25　非晶合金生产线示意图

(2)非晶态合金块材的制备

要直接从液相获取大块非晶,要求合金熔体具有很强的非晶形成能力,即低的临界冷却速度(R_c)和宽的过冷液相区。具备上述条件的合金系有以下三个共同特征:

- 合金系由三个以上组元组成。
- 主要组元的原子要有 12% 以上的原子尺寸差。
- 各组元间要有大的负混合热。

满足这三个特征的合金在冷却时非均匀形核受到抑制;易于形成致密的无序堆积结构,提高了液、固两相界面能,从而抑制了晶态相的形核和长大。可见,大块非晶合金主要是依靠调整成分而获得强的非晶形成能力,与传统的急冷法制备非晶合金的原理不同。

大块非晶合金由于成分上的特殊性,采用常规的凝固工艺方法(水淬、金属模铸造等)即可获得大块非晶。为了控制冷却过程中的非均匀形核,在制备时一方面要提高合金纯度,减少杂质;另一方面采用高纯惰性气体保护,尽量减少含氧量。主要制备方法有以下几种:

①熔体水淬法。将合金铸锭装入石英管再次融化,然后直接水淬,得到大直径的柱状大块非晶。

②金属模铸造法。将高纯度的组元元素在氩气保护下熔化,均匀混合后浇注到铜模中,可

到各种形状的具有光滑表面核金属光泽的大块非晶。根据具体操作工艺,金属模铸造法又可分为射流成型、高压铸造、吸铸等。

· 射流成型是将合金置于底部有小孔的石英管中,待合金熔化后,在石英管上方导入氩气,使液态合金从小孔喷出,注入下方的铜模内,快速冷却形成非晶态。

· 高压铸造是利用活塞,以 $50\sim200$MPa 的压力将熔化的合金快速压入上方的铜模内,使其强制冷却:形成非晶态合金。

· 吸铸是在铜模中心加一活塞,通过活塞快速运动产生的气压差将液态金属吸入铜模内。

到目前为止,采用上述方法制备的大块非晶尺寸已经达到 φ100mm。某些合金的临界冷却速度已降至 1K/s,这意味着自然冷却即可得到非晶,使非晶合金的应用前景更加广阔。

4.非晶合金的应用

(1)软磁铁心

利用非晶合金的软磁特性可以在许多需使用软磁的器件中代替原来的晶态软磁材料。如配电变压器,每天 24 小时长期运作,要求高磁感,低损耗。非晶合金的铁损只有硅钢的 1/10 $\sim$1/5,激磁电流仅为硅钢片的 1/12$\sim$1/8,总能量损耗可减少 40%$\sim$60%。表 8-7 给出了用非晶 $Fe_{80}B_{20}$ 和硅钢制作的 10kVA 变压器性能的比较数据。

表 8-7　非晶 $Fe_{80}B_{20}$ 和硅钢制作的 10kVA 变压器性能比较

材料	芯损/W	负载损耗/W	效率/%	铜温升/℃	激磁电流/%	总重/kg	油/L	空气中铁心温升/℃
硅钢	<58	170	>97.3	<55	<3.0	95	23	34
$Fe_{80}B_{20}$	11.8	172	98.2	39	0.15	115	22	4

对表 8-7 分析可知,激磁电流和空载损耗大大降低效率明显提高。由于非晶的 B_s 比硅钢低 15%,这将使变压器重量要增加 30%,体积也要增加,可在设计时降低工作磁感来补救。对于非晶的晶化问题,按计算 $Fe_{80}B_{20}$ 非晶合金在 175℃,需 500 年晶化,在 200℃也需 25 年,完全可满足变压器在 120℃使用 25 年的设计要求。磁致伸缩引起噪声,可以用替代合金元素和热处理方法使其调整到零。

脉冲变压器常用于微波、电视信号和自动控制设备中。要求较小的漏感和分布电容,铁心以往使用晶态的坡莫合金(Permallo)或铁氧体材料制造。根据感生各向异性理论进行热处理,可得到性能优异的非晶材料,其脉冲性能超过同种晶态材料的十倍。目前,用非晶态合金条带制造磁滞电机的转子或电动机定子的铁心也是可考虑的研究方向。

(2)磁屏蔽

利用非晶磁致伸缩零特性,将非晶合金带编织成网,然后涂上聚合物。与相同重量的多晶 $Ni_{80}Fe_{20}$ 相比,具有可弯性、韧性好,不易断裂,对力学应变不敏感等优点。并且高、低频磁特性都很好。目前,国外已有商品出售。

(3)延迟线

各种超高频系统要求十分之几纳秒到几十微秒的可变延迟。非晶态合金可获得高的磁致伸缩和低的各向异性,从而在低偏场下,可获得比较大的延迟变化,这种非晶合金制成的由磁致伸缩调谐的表面声波器件相当合适。

(4)开关电源和磁放大器

不同的开关要求不同的磁滞回线,当铁心的饱和磁化强度正负变化时,需要同时具有低的动态矫顽力和磁损耗的方形回线材料。开关型电源正向 100kHz 的频率范围发展,细晶粒各向同性结构、小损耗需要 0.03~0.015mm 薄带。以 $Fe_{40}Ni_{40}$ 为基的非晶态合金有高的感生各向同性,极平的磁滞回线($B_r/B_1 \approx 0.01$),$B_s \approx 0.77T$。使用温度达 120℃,在 100kHz 损耗低于标准的 MnZn 铁氧体。

要求方形磁滞回线的磁放大器铁心,以往也使用坡莫合金。钴基非晶低磁致伸缩合金经纵向磁场的磁场退火处理可以得到方形回线,使用频率可超过 100kHz,温度可达 80℃。

(5)恒弹性材料

利用艾林瓦特性,作恒弹性材料。与晶态 Fe-Ni 合金比较,其恒弹性范围宽,如 $Fe_{84}B_{16}$ 非晶合金居里温度 320℃,在 300℃ 以下具良好的恒弹性,同时兼有因瓦特性,强度高。

8.6.3　有色金属合金

1. 铝合金

纯铝的强度和硬度都很低,目前制造铝合金的常用合金元素大致可分为主加元素和辅加元素。主加合金元素有 Si、Cu、Mg、Mn、Zn 和 Li 等,这些元素的单独加入或配合加入,可以获得性能各异的铝合金以满足各种工程应用的需求。辅加元素有 Cr、Ti、Zr、Ni、Ca、B 和 Re 等,加入附加元素的目的是改变铝合金的综合性能且改善铝合金的某些工艺性能。

根据铝合金的化学成分和生产工艺特点,通常将铝合金分为铸造铝合金和变形铝合金两大类。所谓铸造铝合金则是将液态铝合金直接浇铸在砂型或金属型内制成各种形状复杂的甚至薄壁的零件或毛坯,此类合金具有良好的铸造性能,如流动性好、收缩小、抗裂性高等。变形铝合金是指合金经熔炼而成的铸锭经过热变形或冷变形加工后再使用,这类铝合金要求具有较高的塑性和良好的工艺成形性能,一般需经过锻造、轧制、挤压等压力加工制成板材、带材、棒材、管材、丝材以及其他各种型材。

2. 铜合金

以铜为主体,添加适量的 Zn、Sn、Al、Mn、Ni、Fe、Be、Ti、Zr、Cr 等合金元素制成铜合金。与纯铜相比,铜合金既提高了强度,又保持了纯铜特性,主要有俗称的黄铜和青铜。

(1)黄铜

黄铜是铜锌合金或以锌为主要合金元素的铜合金,按化学成分的不同,黄铜可分为普通黄铜和特殊黄铜两类。普通黄铜是铜锌二元合金;为获得抗蚀性、更高的强度和良好的铸造性能,在铜锌合金中加入 Al、Fe、Sn、Ni、Si、Mn、Pb 等元素,形成各种特殊黄铜。

(2)青铜

青铜原指铜锡合金,但是,工业上习惯把铜基合金中不含锡而含有铝、镍、锰、硅、铍、铅等特殊元素组成的合金也叫青铜。常用青铜有锡青铜、铝青铜、铍青铜、硅青 铜、铅青铜等。

第9章 无机功能材料

9.1 催化功能材料

9.1.1 催化材料的发展

催化就是将催化剂加入到某一反应体系中，可以改变这一反应的速度，即改变这一反应趋向化学平衡的速度，而其自身反应前后并不改变的现象。催化剂既改变了正反应速率，同时以相同的幅度改变了逆反应的速率，也就是说不影响化学反应的平衡。目前，80%的化学化工产品是经过催化转化生产的，催化剂已成为整个化学与化工、能源与环境产业的中心。

9.1.2 催化材料的分类

1.金属催化材料

金属是传统催化剂的活性组分，在目前工业催化剂中占有很大比重。金属催化剂性能主要由以下结构特点决定。

①金属表面原子是周期性排列的端点，至少有一个配位不饱和位，这预示着金属催化剂具有较强的活化反应物分子的能力。

②金属原子之间的化学键具有非定域性，因而金属表面原子之间存在凝聚作用。这要求金属催化剂具有严格的反应条件，往往是结构敏感性催化剂。

③金属表面原子位置基本固定，在能量上处于亚稳态。这表明金属催化剂活化反应物分子的能力强，但选择性差。

④金属原子显示催化活性时，总是以相当大的基团，即以"相"的形式表现。如金属单晶催化剂，不同晶面催化活性明显不同。

金属催化材料可分为金属氧化物催化剂、贵金属催化剂、过渡金属催化剂以及负载型金属催化剂等。

（1）金属氧化物催化剂

纳米氧化物是当前应用前景较为广泛的无机材料，由于其颗粒尺寸的细微化，比表面积急剧增加，表面分子排布、电子结构和晶体结构都发生变化，具有小尺寸效应、表面效应、量子尺寸效应和宏观量子隧道效应等，从而使纳米氧化物具有一系列优异的物理、化学、表面和界面性质，在磁、光、电、催化等方面具有一般氧化物所无法比拟的特殊性能和用途。

用纳米 TiO_2 光催化效应，可从甲醇水合溶液中提取 H_2。CeO_2 是典型的稀土金属氧化物，由于其独特的储放氧功能及高温快速氧空位扩散能力，成为极具应用前景的催化材料、pH传感材料、燃料电池的中间材料、高温氧敏材料、电化学池中膜反应器材料、中温固体氧化物燃料电池（SOFC）用电极材料以及化学机械抛光（CMP）浆料。

WO$_3$ 具有半导体特性。纳米 WO$_3$ 则因具有较大的比表面,表面效应显著,其对电磁波有很强的吸收能力,可用作优良的太阳能吸收材料和隐形材料,并有着特殊的催化性能,既可以做主催化剂又可以做助催化剂。WO$_3$ 对许多反应具有高效选择催化性能,如苯和甲苯分别氧化成顺丁烯二酸酐和苯甲醛。纯 WO$_3$ 缺少金属的性质,几乎没有催化活性并且很难获得稳定的催化性能,一般都是将纯 WO$_3$ 部分还原或掺杂加入到活性组分、改性等来提高其催化性能。钨系催化剂对加氢脱氢、氧化、烃类异构化、烷基化等许多反应具有良好的催化性能,是石油化工等常用的催化剂。采用溶胶—凝胶法制备的 WO$_3$-TiO$_2$ 复合光催化剂比纯二氧化钛有更好的活性。WO$_3$ 的掺入阻碍二氧化钛晶粒的变大,使锐钛矿相的二氧化钛的比例增加,提高了催化活性。

V$_2$O$_5$ 因其具有重要的特性而被人们广泛地研究。其中 V$_2$O$_5$ 因为其良好的催化特性及电致变色特性而被广泛用作各种化学反应的催化剂及电致变色的材料。其与二氧化钛复合,能够解决光能利用与催化剂效率之间的矛盾,因此被认为是比较理想的掺杂剂之一。

SnO$_2$ 是一种传统的半导体材料,具有比表面大、低熔点、高活性、导热性好等特点,且具有湿敏、气敏等功能。SnO$_2$ 作为最常见的氧化物半导体气敏材料,是至今应用最广泛的气敏材料,其突出的优点是化学稳定性好、气体灵敏度高,气体选择性可通过掺杂其他元素来实现。此外,SnO$_2$ 还具有其他独特的光学、电学及催化性能,应用于导电玻璃、太阳能电池、液晶显示及甲基丙烯醛氢转移的催化反应。

(2)贵金属催化材料

贵金属催化剂是金属催化剂中性能最为优越的,可应用在汽车尾气净化处理、甲醇合成等领域。汽车尾气净化催化剂中贵金属铂、铑的消耗占世界总供应量相当大的比例。

(3)过渡金属催化剂

过渡金属催化剂是现代化工主导型催化剂之一,在催化剂领域占有十分关键的地位,如甲醇合成用铜系催化剂、合成氨铁系催化剂等。而多组分合金型的超细粒子呈无定形状态的纳米尺度颗粒,具有很高的比表面积,表面原子具有较高的配位不饱和度,是极富潜力的新型超细催化剂类型。

纳米金属粒子作为催化剂已成功地应用到加氢催化反应中。以粒径小于 $0.3\mu m$ 的 Ni 和 Cu-Zn 合金的超细微粒为主要成分制成的催化剂,可以使有机物加氢的效率比传统镍催化剂高 10 倍。金属纳米粒子十分活泼,可以作为助燃剂在燃料中使用,还可以掺杂到高能密度的燃料中,如炸药中,以增加爆炸效率,或作为引爆剂使用。将金属纳米粒子和半导体纳米粒子混合掺杂到燃料中,可以提高燃烧的效率。目前,纳米铝粉和镍粉已经被用在火箭燃料中作助燃剂,每添加约 10%(质量分数)超细铝或镍微粒,每克燃料的燃烧热可增加一倍。

(4)负载型金属催化剂

长期以来,工业上使用的传统催化剂往往存在着选择性差、活性低等缺点,同时常需要高温、高压等苛刻的反应条件,且能耗大、效率低,很多还对环境造成污染,为此人们在不断努力探索和研究新的、高效的、环境友好的绿色催化剂。由于金属有机化学的迅速发展,出现了很多可作为均相催化剂的有机金属络合物,虽然其活性和选择性较高,但由于此类催化剂对金属反应器有腐蚀作用,在空气和水中稳定性差,以及催化剂的分离和回收困难,使其应用受到一定的限制。20 世纪 60 年代末、70 年代初,人们提出把有机金属络合物固定在高分子化合物上面,转化均相催化剂为多相催化剂,使之兼具两者的优点和同时避免它们的缺点。随后,这一领域的研究得到广泛开展,到 20 世纪 70 年代中期许多已知的均相络合物催化剂都进行了相应的负载化研究。

负载金属催化剂通常由载体和金属化合物配合构成,载体由其骨架和配位基组成。负载型金属催化剂也相应的有:负载型金属化合物催化剂、负载型单金属络合物催化剂、负载型金属簇络合物催化剂、负载型双金属络合物催化剂等。近年来的研究表明,负载型金属催化剂基本上兼具无机物非均相催化剂与金属有机络合物均相催化剂的优点,它不但具有较高的活性和选择性,腐蚀性小,而且容易回收重复利用,稳定性好。对于负载型金属催化剂,每个过渡金属原子都是活性中心,催化剂活性非常高,可以达到上亿倍。

2. 分子筛催化剂

从矿物学的角度看,分子筛是一类由硅铝酸盐组成的微孔孔径在 0.3~0.7nm 的多孔性固体。而从目前的使用角度看,分子筛是一类应用领域十分广泛、由多种不同的氧化物组成的、具有特定晶体结构的多孔性固体,如硅铝分子筛、磷酸铝分子筛等。分子筛之所以能广泛应用于吸附、催化领域,主要由以下结构特点决定:

①分子筛具有一定的骨架结构,骨架由相应的组成氧化物多面体通过氧桥键构建而成,因此可以采用不同的原料、合成方法、后续处理等手段合成各种不同骨架结构的分子筛,适用于不同的吸附、催化应用领域。

②分子筛具有很高的热稳定性。水热稳定性,能在苛刻的环境下安全、方便地使用。

③分子筛具有高的比表面,因此能提供足够的吸附、催化反应的场所,吸附容量很高。

④分子筛的孔道或笼中可以加入其他的活性组分,因而易于制备成多功能催化剂。

9.1.3 催化材料的特性

工业生产中的催化剂应该具有稳定性好、表面积大、活性高等优点。

(1)稳定性

包括耐热性、抗病毒性及长期操作下的稳定活性。一种好的催化剂,应能在高温苛刻的反应条件下长期具有一定的活性,而且能接受温度剧变。催化剂的耐热性与选择助催化剂、载体及制备工艺有关。助催化剂和载体不但对活性相的晶体起着隔热和散热作用,而且可以使催化剂比表面及孔容增大,孔径分布合理,还可避免在高温下因热烧结而引起的微晶长大使活性很快失去。在工业生产中,尽管对原料采取一系列净化处理,但仍不可能达到实验室研究所用原料的纯度,不可避免地带入某些杂质。催化剂对各种杂质有不同的抗毒性,同一种催化剂对同一种杂质在不同的反应条件下也有不同的抗毒性。催化剂中毒本质上多为催化剂表面活性中心吸附了毒物或进一步转化为较稳定的表面化合物,钝化了活性中心,从而降低催化剂活性及选择性。

(2)活性

催化剂活性是表示该催化剂催化功能大小的重要指标。通俗地说,所谓催化活性就是指在指定反应条件下,催化剂促进目标反应能力的大小。催化剂活性越高,促进原料转化的能力就越大。一般来说,催化剂活性评价以转化率、选择性和产率为指标。

(3)寿命

催化剂的寿命是指催化剂在反应运转条件下,在活性及选择性不变的情况下能连续使用的时间,或指活性下降后经再生处理而使活性又恢复的累计使用时间。不同催化剂使用寿命各不相同,寿命长的可用十几年,寿命短的只能用几十天。而同一品种催化剂,因操作条件不同,寿命也会相差很大。相对来说,催化剂的寿命长,表示使用价值高,但对于催化剂的使用寿命也要综合考虑,有时从经济观点看,与其长时间在低活性下工作,不如在短时间内有很高活性。

在催化研究领域,人们一直在寻找新的高效催化剂,由于纳米粒子催化剂具有独特的晶体结构及表面特性,因而其催化活性和选择性大大高于传统催化剂,它作为一种高活性和高选择性的新型催化剂材料引起了催化工作者的普遍关注,国际上已把纳米粒子催化剂称为第四代催化剂。

9.2 超细功能粉体材料

对于超细粉体的粒度界限,目前尚无完全一致的说法,由于各国、各行业超细粉体的用途、制备方法和技术水平的差别,对超细粉体的粒度有不同的划分。对于矿物加工来说,我国学者通常将粒径小于 $10\mu m$ 的粉体物料称为超细粉体。

超细粉体较全面的研究则是从 20 世纪 80 年代开始。我国对超细粉体的研究虽然起步较晚,但近几年形成了研究热潮。超细粉体将随着研究的深入和应用领域的扩大而愈来愈显示其巨大的威力,将成为 21 世纪的新型材料。

9.2.1 超细粉体的特性

超细粉体的性质与应用密切相关。根据聚集状态的不同,物质可分为稳态、非稳态和亚稳态,通常块状物质是稳定的,粒度在 2nm 左右的颗粒是不稳定的,在高倍电镜下观察其结构是处于不停的变化;而粒度在微米级左右的粉末都处于亚稳态,其原因是颗粒的表面原子数占颗粒总原子数的比例随粉末粒度的减小而增大。超细粉体表面能的增加,使其性质发生一系列变化,产生超细粉体的"表面效应";超细粉体单个粒子体积小,原子数少,其性质与含"无限"多个原子的块状物质不同,产生超细粉体的"体积效应",这些效应引起了超细粉体的独特性质。目前,对超细粉体的特性还没有完全了解,已经比较清楚的特性可归纳为以下几点。

(1)比表面积大

超细粉体由于其粒度较小,所以比表面积相应增大,表面能也增加,如平均粒径为 $0.01\sim0.10\mu m$ 的粉体,其比表面积一般可达 $10\sim70m^2/g$。比表面积大,使其具有较好的分散性和吸附件能,在吸附贮气、相间反应及催化合成中有实际意义。

(2)活性好

随着粒度的变小,粒子的表面原子数成倍增加,使其具有较强的表面活性和催化性,可起补强作用,参与反应可明显加快反应速度,具有良好的化学反应性,超细粉体的性质主要表现在表面性质上。

(3)熔点低

许多研究表明,物质的粒径越小,其熔点就越低。如 Au 的熔点为 1063℃,粒径为 2nm、5nm、14nm 的 Au 粉,其熔点降至 33℃、830℃、956℃;普通钨粉的烧结温度高达 3000℃,掺入

0.1%～0.59%(质量分数)的超细钨粉后可降至1200℃～1300℃。

物质熔点下降的程度与粒径成反比,究其原因是因为粒径减小,表面层原子数相对增多,表面和内部的晶格振动发生变化,表面原子处于高能量状态,活性比内部原子高,故熔化时所需能量较少。

(4)光吸收性和热导性好

大多数超细粉体在低温或超低温下几乎没有热阻,银粉在超低温下具有最佳的热传导性,这在超低温工程研究上具有重要的意义。超细粉体特别是超细金属粉体,当粒度小于100nm以后,大部分呈黑色,且粒度越细色越黑,这是光完全被金属粉体吸收的缘故。

(5)磁性强

超细粉体的体积比强磁性物质的磁畴还小,这种粒子即使不磁化也是一个永久磁体,具有较大的矫顽力。例如粒径 $0.3\mu m$ 的 γ-Fe_2O_3 和 CrO_2 超细粉的矫顽力达 $(4.0\sim5.6)\times10^4 A/m$,而长 $0.3\sim0.7\mu m$ 的纯 Fe 粉的矫顽力为 $(8.0\sim11.9)\times10^4 A/m$,具有这样高矫顽力的超细粉体是制造高密度记录磁带的优良原料。

9.2.2 超细粉体的制备工艺

搅拌磨是一种新型高效的超细粉碎设备,国内对此仅进行了初步的研究。目前对搅拌磨的研究与实际应用有很大的距离,缺乏系统有效的研究工作,给搅拌磨的推广使用带来了相当大的困难;另一方面,也没有对采用搅拌磨超细粉碎制得的粉体进行深入细致的应用研究,这些问题的存在无疑对搅拌磨的发展是一大严重的障碍。

实验选用滑石粉作为对象,研究了搅拌磨超细粉碎的工艺过程,考察了影响超细粉碎效果的诸多因素,对超细粉碎过程中的矿浆行为、助磨剂的作用机理、制粉能耗与动力学进行了深入的研究,以便找出具有实用价值的规律。

滑石 $(3MgO\cdot4SiO_2\cdot H_2O)$ 是一种含水的镁硅酸盐矿物。滑石以其优异性质,在许多行业得到了广泛应用。我国滑石资源比较丰富,出口量占国际滑石市场贸易量的25%,但我国目前出口的滑石中75%为原矿,仅有25%是经过初加工的产品,实际情况是出口的滑石经国外深加工后又返销到我国。近几年,对滑石的细度、白度的要求越来越高,造纸、塑料、化工及陶瓷材料对滑石的细度要求能达到小于 $2\mu m$,国内常用的扁平式气流粉碎机,产品粒度为 $25\mu m$ 或 $5\mu m$ 以下,随着国内外对滑石应用的重视及新用途的开发,这种粉碎技术难以满足要求。预计今后几年滑石价格年涨幅为3%～8%,而超细滑石粉($-2\mu m$)价格的涨幅将高达20%～30%,所以选用滑石作为研究对象意义深远。

实验使用郑州东方机器制造厂生产的 ZJM-20 型间歇式搅拌磨(其结构见图9-1),搅拌桶有效容积4.8L,电机功率为2.2kW,搅拌桶内径 ϕ180mm,桶壁为聚氨酯内衬,附水冷套冷却装置;搅拌轴上装有三根互相垂直的外包聚氨酯的搅拌桨。搅拌器的转速为700r/min,粉碎介质为直径3mm、直径5mm的玻璃球和直径5mm的氧化锆球,原料滑石粉取自长沙矿石粉厂,100%通过-325目,平均粒径为 $16.5\mu m$,密度为 $2.74g/cm^3$,白度89.5%,化学成分为(质量分数):Fe_2O_3 0.15%,CaO 1.04%,MgO 31.30%,SiO_2 61.91%,实验时滑石粉一次装料量2.0kg,六偏磷酸钠为化学纯。

粉体的平均粒径(d)由 SKC-2000 型光透式粒度分析仪分析,粉体的白度用 ZBD 型白度

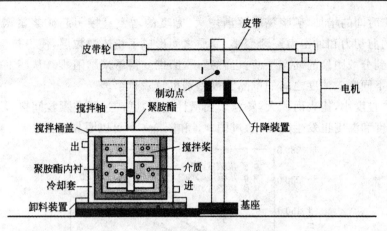

图 9-1　实验用间歇式搅拌磨示意图

仪检测,Zetaplus-Zeta Potential Analyser 测试粉体的 ζ 电位,矿浆黏度(η)采用球体转动法(以标准硅油和水作参照)测定,用 Microlab MK-Ⅱ型光电子能谱仪进行粉体的 XPS 分析,超细粉碎的功率由 116 型功率表测定。

以沉降虹吸法测定助磨剂的分散率,称取 3g 粉体置于烧杯中,加 50mL 配制好助磨剂浓度的溶液,搅拌 10min 后倒入 100mL 的量筒中,补加相应溶液至总体积为 100mL,磁力搅拌 5min 后静置沉降 10min,用虹吸管吸出上部 70mL 的液体于烧杯中,吸出液经过滤、烘干,称重后的质量计为 P_1,以不加助磨剂所得的吸出液质量为 P_0,按式(9-1)计算助磨剂的分散率 P。

$$P = \frac{P_1 - P_0}{P_0} \times 100\% \qquad (9\text{-}1)$$

本实验主要研究了搅拌磨超细粉碎滑石粉工艺中矿浆浓度、磨矿介质、球料比、给料粒度、助磨剂等对粉体粒度的影响。

(1)矿浆浓度的影响

在搅拌磨制粉过程中,矿浆浓度是一个至关重要的工艺参数,直接关系到粉体的粒度和生产效率。矿浆浓度对滑石粉粒度的影响如图 9-2 所示,由图 9-2 可知,磨矿时间相同时,浓度越大,产品的粒度就越小,但在磨矿浓度为 55% 时达到最小,经 2h 细磨即可达到 1μm 以下(0.95μm),浓度过大或过小对粉碎效果都不利。

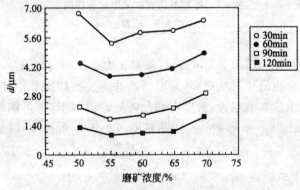

图 9-2　矿浆浓度对产品粒度的影响

(氧化锆介质,球料比 4)

随着磨矿时间的增加,矿浆黏度逐渐增大,黏度的增大直接引起矿浆雷诺数 Re 减小,这说明矿浆中的剪切力和冲击力逐渐变小,介质之间形成了粉体颗粒层,使得粒度减小的趋势变缓,有可能达到分散团聚的动态平衡,也就是说,磨细变得越来越困难。从图 9-2 中还可看出,磨矿间越长,不同磨矿浓度之间的产品粒度差别也越来越小。

由于粉体粒度小,比表面积大,颗粒表面活性增强,磨矿过程中颗粒间接触、碰撞的机会增多,矿浆的黏度和温度也发生变化,通过图 9-3 和图 9-4 中可以明显看出。

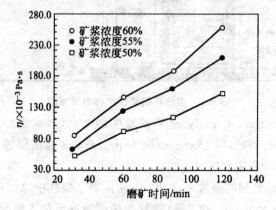

图 9-3 磨矿时间对矿浆黏度的影响
（氧化锆介质,球料比 4）

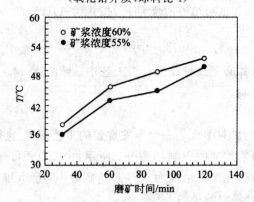

图 9-4 磨矿时间对矿浆温度的影响
（氧化锆介质,球料比 4）

（2）球料比的影响

要获得粒度相同的产品,由图 9-5 可得出,球料比大所用的时间就少,粉碎效率较高,这主要是由于球料比大时,介质的相对数量多,对原料的冲击及剪切次数增加。在实际生产中,介质用得越多,能量消耗及成本就越大,所以在满足需要的前提下,尽可能地降低球料比。若选用氧化锆做介质,球料比为 4,细磨 2h 后,产品粒度可小于 $1.0\mu m$,所以选择球料比为 4 是比较合适的。

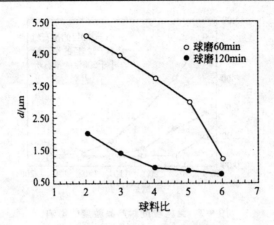

图 9-5　球料比对产品粒度的影响

（磨矿浓度 55％，氧化锆介质）

（3）介质种类的影响

由图 9-6 中可以看出，氧化锆球做介质比玻璃球粉碎效率高，而直径 3mm 的玻璃球比直径 5mm 的效果更明显，这主要是因为氧化锆球的密度比玻璃球大，冲击作用力更强，而小球对原料的冲击作用次数比大球多，接触面积大，导致粉体更易在短时间内粉碎。除此之外，选用粉碎介质还要考虑介质对产品的污染问题。

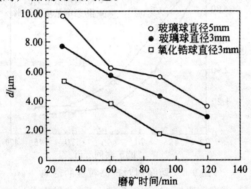

图 9-6　粉碎介质对产品粒度的影响

（磨矿浓度 55％，氧化锆 8.0kg，玻璃球 3.17kg）

（4）给料粒度的影响

为了适应工业生产的需要，实验选用滑石粉（−200 目、−325 目和−500 目）进行搅拌磨超细粉碎的研究，结果如图 9-7 所示。用−200 目的滑石粉，经过 3h 细磨后，也可得到粒径<1.0μm 的产品；而−500 目的原料，则经过约 60min 的细磨即能获得平均粒径<1.0μm 的超细粉体，时间越长，产品的粒度亦相对稳定。对于不同的工艺条件和产品要求，依据实际情况可以选择不同粒度的原料。

（5）助磨剂的影响

助磨剂一般是具有分散作用的药剂，在超细粉碎过程中能显著提高粉碎效率或降低能耗的化学物质，如焦磷酸钠、六偏磷酸钠、丁基黄酸盐、柠檬酸等，另外还有一些包括部分表面活性剂在内的专门药剂。对于工业矿物，研究和实际应用最多的是六偏磷酸钠。

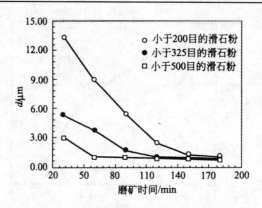

图 9-7 给料粒度对产品粒度的影响

（磨矿浓度 55%，氧化锆介质，球料比 4）

由图 9-8 中可看出，添加少量的助磨剂就能取得良好的效果，缩短作业时间，2h 内磨矿时间越长，产品的粒度降低越明显，这主要与助磨剂能降低矿浆黏度、改善超细粉碎过程的分散性有关。如磨矿浓度为 60% 时，添加 0.1% 的六偏磷酸钠，经过 2h 的细磨也能获得平均粒径小于 <1.0 μm 的产品，这对于实际生产具有重要的实用价值。

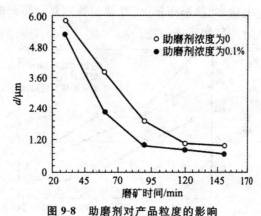

图 9-8 助磨剂对产品粒度的影响

（磨矿浓度 60%，氧化锆介质，球料比 4）

9.2.3 超细粉体的应用

超细粉体应用广泛。据统计，美国 Du Pont 公司 1985~1992 年 3000 多种产品中有近 62% 是以超细粉末为基础的，其化学工业 40% 的增值来源于超细粉体技术的进步，而我国在相关行业中以超细粉体为原料的还不到 15%。目前超细粉体主要应用在以下几个领域。

（1）医药农药行业

将农药加工成超细粉体后，用量可降低 20% 以上，而农作物却增产 20% 左右，有的产品可取代进口产品；由于血液中的血细胞大于 0.01μm，可制备小于 0.01μm 的超微粒子，注入血管中可进行有效的治疗或健康检查；将药物制成超细粉体（或微胶囊），不仅服用方便，而且可提高有效成分的利用率，降低药物消耗。

（2）微电子工业

超细粉体在微电子行业中应用的典型代表有电子浆料、磁记录材料及电子陶瓷粉料，另外还有传感器和光、电波吸收材料及红外辐射材料。

（3）化工轻工行业

超细粉体可用作填料填充 PP 和 PVC 等塑料，降低原料成本，改善制品性能。将石墨加工成 GRT 节能减磨添加剂，可改善机械润滑性，节约汽车燃油，减少大修次数；超细高岭土做纸张填料，能提高纸的白度，提高产品档次；另外还可将许多超细粉体制成高效催化剂，应用于石油工业的催化裂化。目前还结合低温、冷冻及脆化技术，将橡胶、塑料和合成树脂等有机高分子材料加工成有机物超细粉体。相信随着化妆品、造纸、塑料、油漆、橡胶和陶瓷工业的发展，超细粉体在化工和轻工行业的应用会更加广泛、更有价值。

（4）材料工业

除了在上述领域得到应用外，超细粉体在现代材料工业中的应用亦受到高度重视。为了加工需要和满足应用要求，现代工业材料对所用原料都有非常明确的要求。自 20 世纪 70 年代以来，超细粉体的应用已初具规模。目前国外精细化工和新材料中以超细粉体作为基本原料的已占 80％以上，瑞士达 95％，粉末原料成本占产品成本的 30％～60％，在某种程度上，超细粉体为这些国家在相关领域的研究处于世界领先水平奠定了良好的基础。

（5）食品

超细小麦粉可将其主要成分淀粉和蛋白质分开，再根据需要制成适合人们食用的食品原料；稻谷的超细粉可制得口感良好的全营养型食品；将天然花粉磨成小于 $3\mu m$ 的超细粉时，其破壳率达到 99％，营养物质得以释放和充分利用，添加到食品中可制成高价值的保健食品；动物的头、皮、壳制成超细粉，可以作为食品的有机钙添加剂。

研究表明，超细粉体在材料中的作用主要表现在：减小表面缺陷，获得形态均一及平滑的表面；减少磨损性，降低应力集中；超细粉体单晶强度更高，界面活性增强；单位体积内的颗粒数增多，具有更均一的性能。可以说，超细粉体已具备制备新型材料的基本条件。

由于超细粉体的特殊性质，国内外已广泛看好其在材料工业中的巨大市场，特别是随着应用领域对材料的结构和功能提出更高、更新的要求，人们已不满足于将超细粉体简单地作为填料及添加剂使用，而是将其看成是 21 世纪的新型材料。

9.3　发光功能材料

发光材料又称为发光体，是一种能够把从外界吸收的各种形式的能量转换为非平衡光辐射的功能材料。发光是物体内部以某种方式吸收的能量转化为光辐射的过程。发光一般是由于物体温度升高所致，也有不是因温度升高而发光的。材料的光学性质中所指的发光则属于后者，故有时称"冷光"。

9.3.1　发光材料涉及的几个重要概念

要更好的理解发光现象和发光原理，有必要对发光材料涉及的重要概念有一个基本的了解。

1. 三基色

在棱镜试验中，白光通过棱镜后被分解成多种颜色逐渐过渡的可见光谱，颜色依次为红、橙、黄、绿、青、蓝、紫。其中,红、绿、蓝是人眼最为敏感的,人的眼睛就像一个三色接收器的体系,大多数的颜色可以通过红、绿、蓝三色按照不同的比例合成产生。同样绝大多数单色光也可以分解成红、绿、蓝三种色光。

红、绿、蓝是色度学的最基本原理,即三基色原理。三种基色是相互独立的,任何一种基色都不能有其他两种颜色合成。红、绿、蓝是三基色,这三种颜色合成的颜色范围最为广泛。红、绿、蓝三基色按照不同的比例相加合成混色称为相加混色。

$$红+绿=黄,绿+蓝=青。$$

$$红+蓝=品红,红+绿+蓝=白$$

黄、青、品红都是由两种及色相混合而成,所以它们又称相加二次色。另外,

$$红+青=白,绿+品=白,蓝+黄=白$$

所以青、黄、品红分别又是红、蓝、绿的补色。由于每个人的眼睛对于相同单色的感受有所不同,所以如果用相同强度的三基色混合时,假设得到白光的强度为100%,这时候人的主观感受是绿光最亮,红光次之,蓝光最弱。

稀土三基色荧光灯只有红、绿、蓝三基色,合一起而成白色,它是世界各国都在大力提倡和推广的新型电光源,它与普通白炽灯相比,节电率高达80%,而且比传统日光灯光色好,使被照物体颜色纯正不失真,在欧美和日本等发达国家,已取代了大部分的白炽灯,成为当今风靡世界的高效节能电光源。

2. 能带结构

能带理论作为研究固体中电子运动规律的一种近似理论,由量子理论经过严格而复杂的推导而成,现已被广大科学家接受并成为研究固体性质的重要理论基础。

下面定性地描述固体能带的构成情况。

孤立原子的外层电子可能取的能量状态(能级)完全相同,但当原子彼此靠近时,外层电子除了要受原来所属原子核和周围电子的作用外,还要受到其他原子核和电子的作用,从而使得电子的能量发生微小变化。原子结合成晶体时,原子最外层的价电子受束缚最弱,同时受原来所属原子和其他原子的共同作用,已很难区分究竟属于哪个原子,实际上是被晶体中所有原子所共有,称为共有化。原子间距减小时,孤立原子的每个能级将演化成由密集能级组成的准连续能带。共有化程度越高的电子,其相应能带也越宽。孤立原子的每个能级都有一个能带与之相应,所有这些能带称为允许带。相邻两个允许带间的空隙代表晶体所不能占有的能量状态,称为禁带。被价电子所填充的能带称为价带。比价带中所有量子态均被电子占满,则称为满带。满带中的电子不能参与宏观导电过程。无任何电子占据的能带称为空带。未被电子占满的能带称为未满带。未满带中的电子能参与导电过程,故称为导带。对于一价固体金属而言,价带是未满带,故能导电;二价金属,价带是满带,但禁带宽度为零,价带与较高的空带相交叠,满带中的电子能占据空带,因而也能导电。绝缘体和半导体的能带结构相似,价带为满带,价带与空带间存在禁带。在任何温度下,由于热运动,满带中的电子总会有一些具有足够的能量激发到空带中,使之成为导带。由于绝缘体的禁带宽度较大,常温下从满带激发到空带的电子数微不足道,宏观上表现为导电性能差。半导体的禁带宽度较小,满带中的电子只需较小能量就能激发到空带中,宏观上表现为有较大的电导率。

具体到发光材料中时,作为基质的固体材料有一定的能带结构。从某种程度上说,这一能

带结构决定了激发光的最低能量要求和发光中心(如激活离子或基质中的发光中心)的弛豫方式。当激发光的能量比基质的禁带宽度小时,激发光不能激发基质的电子,但这时还有可能激发发光中心的电子进入更高能级的状态。当激发光的能量大于基质的禁带宽度时,基质的晶格可直接吸收激发光子能量,基质中的被激发电子有三种回到基态的方式:

①通过辐射弛豫,此过程同时发射一个光子,这就是基质的发光。

②通过能量传递给相邻近的发光中心,从而激发这一发光中心的电子,发光中心再弛豫回到基态的过程,此时也将释放一个光子,这就是能量传递发光过程。

③基质晶格通过热振动的形式回到基态,这是发光材料中最不愿意看到的现象,这个过程是不发光的,称为非辐射弛豫过程。在这个过程中所吸收的能量被用来发出热量,这种热量累积到一定程度后将破坏晶格的结构。

3. 位形坐标

位形坐标(configurational coordinate diagram)是一种用来解释电子—声子相互作用情况的物理模型,如图 9-9 所示。

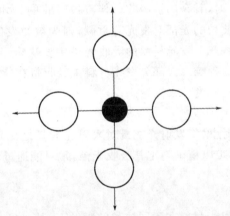

图 9-9　四配位平面配合物的对称伸展位振动位形图

图 9-9 中,纵坐标表示晶体中发光中心的势能,包括电子和离子的势能及相互作用能在内的整个系统的能量,横坐标表示中心离子和周围配位离子的"位形"(configuration),它是包括离子之间相对位置等因素在内一个笼统的位置概念。这里我们使用中心振动模型来描述这种位形,即作为振动中心的金属离子是静止的,周围的配体做靠近或远离的同步运动,这就是对称伸缩模型,也称呼吸模型。以此模型为基础作系统的能量 E 与金属配体距离 R 的曲线图,其中 R 是随晶格振动变化的结构参数。此模型忽略了其他所有的振动类型。这样大大简化了考查能量跃迁的情形,是许多学者使用和讨论的一种位形坐标。

图 9-10 是基于上述模型后的位形坐标图及画出的 E-R 函数曲线。

图 9-10 中,下部的抛物线 g 表示系统处于最低能态即基态时的

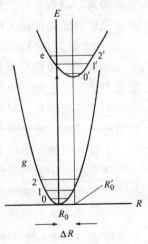

图 9-10　位图坐标图

能量与形的关系。抛物线的最低点 R_0 表示离子处于平衡地的能量。此外,图中还有 $\nu=0$、1、2 的振动态,激发态 e 的平衡位形为 R_0',$\nu'=0'$、1'、2' 的振动态,而两抛物线的位移量为 $\Delta R=R_0'-R_0$。

对光吸收和发射的过程可描述如下:处于基态 g 的 R_0 位置的原子或离子的电子被一定能量的光子激发后到达激发态 e 的 1' 位置(指能量位置),再在一定的晶格热振动情况下能量衰减到 0' 状态,再从 0' 以辐射跃迁的方式回到基态 g 的 1 位置,再次经过热振动后回到 R_0。

该模型可用于说明斯托克斯规则,吸收光谱和发射光谱为什么有一个宽度及其随温度变化的规律,温度升高发光强度会下降等,不但能作定性的解释,而且在某些情况下能得到和实验符合的定量的结果。当然,在实际应用中要比这一模型复杂得多,还可能包括间接跃迁、非辐射弛豫等情形。

4. 发射、激光光谱

(1)吸收光谱

吸收光谱是描述吸收系数随入射波长变化的谱图。当一束光照射发光材料时,一部分被反射和散射,还有一部被透射,其余的被吸收。伴有被吸收的光才对发光材料的发射起作用。并不是所有被吸收的各种波长的光都对发光有贡献,因为被激发的光子可通过辐射弛豫和非辐射弛豫等多种形式回到基态。发光材料的吸收光谱主要决定于材料的基质,激活剂和其他杂质对吸收光谱也有一定的影响。大部分发光材料主吸收带在紫外光谱区。发光材料的紫外吸收光谱可由紫外-可见光光度计来测量。

(2)漫反射光谱

漫反射光谱是指漫反射率(指发射光能量对入射光能量之比)随入射波长而变化的谱图。大部分发光材料是粉末状,难以精确确定其吸收光谱,常只能通过粉末材料的漫反射光谱来估计其对光的吸收。

(3)激发光谱(Ex)

激发光谱(Ex)是表征发光材料在不同波长的激发下,某一发光谱线的发光强度与激发波长的关系。根据激发光谱可以确定激发该发光材料其发光所需的激发光波长范围,并可以确定某发射谱线强度最大时的最佳激发波长。

(4)发射光谱(Em)

发射光谱表征发光材料在某一特定波长的激发下,所发射的同波长光的强度或能量分布。激发光谱和与之相对应的发射光谱的能量最大值间的差值称为斯脱克斯(Stocks)位移。

对于发光材料,发射光谱及其对应的激发光谱是非常重要的性质,激发、型射光谱通常采用紫外-可见荧光分光光度计进行扫描。除此之外,其他表征发光材料的性能指标如下:

①发光强度。单位立体角内发出的光通量。

②亮度。生理感觉的颜色的明暗程度。

③发光效率。发光能量与吸收能量之比。

④量子效率。被发光材料廖吸收的激活能的转换效率。

⑤流明效率。荧光灯的发光效率。

⑥CIE 色坐标。描刻荧光粉的相对颜色的技术指标。

⑦余辉曲线。发光强度随衰减时间的变化。

9.3.2　发光材料的分类

光的吸收和发射都是发生在能级之间的跃迁,都经过激发态,而能量传递则是由于激发态的运动。激发光辐射的能量可直接被发光中心(激活剂或杂质)吸收,人们称之为特征型发光材料,也可被发光材料的基质(特征吸收)吸收,人们称之为复合型发光材料。

(1)特征型发光材料

特征型发光材料的发光中心吸收能量向较高能级跃迁,随后跃迁回较低能级或基态能级而产生发光。对于这些激发态能谱性质的研究,涉及杂质中心与晶格的相互作用,可以用晶格场理论进行分析。随着晶体场理论的加强,吸收谱及发射谱都由宽变窄,温变效应也由弱变强,使得一部分激发能变为晶格振动。

(2)复合型发光材料

复合型发光材料的基质吸收光能,在基质中形成了电子-空穴对,它们可能在晶体中运动,被束缚在各个发光中心上,发光是由于电子与空穴的复合而引起的。当发光中心离子位于晶格的能带中时,会形成一个局域能级,处在基质导带和价带之间,即处于基质的禁带中。不同的基质结构,发光中心离子在禁带中形成的局域能级的位置不同,从而在光激发下,会导致不同的跃迁,产生不同的发光材料。

自然界中有很多物质都或多或少地可以发光。常见的比较有效的发光材料中有无机化合物,也有有机化合物;有固体、液体,也有气体。从当代的显示技术中所用的发光材料看,则主要是无机化合物,有机化合物的种类较少,而且主要是固体材料,少数也用气体材料。在固体材料中,又主要是用禁带宽度比较大的绝缘体,其次是半导体。其中用得最多的发光材料是粉末状的多晶,其次是单晶和薄膜。

在发光材料中,除了采用合适的基质(这是主体)外,还有选择地掺入微量杂质,称为激活剂。这些微量杂质一般都充当发光中心,但有些杂质是被用来改变发光体的导电类型的。制备粉末材料时,还需要加入另一种杂质作为助熔剂,以促进材料的结晶,也可以使它和所加的激活剂进行匹配,以补偿后者在进入晶格时所增加或减少的电荷。这些材料一般是在 800℃～1200℃的高温下焙烧而成,从而使得到的微晶的尺寸大部分保持在 $10\mu m$ 以下。

9.3.3　光致发光材料

光致发光是最简单的一种激发发光方式,由紫外线、可见光或红外线激光散发发光材料而产生的发光现象。日光灯是典型的应用了光致发光原理的实际产品,日光灯在接通电源之后,灯管中的水银蒸气发出紫外线,紫外线激发涂在灯管管壁上的荧光粉,荧光粉受激发从而发射可见光。

1.光致发光材料的发光机理

1852 年,Stock 提出:发射光波长恒大于激发光波长,即发射光相对于激发光出现了 Stocks 位移,符合 Stocks 定律的人们称为下转换发光材料,而违反此定律的材料被称为上转换发光材料。光致发光遵循该规律。

人们常使用固体能带理论来解释复合型发光材料的发光机理。如图 9-11 所示,为半导体型光致发光材料的最简单的能级图。

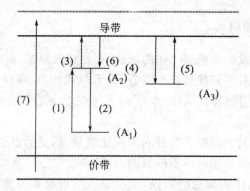

图 9-11　半导体型发光材料的能带图

分布在禁带中的基态能级 A_1 和激发态能级 A_2 是由掺入的激活剂产生的能级，A_3 代表由各种缺陷(特别是杂质)所决定的电子的俘获能级。激发光能被激活剂能级吸收的情形下，电子可能由 A_1 经(1)跃迁至 A_2，然后沿(2)返回基态能级，产生"荧光"，其延迟时间约为 $10^{-9} \sim 10^{-8}$ s，也可能遭遇跃迁到导带(3)，并被限制在陷阱(4)中，当有能量(加热或者红外光作用)传递给这些电子时，从陷阱中出来的电子或者重新被陷阱俘获，或者通过导带而跃迁至激活剂能级(6)，与激活剂能级复合产生"磷光"。激光能被基质吸收的情形下，电子由价带经由(7)跃迁至导带，与限制在激活剂能级上的由价带形成并迁移至此的空穴复合产生辐射发光。例如硫化锌含少量过剩的锌，或者含有银、铜或锰之类的杂质，在受到能量较高的紫外线激发后，会有可见光区域的发射，如图 9-12 所示。

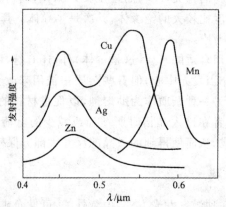

图 9-12　ZnS 经不同掺杂离子活化后的发光光谱

2.光致发光材料的过程构成

当某种物质收到诸如光的散射、外加电场或电子束轰击等的激发后，只要该物质不会因此而发生化学变化，它总要回复到原来的平衡状态。在这个过程中，一部分多余的能量会通过光或热的形式释放出来。如果这部分能量是以可见光或近可见光的电磁波形式发射出来的，就称这种现象为发光。当外部光源如紫外线、可见光甚至激光照射到光致发光材料时，发光材料就会发射出特征光如可见光、紫外线等，实际上光致发光材料的发光过程较为复杂，典型的光致发光过程如图 9-13 所示，一般主要由以下几个过程构成。

①吸收阶段。基质晶格或激活剂(或称发光中心)吸收激发能。

②能量传递阶段。基质晶格将吸收的能量传递给激活剂。

③光发射阶段。被激活的激活剂发出荧光而返回基态,同时伴随部分非发光跃迁,能量以热的形式散发。

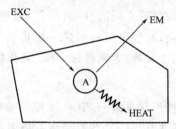

图 9-13　荧光粉的光致发光过程

EXC—激发;EM—发射(辐射回基态);HEAT—非辐射回基态;A—激活剂

9.4　导电粉末材料

在涂料、塑料、橡胶、纤维中添加导电粉末,使其具有导电、防静电等功能,从而可以消除静电带来的危害。目前,导电粉末可广泛应用于电子、电器、航空、涂料、化工、印刷、包装、船舶、军工等领赫,适用于生产导电涂料、抗静电涂料、导电塑料、导电橡胶、导电静电纸、电器元件、电器设备外壳、印刷电路版等。当前,国外对导电粉末的应用相当广泛。尤其是浅色、白色、乃至透明的导电粉末,因其具有装饰和高反射双重效果,并且价格便宜,所以被广泛用于电子工业、航空航天工业和军事工业的非金属制件表面。

9.4.1　导电粉末材料概述

导电粉末作为一种功能材料,主要以导电填料的形式应用于高分子材料(包括导电涂料)上,使高分子材料具有导电性、抗静电、屏蔽电磁波等功能。随着导电粉末应用领域的不断拓宽,对导电粉末的需求量也将逐年增长。当前,其主要研究方向是开发高导电性、低成本的新型导电填料。

早在 20 世纪 90 年代,德国、法国、日本、美国等就已经研制出了以半导体金属氧化物为包覆基底的、具有导电性的粉体材料,且部分实现了商品化,但由于其制造成本高,半导体氧化物的本身密度较高,因此限制了其推广。近年来,国外一方面致力于开发复合型的导电粉末,另一方面也开始对纳米级导电粉末进行研究开发。最近几年,已见有将无机纳米材料用于防静电的报道。

国内大都致力于浅色导电粉末的研究与开发。浅色导电粉末的开发填补了国内导电颜(填)料的一项空白。这是一类以导除高分子材料表面静电为目标的金属氧化物导电颜料,其导电性和金属导体的导电性有较大差异,只要金属氧化物导电颜料的电阻率 $\rho < 10^9\,\Omega\cdot cm$,就可以满足导除高分子材料表面静电的实际需要,同时为了满足装饰性要求,颜料以白色或浅色为最好。

随着高分子材料应用领域的不断扩大,电子制品、通讯产业的迅速发展和普及,人们对洁净生活环境要求的不断提高,需要施行导电防静电的范围越来越广,浅色导电粉末的市场前景非常看好。

9.4.2 导电粉末材料的分类

不同的分类方法,导电粉末材料有不同的种类,例如,按照材料的电阻率可以将材料划分为绝缘材料、半导体和导体三大类;按导电填料用途一般可分为抗静电剂系、炭系(炭黑、碳纤维、石墨)和金属系列(金属粉末、金属片、金属纤维、金属氧化物)。

1.炭系导电粉末

炭系填料包括炭黑和石墨,按形状来划分,有粉体和纤维两大类,用作炭系的导电填料主要有人造石墨、天然石墨、石墨纤维、碳纤维、高温煅烧石油焦、各种炭黑以及碳化硅等。其中,炭系涂料中以炭黑填充的综合效果最好。炭黑粒子的尺寸越小,结构越复杂,炭黑粒子比表面积越大,表面活性基团越少,极性越强,所制备的导电复合材料的导电性就越好。

除炭黑外,石墨也是常用导电填料之一,但其导电性能不如炭黑优良,而且加入量较大,对复合材料的成形工艺影响较大,但能提高材料的防腐蚀能力,石墨几乎不单独使用。一般是将炭黑(主要是电导率高的炉法炭黑和乙炔炭黑)、石墨、碳纤维混合使用。

为改善炭系材料的高填充量带来的加工和性能上的缺陷,还可以将各种炭系填料混合加入,以期尽量降低物理机械性能的损失。在这方面,碳纤维有较大的长径比,在提高导电性的同时,还能保持和提高涂层的原有机械性能。

目前,国内外炭系导电涂料的发展主要包括以下几方面:

①采用偶联热处理、化学接枝等方法对炭黑等炭素填料表面进行处理,从而提高其导电性。

②静电复印用炭粉的表面氟化。

③导电性粉末涂料用炭黑的表面处理。

1991年,日本NEC的电镜专家饭岛(Iijima)教授首先将纳米碳管这种纳米尺寸的碳质管状物就引起了全球物理、化学和材料等科学界的广泛兴趣。碳纳米管具有很好的导电性,同时又拥有较大的长径比,因而很适合做导电填料,相对于其他金属颗粒和石墨颗粒,用很少的量就能形成导电网链,且其密度比金属颗粒小得多,不易因重力的作用而聚沉。近年来,国内外对碳纳米管作为新型材料用于制备导电涂料都有所报道。

冯永成、瞿美臻等利用碳纳米管的特性将其作为导电介质加入到涂料中,碳纳米管含量为0.5%~8%时,涂料处于抗静电区域;碳纳米管含量大于8%时,涂料处于导电区域。并研究了碳纳米管的管径、长径比、分散度以及用量对导电涂料导电性的影响,指出碳纳米管作为导电涂料的导电介质时,其管径越小,所制得的导电涂料导电性越好,认为碳纳米管是导电涂料的最佳导电介质。

2.金属类导电粉末

作为最早开发的导电填料,金粉的导电性最高,化学稳定性好,但价格昂贵,以致使用受到限制;银系涂料的导电性也很优异,耐氧性、耐介质性能极佳,价格较金粉为低,银粒子有高塑性和高抗氧化性,对高温水分以及对其他的配合材料具有较高的稳定性,进而相互形成牢固的接触。

通常采用粒径为 $0.1\sim3.0\mu m$ 的高分散球形银粒,也可以是鳞片状银粉或者两者混合的银粉。当然,使用银作为导电填料也存在着一些问题,如成本仍较高,配胶后易沉淀,且有"迁移"现象。铜、镍价格比银低得多,导电性能与银相近,但易氧化,导电性不稳定,配胶的耐久性差。

随着近年抗氧化技术的发展,铜系涂料的开发与应用逐渐增多,Cu 的导电性能仅次于 Au,Cu 的导电性和价格均优于 Ni,不存在银粉在涂层中发生"银迁移"而影响涂层性能的问题,常用于导电涂料的制备中。但是铜粉在空气中极易氧化而在其表面生成绝缘性氧化物,导致铜系导电涂料导电性降低。目前,防止铜粉氧化的技术主要有:铜粉表面镀覆惰性金属;加入还原剂将铜粉表面的氧化铜还原为铜;用有机胺、有机硅、有机钛、有机磷等抗氧剂对铜粉进行处理;聚合物稀溶液处理等。实际应用时,为了达到较好的抗氧化效果,可以综合运用上述方法。

3.抗静电剂

在工业应用中,抗静电剂和各种导电填料是高分子抗静电材料所采用的导电性添加剂。其中,大多抗静电剂是极性或离子型的表面活性剂,具有小分子的迁移特性,分子结构中含有亲水基团和疏水基团。抗静电剂加到聚合物基体之后,其分子经过向制品表面层迁移到达制品的表面而形成水分子吸附层,从而达到了防止或消除制品表面静电荷的目的。

有机抗静电剂可以分为阳离子型(铵盐及季铵盐)、阴离子型(烷基磺酸盐、烷基磷酸盐)、非离子型(高级脂肪酸及其多元醇酯)、两性型。抗静电剂用于涂料可以分为内加型和外覆型。这类抗静电剂的优点在于制品可以制成各种颜色,材料的成型加工性能和机械力学性能几乎不受其影响,缺点在于只能达到较低的导电性能,使用寿命短,抗静电效果受到环境中温度和湿度的显著影响。

4.金属氧化物系导电粉末

金属氧化物系导电填料具有电性能优异、颜色浅的优点,又因为它较好地弥补了金属导电填料抗腐蚀性差和炭系导电填料装饰性能差等缺点,因而得到了迅速发展。

金属氧化物系导电填料主要有掺杂氧化锡、氧化锌、氧化钛、氧化铟、氧化钒、三氧化二锑等。其中以掺杂氧化锡的导电性、化学稳定性、热稳定性和耐候性最好,应用也最为广泛。但由于生产成本高、密度大,使其推广应用受到一定限制。优点是密度比金属类小,耐氧化性比金属类好,颜色比炭类浅,缺点是导电性较差。

一种新型的多功能透明抗静电及导电材料——掺锑二氧化锡(antimony-doped tin oxide,ATO)透明抗静电薄膜材料与传统的透明抗静电材料相比具有明显的优势:

①ATO 薄膜在可见光范围内光透射性高,具有导电性能,在许多应用条件下,对制品的颜色和透明度都能达到要求。

②ATO 透明导电膜有良好的化学稳定性、热稳定性及耐候性,与基材的附着性好,机械强度高,且不受气候和使用环境的限制,所以越来越受到重视。

早在 20 世纪 90 年代,德国、法国、日本就开始了这类产品的研制,目前在我国还只是刚刚起步。

以 SnO_2 和 ZnO 为代表的粉体,具有密度小,在空气中性能稳定、颜色浅、导电性能好、装饰效果好的特点,因此应用比较广泛,其中尤其突出的是以掺杂 Sb 或 In 的 ZnO。掺杂 SnO_2、ZnO、InO 的涂层由于在可见光区的高透射性、高电导性能以及在红外区域的高散射性,仍然吸引人们广泛的注意,并广泛应用于电子、光学仪器和飞行器的加热装置等方面。

5.复合导电粉末

复合导电填料按形状可分为复合粉末和复合纤维。

(1)复合粉末

复合粉末是每一颗粒子都由两种或多种不同材料组成的粉末,并且其粒度必须大到(通常大于 $0.5\mu m$)足以显示出各自的宏观性质。因此复合粉末兼有镀层物质和芯核的优良性能。

根据芯核物质的不同,金属包覆型复合粉末可分为金属-金属(如 Ag/Cu)、金属-非金属(如 Cu/石墨)和金属-陶瓷(Ag/SiO_2)三种类型。如玻璃珠、铜粉和云母粉外包覆银粉以及炭黑外包覆镍粉等。此外,也有金属氧化物为外壳,硅或硅化合物、TiO_2 等为内壳的复合导电粉,如夏华等制得的在 ZnO 表面包覆一层经掺杂 Sb 的 SnO_2 浅色导电填料,其导电性好,具有较好的应用前景。

(2)复合纤维

复合纤维的种类很多,常见的有尼龙、玻璃丝、碳纤维等镀覆金属或金属氧化物等。如将聚丙烯腈纤维镀覆 Cu、Ni,将 Ni 镀于 Cu 的外部,可以保持内部铜层不被氧化,保护稳定的导电性。又如采用化学镀方法在玻璃纤维上沉积金属镀层、制得镀金属的导电玻璃纤维,用作防静电涂料的复合填料。

目前,市场上开始出现一类成本更低、导电性能更高的复合型导电填料,这种导电填料以一种价廉、质轻的材料(如玻璃、云母、石墨、重晶石等)作为基底或芯材,通过化学沉积再煅烧的方法,在其表面包覆一层或几层化学稳定性好、耐腐蚀性强、电导率高的金属导电物质(如 Ag、Ni、Cu 等)或一层氧化物(氧化锑、氧化锡、二氧化钛等无机氧化物)导电物质而得到的复合材料。其中导电云母是制备此类复合型导电填料的首选之一。其制法多样,通常采用化学镀及化学共沉淀。如 GJiang 等通过化学镀制备了涂覆镍的云母,镍的用量由云母粒径决定。将该复合填料分散于 ABS 树脂可得到一种电磁屏蔽材料,其渗滤阈值随云母粒径的增加而降低,同时改变填料的取向,可在电导率提高的情况下减小膜的厚度。云母粉呈片状结构,颗粒间易接触,是理想的无机导电材料。用云母粉作载体包覆型(锡锑混合氧化物包覆)由于价格适中、密度小、容易着色、颗粒易分散等特点,已经在抗静电涂料等方面得到普遍应用。

9.4.3 导电粉末材料的制备

导电材料中发挥导电功能的是金属粉、有机导电体或具有半导体性质的金属氧化物。从组成方面来说,导电粉末还必须有能负载这些有导电性能的功能粉体的载体,即基体材料。重晶石作为一个较理想且已被大量应用的基体材料,最主要的原因基于:

①我国有非常丰富的重晶石资源,质量较优,原料来源广泛、成本低。

②重晶石的耐酸碱性能非常好,有利于导电粉末对特殊环境的适应性,扩大后续产品的应用领域。

③重晶石白度高,通过提纯和细磨,白度可达 95% 以上,非常适合作为浅色导电粉末的基体。

④重晶石具有优良的热稳定性,特别适合粉末用于高温涂料制备高温导电涂层。

⑤重晶石可加工成类球形颗粒,有利于用于涂料时形成稳定可靠的导电网络。

上述条件充分保证了重晶石作为复合导电粉末基体材料的根本特性,也为浅色、低成本、高性能复合导电粉末的制备奠定了基础。

1. 基体材料的基本要求

复合导电粉末制备中矿物基体的基本要求是高白度、超微细、形状均匀的重晶石粉,且工艺易实现工业化。

以立式循环搅拌球磨湿法制备重晶石为例,选用搅拌磨这种高效的超细磨设备,通过细磨过程中料浆循环可充分保证重晶石粉的细度和均匀度,并且不会引入二次污染,而且搅拌球磨过程磨介较强的剪切力作用,在水介质中可保证重晶石粉颗粒加工类球形颗粒产品。

试验中使用二氧化锆(ZrO_2)作为球磨介质,制得平均粒径 $0.6\mu m$ 的超细重晶石粉,并分析了细磨过程的行为,为我国重晶石的超细加工技术作出了有益的探索,形成了适合导电粉末的高白度重晶石粉制备技术。

2. 原料与设备

制备应用的原料通常采用−325 目重晶石粉,平均粒径为 $18.2\mu m$,白度 92.5%,$BaSO_4$ 含量为 98.2%。粉体粒度用日产 SKC-2000 型粒度分析仪测定,用 WSD-Ⅲ 型白度仪测定粉体白度,NDJ-8s 黏度计测定矿浆黏度。

试验设备为 ZJM-20 型周期式立式棒式搅拌磨,附水冷却套,搅拌桶有效容积为 4.8L,桶壁为聚氨酯内衬,介质为直径为 5mm 的氧化锆球,介质充填率为 60%。

试验时重晶石粉用量为 1.5kg,矿浆浓度为 50%,球料比为 5(质量比)。至一定时间取样检测矿浆的各项性能,并取部分矿浆经过滤、洗涤和干燥,测定粉体的性能。搅拌磨细至一定粒度时,轴的转速一般固定,这是因为它对细磨的工效已影响甚微。

3. 结果及分析

图 9-14 给出了细磨时间对重晶石粉粒度的影响曲线。从图中我们可以看出,6h 后,重晶石粉的平均粒径达 $0.6\mu m$,4h 时的粒径为 $1.5\mu m$;另外,4h 内重晶石粉粒径减小较快,4h 后趋缓。这与细磨过程中矿浆的行为有密切关系。

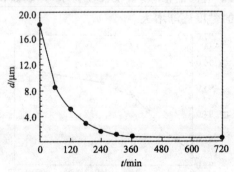

图 9-14　细磨时间对重晶石粉粒度的影响

图 9-15 给出了细磨时间对矿浆温度的影响趋势图。随着细磨时间的加长,矿浆的温度呈

上升趋势。细磨物料时,搅拌磨以较大的作用力作用于物料颗粒上。当作用力超过颗粒之间的结合力时,颗粒就会粉碎。

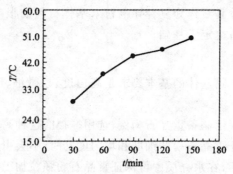

图 9-15　细磨时间对矿浆温度的影响

图 9-16 给出了细磨时间对矿浆黏度的影响趋势。对该图分析可知,矿浆黏度随细磨时间的延长而增大,这与粉体的表面性质有关。

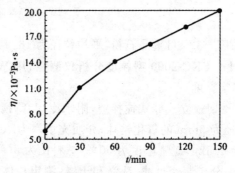

图 9-16　细磨时间对矿浆黏度的影响

粉体不仅比表面积较大,且其颗粒表面具有过剩的能量。颗粒表面带有一定电荷,形成电场。在电场范围内的极化水分子被吸附于颗粒表面。水分子由于具有偶极性而中和了上述电荷,颗粒表面的过剩表面能将因放出润湿热而减小,结果在颗粒表面形成一吸附水层。吸附水的主要性质和自由水的性质完全不同,具有非常大的黏滞度、弹性和抗剪强度,它不能在粉碎颗粒之间自由移动。随着磨矿时间的推移,颗粒粒径变小,比表面积增大,表面电荷增多,颗粒表面的吸附水量增加,矿浆的黏度逐渐增大。

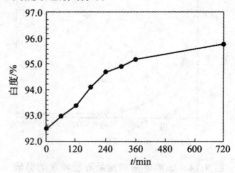

图 9-17　细磨时间对粉体白度的影响

图 9-17 给出了细磨时间对粉体白度的影响趋势,细磨 6h 后,重晶石粉体的白度比原矿提高了 3%。由于细磨后,粉体比表面积增大,表面活性增强,粉的反射率增大,颗粒表面的孔隙度减小,从而使白度提高。

4. 结论

用搅拌磨湿法超细加工,可制得平均粒径为 $0.6\mu m$ 的超细重晶石粉。超细加工过程矿浆温度和黏度都会发生一定的变化,而 pH 则相对稳定。超细加工后,重晶石粉的白度可提高 3%。

通过调整球料比、矿浆浓度、细磨时间等工艺条件可获得不同规格的重晶石粉,产物白度为 92%~95%,可满足导电粉末矿物基体的要求。

9.4.4 导电粉末材料的应用

新型多功能导电粉末是目前和今后该领域研究和发展的方向。新型复合导电粉末重点应放在以下几个方面。

1. 电磁屏蔽

为了更有效的防止电磁波辐射造成的干扰与泄漏,常采用导电涂料作为电磁屏蔽材料。电磁屏蔽涂料的制备主要集中在树脂体系内加入金属粉体、金属氧化物等导电粉体掺杂方法上。中国工程物理研究院刘继伟等在丙烯酸树脂中加入石墨粉,制备了在低频和高频范围内均有良好屏蔽效果的导电涂料,具有良好的应用价值。

2. 抗静电

在工业领域中,静电的危害遍及石油、煤炭、化工、纺织、造纸、印刷、电子等,这就需要对高分子等绝缘物质进行防静电处理。常用的防静电处理方法主要有三种:①抗静电剂与高分子绝缘物质混炼;②在高分子材料表面涂覆一层有机抗静电剂;③在高分子绝缘物质表面涂覆抗静电涂料,该方法应用比较广泛。国内外许多文献都有关于抗静电涂料的制备与应用的报道。一般来说,当高聚物的电阻率小于 $10^9\Omega\cdot cm$ 时,即可达到抗静电要求。

抗静电材料是指表面电阻在 $10^5\sim10^{10}\Omega$ 或体积电阻率在 $10^8\sim10^{12}\Omega\cdot cm$ 或静电衰减半衰期小于 2s 的材料。吴六六利用纳米掺锑氧化锡(ATO)加入聚酰胺、丙烯酸树脂中,ATO 导电填料的临界体积浓度(CPVC)约为 23%,当 PVC 大于 23% 后,所得涂膜的导电性能较好。利用超细 SnO 掺杂锑包覆的钛白粉作为导电粉体研制的抗静电涂料,其表面电阻达到 $10^6\Omega$,具有优良的抗静电性能及良好的耐腐蚀性能。

9.5 功能矿物材料

矿物材料是 20 世纪 70 年代末由地质学工作者提出的一个新概念,并很快发展成为一门相对独立的学科。从广义上来说,矿物材料等同于无机非金属材料。因此,广义的矿物材料学可以定义为:是研究利用各种天然的矿物或合成物质通过一定的加工工艺而制作出能满足工农业生产、国防建设和人民生活所需的无机非金属材料的一门学科。而从狭义上来说,矿物材料学是指从矿物岩石学的角度来研究无机非金属物质在各种环境中被加工改造和被制作成各种材料的学科。

9.5.1 矿物资源制备功能材料

传统的矿物资源利用主要是为化工、冶金等行业提供合格的原料,而不涉及直接把矿物资源加工成材料。现代高新技术的发展对材料性能提出了更高的要求,通过物理和化学的加工将矿物直接制成功能材料,并采用改性、掺杂等技术手段赋予相应的功能,来实现资源-材料的一体化,这为传统矿物资源加工行业的技术升级和新型功能材料的制备提供了全新的思路。

功能矿物材料是指以非金属矿物为基本或主要原料,通过物理、化学方法制备的功能性材料,如机械工业和航天工业用的石棉摩擦材料、石墨密封材料及石墨润滑剂、耐高温和防辐射涂料;电子工业用的显像管石墨乳、石墨导电涂料、熔炼水晶等;以硅藻土、膨润土、海泡石、凹凸棒石、沸石等制备的吸附环保材料;以高岭土(石)为原料制备的煅烧高岭土、赛隆、分子筛和催化剂;以珍珠岩、石灰石、硅藻土、石膏、蛭石、石棉等制备的隔热保温防火和节能材料以及轻质高强度的建筑装饰材料等。目前国、内常见的功能化非金属矿物材料的类型及应用领域如表 9-1 所示。

表 9-1　常见功能化非金属矿物材料的类型及应用领域

材料类型	非金属矿物原料	非金属矿物材料	应用领域
填料和颜料	方解石、大理石、白垩、滑石、叶蜡石、伊利石、石墨、高岭土、云母、硅灰石等	细粉($10\sim1000\mu m$)、超细粉($0.1\sim10\mu m$)、超微细粉或一维、二维纳。米粉体($0.001\sim0.1\mu m$)等	塑料、橡胶、化纤、玻璃、陶瓷、涂料、耐火材料、阻燃材料等
热学功能材料	石墨、石棉、石英、长石、硅藻土、金刚石、蛭石、海泡石、凹凸棒石等	石棉布(板)、岩棉、玻璃棉、石棉吸声板、泡沫石棉、泡沫玻璃、蛭石防火隔热板、膨胀蛭石、膨胀珍珠岩、玻璃微珠、保温涂料、镁碳砖、碳/石墨复合材料、贮热材料、氧化锆陶瓷等	建筑、建材、冶金、轻工、化工、机械、电力、交通、航空航天、石油、煤炭等
电磁功能材料	石墨、石英、水晶、金刚石、蛭石、硅藻土、高岭土、云母、滑石、金红石、电气石、铁石榴子石、沸石等	碳—石墨电极、电刷、胶体石墨、氟化石墨制品、电极糊、陶瓷半导体、热敏电阻、石榴子石型铁氧体、云母板、电瓷等	电力、通讯、计算机、微电子、机械、航空、航天、航海等
光功能材料	石英、水晶、冰洲石、方解石等	偏光、折光、聚光镜片,光导纤维、光学玻璃、激光光源型透明石英玻璃管、滤光片、偏振材料等	电子、通讯、仪器仪表、机械、轻工、航空、航天等
吸波与屏蔽材料	金红石、电气石、石墨、重晶石、石英、高岭土、膨润土、滑石等	纳米二氧化硅、氧化钛、氧化铝、核反应堆屏蔽材料、防护服、保暖衣、塑料薄膜、消光剂等	核工业、军工、民(军)用服装、涂料、皮革等

续表

材料类型	非金属矿物原料	非金属矿物材料	应用领域
力学功能材料	石棉、石膏、花岗岩、石英岩、大理岩、长石、铸石、石榴子石、云母、石灰石、燧石等	石棉水泥制品、硅酸钙板、纤维石膏板、结构陶瓷、无机/聚合物复合材料、磨料、衬里材料、石棉橡胶板等	建筑、建材、电力、机械、交通、农业、化工、轻工等
催化材料	沸石、高岭土、硅藻土、海泡石、凹凸棒石、地开石等	分子筛、催化剂、催化剂载体等	农药、医药、石油、化工等
吸附材料	沸石、高岭土、硅藻土、膨润土、海泡石、凹凸棒石、地开石、皂石、珍珠岩、蛋白土、石墨、滑石等	助滤剂、干燥剂、脱色剂、除臭剂、杀(抗)菌剂、水处理剂、空气净化剂、油污染处理剂、核废料处理剂、固沙剂等	啤酒、饮料、工业油脂、制药、环保、家用电器、化工等
装饰材料	花岗岩、大理石、水晶、石榴子石、橄榄石、玛瑙石、玉石、孔雀石、冰洲石、琥珀石、绿松石、金刚石、月光石等	装饰石材、珠光云母、彩石、各种宝(玉)石、观赏石等	建筑、建材、涂料、皮革、化妆品、珠宝业、观光业等
生物功能材料	沸石、麦饭石、硅藻土、高岭土、海泡石、凹凸棒石、滑石、碳酸钙、电气石、石膏等	药品及保健品、药物载体、饲料添加剂、杀(抗)菌剂、吸附剂、化妆品添加剂	制药业、生物化学业、化妆品、农业、畜牧业等

9.5.2　功能矿物材料结构与性能的关系

矿物的物理化学特性决定了它的用途。如沸石类,起分子筛作用,因此在净化废水、废气和环保方面有着广泛的应用。现代测试技术的发展,使人们对矿物吸附、交换、助熔、增韧、补强以及光、电、磁、声、热、表面、界面等特性及其在各种物理、化学场作用下性能变化的研究变得更为直接和富有成效。这些研究将为开发矿物材料的新用途、新功能、促使矿物材料向功能化方向发展提供有力的技术保证。一些具有吸附、交换、催化、增强、生物相容性等功能的矿物材料,特别是具有感知、响应、预警等信息功能的矿物材料更会受到高度重视和研发应用。

影响非金属矿物材料功能的因素归纳起来主要有三种。

(1)矿物组成、化学成分和结构

矿物的属性和种类由其组成、化学成分和结构来决定。非金属矿物材料的很多功能,如结构或热学功能、力学功能、电磁功能、光功能、吸波与屏蔽、催化、吸附、流变、抗(杀)菌、除臭(异物)、脱色、黏结、生物医学等,从本质上来说都源于其原料矿物的组成、化学成分和结构。

对于非金属矿物来说,纯度在通常情况下指其矿物组成,而非化学组成,而正是矿物组成决定了矿物的结构。有许多非金属矿物的化学成分基本相近,但矿物组成和结构相去甚远,因此其功能或应用性能也就相差甚远,例如硅藻土和石英,化学成分虽都是二氧化硅,但石英为晶质结构(硅氧四面体),而硅藻土结构复杂的非晶质多孔结构,因此,它们的应用性能或功能就大大地不同。

矿物组成、化学成分和结构对非金属矿物材料功能的影响还与矿物的纯度有关。在很多情况下，为了充分发挥非金属矿物材料的功能，必须对矿物原料进行选矿提纯。特别是当矿物原料中杂质较多，且这种杂质对于非金属矿物材料某一主要功能有不利影响时。因此，选矿提纯技术对非金属矿物功能的发挥是十分必要的。

(2)矿物的粒度大小和形状

非金属矿物材料的功能或功能的发挥受矿物原料的粒度大小和粒度分布及颗粒形状的影响较大，许多非金属矿物粉体材料的功能，如在高聚物基复合材料中的增强或补强性、陶瓷材料的强度和韧性、作为造纸和涂料颜料的遮盖率以及粉体材料的电性、磁性、光性、吸波与屏蔽、催化、吸附、流变、抗(杀)菌、脱色、黏结等都与其粒度大小、粒度分布及颗粒形状有关。多数非金属矿物功能性的发挥依赖于粒度大小、分布及粒形。因此，粉碎分级技术尤其是超细粉碎和精细分级以及特殊粒形(如片状、针状、球状等)加工技术对非金属矿物功能的发挥也是非常重要的。

(3)矿物的表面性质

非金属矿物材料的很多功能取决于矿物原料的表面或界面性质，如催化、吸附、电性、光性、流变、分散及与材料中其他组分的相容性等。矿物的表面性质既与先天因素，如矿物的组成、化学成分和结构有关，也与加工技术有关。当今兴起的粉体表面处理或表面改性技术可以有目的地改善、提高非金属矿物材料的某些特定功能或赋予其新的功能。因此，被称之为"粒子表面设计技术"，这一新技术对于非金属矿物材料功能的发挥和开拓是不可或缺的。

此外，特殊功能矿物材料加工的基础研究为矿物材料新功能的开发和新材料的研制提供了新的思路。如矿物材料的原子与电子结构、分子结构、晶体结构、表面与晶界结构等；矿物中的离子价态、配位、局域对称、有序度、键性、电磁性、相转变、电荷密度分布等。通过在矿物天然结构基础上进行分子、原子组装，或通过结晶过程的调控，调整晶体的方向性，修饰、改变矿物结构，来提高矿物材料的性能，创造新的材料。

功能矿物材料的加工技术涉及材料加工、材料学、固体物理、材料物理化学、结构化学、高分子化学、无机化学、有机化学、电子、生物、环保、机械、自动控制、现代仪器分析与测试等学科。将非金属矿物和岩石(以下简称非金属矿)从原料加工成具有特定功能的材料，大体上要经过 2~3 个阶段，即初加工、深加工及制品。其中的核心加工技术主要包括矿物材料的超微细和改性、矿物颗粒的形状处理、矿物材料的原料配方和掺杂复合以及矿物材料的加工工艺和设备。

9.5.3 功能矿物材料的应用

1. 高纯超微细 SiO_2 的应用

SiO_2 粉经过超细粉碎、提纯、表面改性后可极大地提高其附加值，能广泛应用于陶瓷、玻纤、油漆、耐火材料、橡胶、塑料、树脂等领域。

(1)改性 SiO_2 粉在油漆中的应用

油漆在我国已有几千年的历史，经过长期的发展，从利用天然油脂到利用植物油与多种化工原料化学合成制备酚醛漆等，到 20 世纪 70 年代形成了我国以主要成膜物质为基础的 18 大类的涂料产品分类。为了提高性能，降低成本，无机粉体在油漆涂料中的应用会得到进一步发展,使涂料成本大幅降低。

油漆漆料一般由树脂、固化剂、颜料、填料和助剂等组成。

①改性石英粉在油漆中应用的工艺 首先将树脂加入高速分散机中用玻璃球 1800r/ min 进行分散 10min,然后将改性石英粉填料加入到高速分散机中和树脂一起高速分散。然后加入防沉剂、稀料、清泡剂、流平剂等,砂磨 2h。再用纱布过滤混合液,得油漆,然后制样,性能测定,工艺流程如图 9-18 所示。

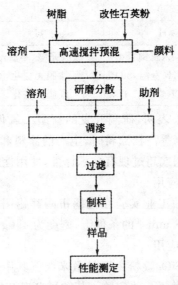

图 9-18 改性石英粉在油漆中应用流程

②改性石英粉在油漆中应用实验结果 改性二氧化硅粉在油漆中应用的工业实验在湖南省汉寿县特种涂料厂进行。根据二氧化硅粉的不同型号,采用不同的配方,分别在透明漆、氟碳漆、中灰环氧底漆、中涂漆、各色橘纹漆和建筑涂料等产品中应用。

改性石英粉在油漆中应用后,生产的涂料和油漆具有透明性好、硬度高、附着力强、耐高温、绝缘等优点。产品的各项性能均达到或超过现有技术标准,使用性能好,质量稳定。

通过对前述方法制得的改性二氧化硅粉在重防腐涂料中的应用进行了工业实验,实验是在长沙湘江生力重防腐涂料有限公司进行,产品包括氟碳防腐专用漆、快干型环氧防腐底漆、氯化橡胶防腐涂料、丙烯酸防腐涂料、耐磨涂料、无机耐高温防腐涂料等,下面仅列出改性二氧化硅应用于快干型环氧防腐底漆中时的产品的参数,如表 9-2 所示。

表 9-2 改性 SiO_2 型环氧防腐底漆中应用的实验结果

检验项目	指标	检验结果	检验方法
涂膜颜色及外观	灰色、平整、色调不定	灰色、平整、色调不定	GB/T1729-89
黏度(涂一4 杯,25℃)/s	≥80	100	GB/T1723-93
固体含量/%	≥40	50	GB/T1725-89
细度/μm	≤60	5	GB/T1724-89
表干(25℃)/min	≤2	1	GB/T1728-89

续表

检验项目	指标	检验结果	检验方法
实干(25℃)/h	≤24	6	
附着力	1级	1级	GB/T1720-89
柔韧性/mm	≤2	2	GB/T1731-93
冲击强度/kg·cm	≥50	50	GB/T1732-89
硬度	≥H	H	GB/T1730-89
耐化学试剂	10%H_2SO_4(室温,3d) 10%NaOH(室温,3d) 30%NaCl(室温,3d)	漆膜完整、不脱落 漆膜无变化 漆膜无变化	GB/T1763-79

从各个产品的性能检测结果表明,研制开发的新型二氧化硅粉应用于防腐涂料、防火涂料、氟碳涂料,耐高温、耐磨、防腐等高档涂料时,生产的涂料和油漆具有硬度高、耐高温、绝缘等优点。产品的各项性能均达到或超过现有技术标准,使用性能好,质量稳定。

(2)石英粉在球磨介质中的应用

石英粉在球磨介质中应用的工业实验在无锡市陶都锡阳实业公司进行。在研磨时间为3h、磨料为石英砂、转速为400r·min^{-1}的条件下,密度为4.0g·cm^{-3}的锆球研磨效果最佳。

(3)石英粉在耐火材料中的应用

陶瓷和耐火材料工业所用SiO_2微粉主要是微米级。其中性能最佳、应用最广的是硅灰。李晓明用不同来源的SiO_2微粉做了一些实验。其结果发现SiO_2微粉在>1000℃时,都能因其表面活性增大而大大促进烧结SiO_2微粉在不定形耐火材料,特别是在浇注料中使用时,SiO_2微粉常温下的减水和胶结性能也很重要。电子工业副产品SiO_2微粉、硅灰和其他SiO_2微粉都各有其优、缺点。耐火材料制造工艺流程如图9-19所示。

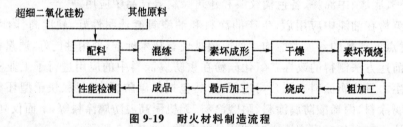

图9-19 耐火材料制造流程

2.高纯FeS_2在热电池的应用

热电池是以熔盐做电解质,利用自动激活机构点燃热源使电解质熔化而激活的一种高能储备电池,具有储存寿命长、激活快、工作电压高、使用温度范围广等特点,用常温下为固体,但加热后能熔融成盐的物质作电解质,贮存在正负两极之间;但同时在与电池系统相隔绝的邻室中放着热源,这两者构成一个整体。在需要电力的紧急情况下,点火后便自己发热,立即达到电池能工作的温度(400℃~600℃),从而发出电能。

热电池常用部件如下:

负极活性材料:Ca、Mg、Li或它们的合金。

正极活性材料:FeS_2、$CaCrO_4$、Fe_2O_3、CuO。

214

电解质：KCl、LiCl、40％KCl＋60％LiCl，或其他氟化物、溴化物等。

发热剂：Fe_2O_3 与 Al 的混合物。

发热反应：$Fe_2O_3+2Al \longrightarrow Al_2O_3+2Fe$（铝热反应）。

经过大量研究及应用证实，LiAl－FeS_2 热电池以其优异的性能得到广泛使用。热电池具有的优点为：保存期间自放电少、保存寿命可达 5 年以上；由于保存期间电解质处于冻结状态，因而无需检查、保养；活化时间短，在极短时间内即可取得大电流输出；使用时间不受外部气温的影响。目前已广泛应用于宇航、鱼雷、潜艇、武器系统等领域，非常适合做火灾、飞机事故、海难、工厂灾害等各种紧急情况下用的电源。

目前，制备高纯 FeS_2 粉体主要方法有：化学共沉淀法、高温硫化法和电化学法，由于种种条件的制约，化学法合成 FeS_2 粉体会带来诸如药剂带入杂质离子、工艺复杂、操作要求高、环境污染等问题，不适宜大规模生产，而且成本很高。随着 LiAl-FeS_2 热电池低成本要求和军工装备数量急增及精良化，以及高纯 FeS_2 粉体加工成本的急剧增加，寻求新的高纯 FeS_2 粉体制备途径越来越迫切。本研究采用天然黄铁矿方法制备的高纯 FeS_2 粉体（high-purity FeS_2 Powder，HFP）应用于热电池中，考察了所制备的 HFP 应用于 LiAl-FeS_2 热电池的电化学性能。

（1）HFP 的表征

通过提纯、超微细加工手段及特殊的处理方法，不破坏黄铁矿的结构，使其保持原有的半导体特性，制备出高纯的 FeS_2 粉体（HFP），制备关键是确保黄铁矿在超细磨过程中基本不发生氧化。本研究中使用的原料中，FeS_2 含量较高（97.94％），用 JL-1155 激光粒度仪检测产品的平均粒径为 21.3μm。XRD 分析（图 9-20）表明产品的主要物相为 FeS_2，晶粒尺寸为122nm。SCRKZ-5/220 型微机化差热分析仪对样品进行差热分析（DTA），见图 9-21。图9-21的 DTA 曲线上相应的特征温度点符合黄铁矿的特性，氧化温度点为 615℃，而热电池一般在400℃～600℃下工作，表明其热稳定性较好，由天然黄铁矿制备的 HFP 能适应热电池对 FeS_2的热稳定性要求。

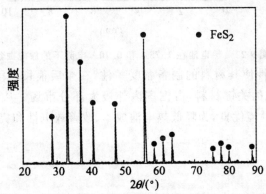

图 9-20 HFP 的 XRD 图谱

（2）HFP 用于 LiAl-FeS_2 热电池

信息产业部电子第十八研究所对 HFP 用于 LiAl-FeS_2 热电池进行性能检测。以 LiAl 为负极材料，FeS_2 为正极材料，采用二元电解质 KCl＋LiCl 压制成 LiAl-FeS_2 热电池。

试验对所制得的电池进行大电流（1.75A，电流密度 500 A/cm²）和小电流（0.70A，电流密

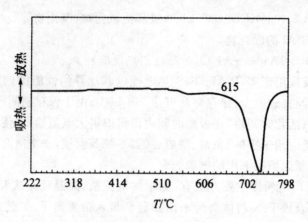

图 9-21　HFP 的 DTA 曲线

度 200 A/cm²)放电,根据图 9-22 可知,对电池在 1.75A 和 0.70A 下的电压进行对比,HFP 的电压比目前所用的 FeS_2 都高,提高幅度约为 100mV;而电池容量方面,HFP 不低于目前所用的 FeS_2。所以由天然黄铁矿加工制得的高纯 FeS_2 粉体(HFP),其性能优于目前所用的 FeS_2 粉体,已达到热电池生产的质量要求,可以作为 $LiAl$-FeS_2 热电池所用。

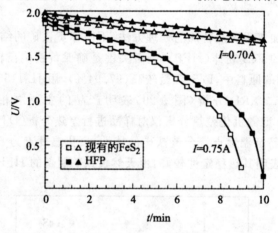

图 9-22　热电池在 1.75A 和 0.70A 电流下的放电曲线

　　热电池使用的特殊性使其材料的制备备受关注,在今后很长一段时间内,FeS_2 粉体仍然是铝锂合金-FeS_2 热电池的关键材料,占据国内外极大部分市场。从天然黄铁矿制备的高纯 FeS_2 粉体用于热电池,性能优良,为降低热电池成本、改善放电性和提高黄铁矿资源的高附加值利用开拓了新途径。

第 10 章　无机化学的进展

10.1　分子筛与微孔材料

分子筛类材料具有独特的孔道结构和活性中心,在石油化学、精细化工过程、吸附、分离等领域发挥着非常重要的作用,1756 年,瑞典矿物学家康斯坦德发现沸石。自然界中存在多种天然的沸石,如方沸石、锶沸石、钙霞石、菱沸石、片沸石、八面沸石等,它们显示出一些独特的性质,如可逆的吸附—脱附水的作用、离子交换、对有机分子的选择性吸附等等。1930 年,泰勒和鲍林利用 X 射线衍射技术开展天然沸石的结构测定工作,为进一步认识沸石的性质、结构及两者之间的关系奠定了基础。1932 年,麦克贝恩提出"分子筛"这一名词,指具有在分子水平上筛分分子的多孔材料。分子筛的内涵更为广泛,它不仅包括沸石,也包括活性炭、无定性硅胶以及其他各种具有多孔性质的非晶或晶体材料。目前,"分子筛"依然沿用上述更宽泛的定义,而"沸石分子筛"则特指以四面体共顶点连接而形成三维骨架结构的结晶型多孔物质。

分子筛孔道结构的表征涉及孔道与窗口的大小和形状、孔道的维数、孔道的走向、孔壁的组成与性质等,其中孔道的大小是多孔结构中最重要的特征。按照孔道尺寸的大小,将小于 2nm 的孔称为微孔;尺寸介于 2nm～50nm 的孔为介孔;孔道尺寸大于 50nm 的孔则属大孔。一般说来,材料的孔径小,则气体的渗透性差而选择透过性好;材料的孔径大,则气体的渗透性好而选择透过性差。通常所说的分子筛指的是孔径范围在 2nm 以下,具有规则的微孔孔道结构的结晶化合物。

10.1.1　二氧化硅与硅铝酸盐

硅酸盐的基本结构单元是硅氧四面体,这种低配位的 Si^{4+} 电荷高,若采用共边或共面的连接方式,正离子之间将发生强烈的排斥作用而导致结构不稳定,所以硅氧四面体倾向于尽可能远离——分立存在或共顶点相连接。每个硅氧四面体有 4 个顶点,被共用的顶点数 S 可以分别有 0、1、2、3、4 五种情形,从而形成分立、岛状、链状、层状及骨架结构,随着硅氧四面体共用顶点数目的增加,硅酸盐组成中的氧硅比降低,结构从零维向三维扩展,不同方式连接的硅氧四面体如图 10-1 所示。

方石英结构具有高度对称性,其中,硅原子采取与金刚石中碳原子完全相同的排布方式,而氧原子则插入到相邻接的硅原子中间。理想的方石英结构中,O 的二配位是线性的,即 $\angle Si—O—Si=180°$。鳞石英为六方结构,如果将方石英的结构与立方硫化锌类比,即将方石英结构中的四面体单元交替看作纤锌矿中的锌离子和硫离子,那么鳞石英的结构可以由六方硫化锌来描述,其中的四面体排列可以等价为闪锌矿中的锌离子和硫离子的连接方式。石英具有旋光性,结构中四氧化硅四面体沿六量螺旋轴方向依次连接,根据螺旋的方向不同,石英具有左旋或右旋的光学活性。

在同一结构中,硅氧四面体可以采取不同的共用顶点数目,如在硅酸盐双链结构中,被共

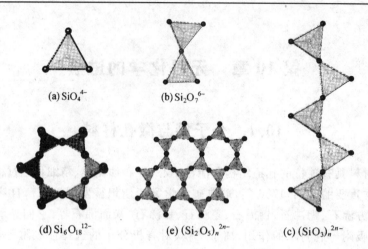

(a) SiO_4^{4-} (b) $Si_2O_7^{6-}$

(d) $Si_6O_{18}^{12-}$ (e) $(Si_2O_5)_n^{2n-}$ (c) $(SiO_3)_n^{2n-}$

图 10-1　硅氧四面体的不同链接方式

用顶点数 S 分别为 2 和 3；在层状硅酸盐中，S 可以取 3 和 4。硅酸盐结构中的 Si^{4+} 可以被其他阳离子，如 Al^{3+}、Ga^{3+}、Ti^{4+} 等部分取代，特别是铝对硅的取代非常普遍，从而形成硅铝酸盐。

10.1.2　沸石分子筛

沸石分子筛指结构中存在分子大小数量级微孔的结晶化合物。要判定某一化合物是否属于沸石分子筛，应当结合结构和性能特征，从四方面来考查：

①三维四联网络　分子筛的结构中，基本结构单元为四面体，表示为 TO_4，T 代表处于四面体中心的原子，如 Si，Al，P 等，四面体通过共顶点连接而形成三维结构，一般要求每个四面体都与周围的 4 个四面体相互连接。

②分子尺寸的孔道或空穴　沸石属于微孔材料，其孔径范围为 $2\sim20\mathring{A}$，正好是在分子尺寸。

③低骨架密度　沸石的骨架密度每立方纳米通常低于 $20\sim21$ 个四面体（记为 $20\sim21T/nm^3$）。

④吸附与交换性能　如果沸石孔道体系中存在水或阳离子，则水以吸附水的形式存在，阳离子可以进行交换。

TO_4 四面体（如 SiO_4，AlO_4，PO_4 等）是构成沸石分子筛骨架的最基本结构单元，称为初级结构单元。这些 TO_4 四面体在结构中按照一定的方式连接而形成各种骨架结构，沸石骨架结构的分类基础是 TO_4 的拓扑连接方式，它可以看成由有限或无限（如链状或层状）的结构组元构成，其中可以代表骨架基本连接特点的"有限结构组元"称为次级结构单元，次级结构单元及其表示符号如图 10-2 所示。

次级结构单元的选取基于这样的原则：通常只由此种 SBU 按一定的方式排布和连接便可形成无限的骨架。次级结构单元均是非手性的。同一种次级结构单元按照不同的方式连接，可以得到不同的骨架类型；同一骨架结构中也可以划分出不同的次级结构单元。

周期性结构单元（PerBU）是沸石骨架结构的基本重复单位，通过三维空间的平移对称操作，可以由 PerBU 构筑出沸石的整个骨架。鉴于晶体结构的周期性，PerBU 的选择有一定随意性，可以给出多种方式，但通常选取与结构特征相关联的单位，以便快捷而准确地描述结构。

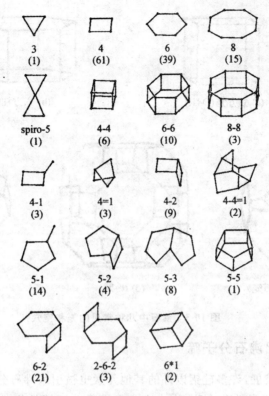

图 10-2　次级结构单元及其表示符号
（括号中的数字表示相应次级结构单元在沸石骨架中出现的次数）

PerBU 可以是某一种 SBU，也可以是多种 SBU 的组合，或者是某种反映结构特征的笼，等等。

当沸石中的次级结构单元按一定方式连接，或者通过周期性结构单元在三维空间排列而形成骨架结构时，可以自然产生一些特征的空间更为开放的笼、空穴、孔道。一些次级结构单元本身就是"笼"。沸石中 TO_4 四面体共顶点连接而围成的封闭多边形称为环，根据连接参与成环的 T 原子的数目 n，该多边形被称为 n 元环，如四元环、六元环等。笼形结构是由各种环围成的多面体，可以根据围成"笼"的环的数目及几何特征来描述笼。

空穴和笼没有本质的区别，根据 IUPAC 委员会的建议，如果形成笼的多边形中至少有一个较大的环（一般≥八元环），允许客体分子通过，则其可称为空穴，空穴可以理解为窗口较大、空间较大的笼。图 10-3 给出几种沸石中常见的笼和空穴。

从笼、空穴与孔道等微观结构的角度来考查，可以称为"沸石分子筛"的物质其结构至少满足以下条件之一：

①至少在一维方向上存在八元环或者八元环以上的孔道。

②结构中存在可以容纳客体分子的空穴。

沸石中存在八、九、十、十二、十四、十八、二十元环。根据孔道环数的大小，又可以将分子筛的微孔分为小孔、中孔、大孔和超大孔。

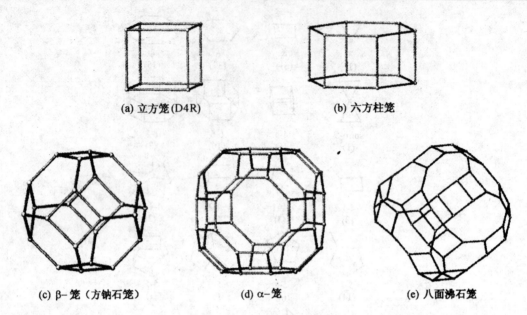

(a) 立方笼(D4R)　　　　　　　　　(b) 六方柱笼

(c) β-笼（方钠石笼）　　　(d) α-笼　　　(e) 八面沸石笼

图 10-3　沸石中几种常见的笼和空穴

10.1.3　非硅铝沸石分子筛

随着合成技术的发展,许多硅铝以外的其他元素也被引入沸石分子筛的骨架,得到了一大批具有结构新颖的无机微孔化合物,大大丰富了沸石分子筛的组成和结构化学。20 世纪 80 年代,美国 UCC(联合碳化物)公司开发出磷酸铝沸石分子筛系列——APO-n,磷酸铝分子筛的合成不仅丰富了沸石分子筛的骨架组成,也拓展了沸石分子筛的孔道大小。90 年代以来,含锗体系多孔材料的合成与结构引人关注。至今为止,沸石分子筛的人工合成从传统的硅铝酸盐发展到磷酸铝、其他金属磷酸盐、锗酸盐以及微孔氧化物等体系。

1. 锗酸盐沸石与 ASV 骨架类型

硅和锗同属ⅣA族,二者的物理化学性质相似。与二氧化硅类似,二氧化锗也可形成石英及方石英型结构,二氧化锗的常见结构为金红石型,二氧化硅在高压下也可以形成这一结构,因此,许多锗酸盐可以看作高压硅酸盐的同构体,在研究下地壳与上地幔的矿物结构时,锗酸盐体系常用来模拟硅酸盐在高压下的物相变化情况。然而,二者之间也存在显著的差异,例如,四配位 Ge—O 键长比四配位的 Si—O 键长,与之相对应,Ge—O—Ge 键角小于 Si—O—Si 键角。因此,分子筛中锗取代硅会增加结构的柔变形,从而大大丰富分子筛的结构类型. 在多种已知的分子筛骨架中,锗可以完全取代硅而形成同晶物,如 ABW,ANA,AsT,GIS,SOD 等;也可以部分取代硅形成固溶体,如 MFI,ISV 和 BEC。由纯锗形成的新型分子筛骨架类型有 ASV。

ASV 骨架结构如图 10-4 所示,其中最突出的结构单元是双四元环,双四元环彼此独立,通过另外的 GeO$_4$ 四面体连接而形成三维结构。

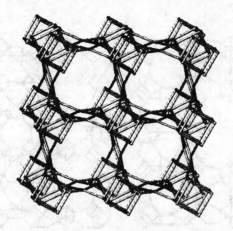

图 10-4　ASV 骨架结构

2. 磷酸盐沸石分子筛

这一系列沸石分子筛家族中不仅包括具有大孔、中孔、小孔的磷酸铝 AlPO-n 分子筛,而且其他十几种元素 Ga、Li、Be、B、Mg、Ge、As、Ti、Mn、Fe、Co、Zn 等也可引入骨架中,所形成的具有开放骨架结构的微孔化合物可分为 6 大类。

磷酸铝 AlPO-n 分子筛结构中的基本单元为 AlO_4 四面体和 PO_4 四面体,Al—O 和 P—O 平均键长与 Si—O 平均键长相当。AlPO-5 是磷酸铝分子筛家族中最著名的一员,其结构中,Al 与 P 的比是 1:1,磷氧四面体 PO_4 和铝氧四面体 AlO_4 在骨架上严格交替排列,整个骨架呈电中性,其骨架结构(AFI 类型)如图 10-5 所示。

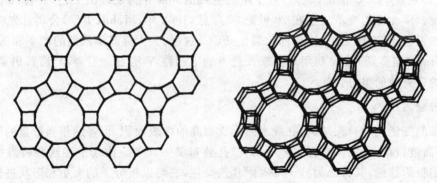

图 10-5　AlPO-n 的骨架结构

AlPO-5 中,PO_4 四面体显示出弱酸中心的性质. AlPO-5 骨架有适度的亲水性,对水的吸附很有特点,在 273 K,AlPO-5 的吸水等温线呈 V 字形,与其他的沸石或分子筛微孔材料大不相同。正是这一特性,AlPO-5 及相关结构化合物对甲烷、乙烷、乙烯、二氧化碳等小分子的吸附分离一直都是研究的热点。另外,通过取代的方法,可以合成出包括 Si、Co、Ni、V 等元素取代的同构化合物。

Cloverite 是一种磷酸镓盐,到目前为止已知沸石结构中,其骨架密度是最低的一个。Cloverite 骨架的拓扑结构可以这样描述:将 8 个 α-笼置于立方体的顶点,沿着立方体的边,2 个 α-笼之间通过 2 个 rpa 笼连接起来,见图 10-6(a)主孔道是由 PO_4 和 GaO_4 通过共用顶点连接而成的二十元环。二十元环上匀称地分布着 4 个带有 OH 端基的 GaO_4 四面体。孔道的形状如

图 10-6(b)所示。

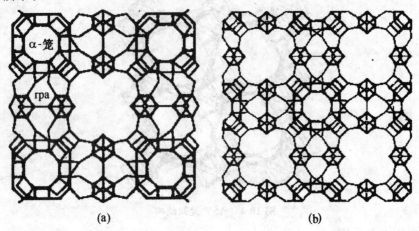

图 10-6 Cloverite 结构示意

与通常的分子筛不同,Cloverite 的结构不是一个完整的四联结构。这种骨架类型的编码为—CLO。

10.1.4 分子筛的应用

沸石分子筛有如此迅速的发展,得益于其已有的或潜在的工业应用价值。1949~1954 年间,Milton(米尔顿)和 Breck(布瑞克)将 Linda(林达)A、X 和 Y 沸石用于制冷剂和天然气的干燥过程,1959 年,UCC 推出以沸石分子筛为基础的分离异构烷烃的工艺,并将 Y 沸石用于异构化过程。革命性的变革发生在 20 世纪 60 年代,1963 年,Mobil(美孚)公司首先将 X 沸石用于石油加工的重要过程——流化催化裂化(FCC)过程,大大提高了汽油的产率和质量;1969 年,美国 Grace(格雷斯)公司利用水蒸气处理得到了超稳 Y 沸石。至今,Y 沸石仍是 FCC 过程催化剂的最有效的组分。

1. 吸附分离

分子筛的笼形孔洞骨架结构,在脱水后形成很高的内表面积,可容纳相当数量的吸附质分子,内表面高度极化,晶穴内有强大静电场,微孔分布单一均匀。由于上述这些特点使分子筛具有特殊的吸附性能,其特征为分子筛吸附具选择性,它可以按分子的大小和形状进行选择性吸附。如 KA(3A 分子筛)孔径 0.3nm,它可选择性吸附分子直径为 0.27~0.32nm 的水分子;而 NaA(4A 分子筛)孔径为 0.42nm,因而无法吸附分子直径为 0.65~0.68nm 的苯分子;CaA(5A 分子筛)孔径为 0.5nm,它可选择性吸附分子直径为 0.49nm 的正丁烷;NaX(13X 分子筛)孔径为 0.9nm,它可选择性吸附分子直径为 0.81~0.91nm 的三丙胺;NaY(Y 型分子筛)孔径 0.9nm,可吸附分子直径为 0.82~0.85nm 的 1,3,5-三乙基苯。分子筛选择吸附的另一特征是可按被吸附分子极性大小、不饱和程度和极化率进行选择吸附,例如利用分子筛可使混合二甲苯分离。

分子筛还具有低浓度及较高温度下吸附的特性,如 200℃下还有一定吸附能力,而在此温度下活性氧化铝及硅胶已完全丧失吸附能力。所形成的晶体是孔径从 1 到 $10\mu m$ 的立方单晶,例如市售 5A 沸石含有平均粒径稍大于 $2\mu m$ 的立方晶(最大的合成晶体近于 $100\mu m$)。3A

和 5A 型沸石是在结晶阶段分别加入钾盐和钙盐的水溶液,通过离子交换而形成,这种晶体在 600℃左右灼烧以后进一步结块,也可以用 20％以下的胶黏剂造粒。胶黏剂对气体的吸附容量很小,可忽略不计。

工业气体可以根据分子大小进行分组,只有那些分子尺寸小于某一类沸石孔径的才能被这种沸石吸附。从理论上讲,任何含有不同组分气体的混合物都能靠分子筛把它们分开,但是许多已在工业上实践的以沸石为基础的重要气体分离过程并不是基于分子筛的作用。它们是基于混合气体各组分的不同吸附强度或不同的平衡吸附量。使用沸石吸着剂的一些重要气体分离过程有空气分离以生产氧气和氮气、氢气的净化、从支链烃和环烃中回收正构烷烃、芳香烃的分离和干燥。除了正构烷烃和芳香烃的分离以外,这些过程都使用了某些组分的优先吸附原理,例如,由于氮能与极性表面生成强键的四极矩,氮比氧被优先吸附(用 5A 沸石,约为 3 倍)。

2.化学催化

除了催化裂化过程,沸石也广泛应用于加氢裂化、烯烃和烷烃的异构化及芳香烃的烷基化反应等过程。ZSM-5 作为助剂添加到 FCC 过程可以提高汽油的辛烷值。它既利用了分子筛的特征孔道结构,又有赖于分子筛中特征的活性中心。沸石分子筛孔道的形状和大小限制了可以进入其中的分子大小和形状,也限制了生成物分子的大小和形状,从而可以选择性地催化某一反应并使其定向进行,因此,沸石分子筛催化又称为"择型催化"。沸石中铝对硅的取代导致沸石骨架电荷不平衡,需要正离子进行补偿,若正离子为质子,则形成所谓的质子酸——Bronsted(布朗斯台德)酸(简称 B 酸)中心。当在高温下(大于 800 K)加热时,B 酸失去水分子而转变成 Lewis(路易斯)酸中心,简称 L 酸。B 酸和 L 酸可以催化不同的反应。由于沸石的硅铝比可以在一定范围内改变,通过调节骨架铝的含量而控制沸石中活性中心的浓度,而且随骨架铝含量的不同,不仅活性中心的数量发生变化,活性中心的酸强度也会发生变化,从而满足不同反应对活性中心的要求,沸石的择型催化要求反应物可以扩散到沸石孔道内的活性位置,受活性中心的有效作用而转化为产物,产物分子则应很快从孔道中扩散出来。因此,有 3 种不同的情形可以影响反应的选择性,如果沸石孔道的几何条件仅适合某些反应物分子进入,为反应物的选择性;如果受限制的是产物分子,只有可以快速从孔道中逸出的产物可以不断生成,这是产物选择性;如果活性中心只能满足某一反应的需要,或者其空间构型只允许某一类型的中间物形成,则为过渡态选择性,实际应用中,常常是几种因素同时起作用。

3.在电子材料领域应用

沸石分子筛在化学传感器领域中主要是应用在气敏、湿敏传感器方面,它可作主体敏感材料,也可作辅助材料;可做成烧结体,也可做成薄膜状材料。

作为辅助材料与传感器一起使用,沸石分子筛主要起保护元件(筛分或吸附有害气氛)、提高选择性、降低响应时间等作用。如极限电流型氧传感器受工作环境中有害气氛(氟利昂、二氧化硫)影响,不仅降低了工作寿命,更使检测结果产生误差。在其电极上沉积一层沸石分子筛作过滤器后,这两个问题都得到了很好的解决。用 NH_4Y 型沸石分子筛(铵根离子部分交换 Y 型沸石分子筛阳离子所得)作能斯特氢敏传感器的电解质,可使响应时间降至 8s,传感器仍表现出良好的能斯特效应。在 pH 敏场效应管栅极上沉积了对于溶液中钙离子具有选择交换性的沸石分子筛薄膜层后,由于它的离子交换性,可在 2～3min 内测出钙离子离子浓度的微小变化。

沸石分子筛晶膜也可直接用作化学传感器的敏感材料(对待测物质具有形状或分子结构的选择性俘获功能)。如沸石分子筛吸附极性物质后电阻值发生变化。可用来制备简单实用的极性气体传感器。利用沸石分子筛吸附气体后介电常数发生变化,在叉指电容上沉积一层沸石分子筛,可通过叉指电容值变化检测气体种类和浓度。在声子表面波(SAW)器件和石英晶体微天平(QCM)沉积一层沸也分子筛薄膜后,如果有气体被沸石分子筛吸附,则其吸附量可通过频率的变化测定。

目前,利用各种方法对已知沸石结构和活性中心进行修饰和改进是沸石应用研究的一个重要的方向。研究中最具挑战性的工作之一仍然是新型沸石的合成。调整骨架元素的组成,设计和合成新型的模板剂(结构诱导剂),构建由多面体簇(cluster)连接的微孔化合物,研究分子筛形成过程中的物理化学作用机理,揭示分子筛形成过程中模板剂的作用,等等都是实现上述目的的重要途径,沸石分子筛结构的形成很有规律,根据已知的结构单元及其连接情况,可以预测一些新的结构类型。研究表明,可能的分子筛种类数量巨大。因此,无论是理论预测,还是实验结果,都明确地告知我们,新型分子筛的合成、结构与应用的研究有着广阔的前景。

10.2 无机纳米化学

纳米科学技术是 20 世纪 80 年代末刚刚诞生并正在崛起的新科技,它的基本含义是在纳米尺寸范围内认识和改造自然,通过直接操作和安排原子、分子创造新物质。纳米科技是研究尺寸在 0.1～100nm 的物质组成的体系的运动规律和相互作用以及可能的实际应用中的技术问题的科学技术。

对纳米材料的研究始于 19 世纪 60 年代,随着胶体化学的建立,科学家就开始对纳米微粒系统的研究。而真正将纳米材料作为材料科学的一个独立分支加以研究,则始于 20 世纪 80 年代末到 90 年代初。1959 年诺贝尔奖获得者理查德·费曼提出了纳米材料的概念:"我不怀疑,如果我们对物质微小规模上的排列加以某种控制的话,我们就能够使物质具有各种可能的特性"。1982 年 Boutonnet 首先报道了应用微乳液制备出纳米颗粒:用水合肼或者氢气还原在 W/O 型微乳液水核中的贵金属盐,得到了单分散的铂、钯、铑、铱金属颗粒(3～5 nm)。1984 年德国物理学家 Gleiter 首次用惰性气体蒸发原位加热法制备了具有清洁表面的纳米块材料,并对其各种物性进行了系统的研究。1987 年美国和德国同时报道,成功制备了具有清洁界面的陶瓷二氧化钛。

1990 年第一届国际纳米科学技术会议在美国召开,标志着纳米科学的诞生。纳米材料科学正式作为材料科学的分支,标志着材料科学进入了一个新的阶段。1992 年,世界上第一本"纳米结构材料"杂志创刊。自此纳米科学和技术的研究在全球如火如荼的开展起来。

20 世纪 80 年代末。中国开始有组织地研究纳米材料,主要集中在中国科学院和大学。1993 年中国科学院北京真空物理实验室操纵原子成功写出了"中国"二字,标志我国进入国际纳米科技前沿。1998 年清华大学在国际上首次成功制备出直径为 3～50nm、长度达微米级的氮化镓半导体一维纳米棒。不久中国科学院物理研究所合成了世界上最长(达 3mm)、直径最小的超级纤维碳纳米管。1999 年上半年北京大学电子系在世界上首次将单壁竖立在金属表面,组装出世界上最细、性能良好的扫描隧道显微镜用探针。1999 年中国科学院金属研究所合成出高质量的碳纳米材料,用作新型储氢材料,一举跃入世界水平。这个研究所还在世界上首次直接发现了纳米金属的超塑延展性。中国对纳米技术的研究覆盖了基础理论和应用领域。基础研究包括纳米微粒的结构与物理性质,纳米微粒的化学性质,纳米微粒的制备与表面修饰等;应用研究包括纳米制品和纳米复合材料。

10.2.1　纳米材料的分类

从尺寸概念分析,纳米材料是指其组成相或结构畴尺寸控制在 100nm 以下的材料的总称,即表现为粒子、晶粒或晶界等显微构造达到纳米尺寸水平,包括原子团簇、纳米颗粒、纳米碳管、纳米线、纳米薄膜和纳米固体材料,从特性内涵分析,纳米材料能够体现出小尺寸效应、量子尺存效应、宏观量子隧道效应等纳米效应,使得纳米材料的性能优越于由粗晶粒组成的传统材料。若按传统的材料学科体系划分,纳米材料可进一步分为纳米金属材料、纳米陶瓷材料、纳米高分子材料和纳米复合材料。若按应用目的分类,可将纳米材料分为纳米隐身材料、纳米电子材料、纳米磁性材料、纳米生物材料等。

1. 原子团簇

通常把仅包含几个到数百个原子或尺度小于 1nm 的粒子称为原子团簇,它是介于单个原子与固态之间的原子集合体。原子团簇比无机分子大,比具有平移对称性的块体材料小。它们的原子结构(键长、键角和对称性等)和电子结构不同于分子,也不同于块体。事实上,原子团簇还包括由数百个离子和分子通过化学或物理结合力组合在一起的聚集体,其物理和化学性质也随所包含的原子数而变化。性质上既不同于单个原子和分子,又不同于固体和液体,也不能用两者性质做简单线性外延或内插来得到,而是介于气态和固态之间物质结构的新形态,常被称为"物质第五态"。

2. 纳米颗粒

纳米颗粒是指尺寸为纳米量级的颗粒,其尺寸比原子团簇大,比通常的微粉小,一般在 $1\sim100nm$ 之间。这样小的物体只能用高分辨的电子显微镜观察。

从颗粒所含原子数方面考虑,$1\sim100nm$ 之间的颗粒,其原子数范围是 $10^3\sim10^5$ 个。纳米颗粒比表面积(单位质量或单位体积物质的表面积)比块体材料要大很多,这将导致纳米颗粒电子状态发生突变,从而出现表面效应、体积效应等。已经发现,当粒子尺寸进入 $1\sim100nm$ 之间时,粒子将具有表面效应、体积效应、小尺寸效应、量子尺寸效应和宏观量子隧道效应,因而表现出许多特有的性质,在滤光、光吸收、催化、磁介质、医药及新材料等方面有广阔的应用前景。从这个意义上说,可以给纳米颗粒下一个相对准确的定义:表面效应和体积效应两者或之一显著出现的颗粒叫做纳米颗粒。

3. 纳米碳管

纳米碳管是纳米材料的一支新军。它由纯碳元素组成,是由类似石墨六边形网格翻卷而成的管状物,管子两端一般由含五边形的半球面网格封口。直径一般为 $0.4\sim20nm$,管间距 $0.34nm$ 左右,长度可从几十纳米到毫米级甚至厘米级,分为单壁碳纳米管(single-walled carbon nanotubes)和多壁碳纳米管(multi-walled carbon nanotubes)两种(见图 10-7)。

纳米碳管有许多特性,有广阔的应用前景,预测它们在超细高强纤维、复合材料、大规模集成电路、超导线材和多相催化等方面有着广泛的用途。

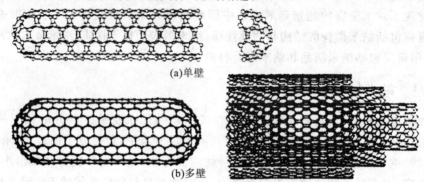

(a)单壁

(b)多壁

图 10-7　碳纳米管示意图

4.纳米薄膜

纳米薄膜主要是指含有纳米粒子和原子团簇的薄膜、纳米尺寸厚度的薄膜、纳米级第二相粒子沉积镀层、纳米粒子复合涂层或多层膜。上述纳米膜系一般都具有准三维结构与特征,性能异常。一般而言,金属、半导体和陶瓷的细小颗粒在第二相介质中都有可能构成纳米复合薄膜。这类二维复合膜由于颗粒的比表而积大,且存在纳米颗粒尺寸效应和量子尺寸效应,以及存在与相应母体的界面效应,故具有特殊的物理性质和化学性质。

5.纳米固体

纳米固体材料是由尺寸为 1～100nm 的颗粒或结构畴(晶粒或相)凝聚而成的三维块体。一般来说,各种材料其结构畴尺寸减小到 1～100nm 时,都具有与常规材料不同的特殊性质。纳米结构材料具有下列结构特点:

①很大比例的原子处于晶界环境。

②结构畴尺寸小于 100nm。

③各畴之间存在相互作用。

6.纳米复合材料

纳米复合材料大致包括三种类型:

①不同成分、不同相或者不同种类的纳米颗粒复合而成的纳米固体,称为 0-0 复合。

②把纳米颗粒分散到二维的薄膜材料中,称为 0-2 复合。这种复合材料又可分为均匀弥散和非均匀弥散两大类。均匀弥散是指纳米颗粒在薄膜中均匀分布;非均匀弥散是指纳米粒子随机地、混乱地分散在薄膜基体中。此外,有人把纳米层状结构也归结为纳米材料,由不同材质构成的多层膜也称为纳米复合材料。

③把纳米颗粒分散到常规的三维固体中,称为 0-3 复合。用这种方法获得的纳米复合材料由于它的优越性能和广泛的应用前景,成为当今纳米材料科学研究的热点之一。

10.2.2　纳米材料的特性

当粒子尺寸进入纳米量级(1～100nm)时,其本身具有表面效应、量子尺寸效应、小尺寸效应及宏观量子隧道效应,因而展现出许多特有的性质,在催化、滤光、光吸收、医药、磁介质及新材料等方面有广阔的功能特性。由于金属超微粒子中电子数较少,因而不再遵守 Fermi 统计。小于 10nm 的纳米微粒强烈地趋向于电中性。这就是 Kubo 效应,它对微粒的比热容、磁化强度、超导电性、光和红外吸收等均有影响。正因为如此,认为原子簇和纳米微粒是由微观世界向宏观世界的过渡区域,许多生物活性由此产生和发展。

1. 表面效应

随着粒子尺寸的减小,其表面原子所占的比重逐渐增加,对宏观尺寸的粒子来说,这种增加是非常缓慢的,基本可以忽略不计;但是当粒子小到纳米尺度时,继续减小粒子的尺寸表面原子的比例就会急剧增加。图 10-8 为表面原子所占的比重随粒子半径变化的情况。对于一个小到 1nm 的金属粒子来说,几乎所有的原子都将成为表面原子。纳米粒子的表面原子所处的晶体场环境及结合能,与内部原子有所不同,存在许多悬空键,并具有不饱和性质,因而极易与其他原子相结合而趋于稳定,所以具有很高的化学活性。

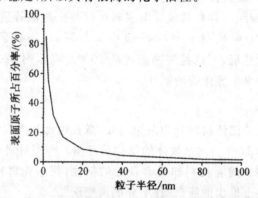

图 10-8　表面原子所占的比重随粒子半径的变化

金属纳米微粒在空气中会自燃。纳米粒子的表面吸附特性引起了人们极大的兴趣,尤其是一些特殊的制备工艺,例如氢电弧等离子体方法,在纳米粒子的常备过程中就有氢存在的环境。纳米过渡金属有储存氢的能力。氢可以分为在表面上吸附的氢和作为氢与过渡金属原子结合而形成的固溶体形式的氢。随着氢的含量的增加,纳米金属粒子的比表面积或活性中心的数目也大大增加。

2. 尺寸效应

当量子尺寸下降到一定值时,费米能级附近的电子能级由准连续变为离散能级现象。宏观物体包含无限个原子,能级间距趋于零,即大粒子或宏观物体的能级间距几乎为零。而纳米粒子包含的原子数有限,能级间距发生分裂。块状金属的电子能谱为准连续带,而当能级间距大于热能、磁能、静磁能、静电能、光子能量或超导的凝聚态能时,必须考虑量子效应,这就导致纳米微粒磁、光、声、热、电以及超导电性与宏观特性的显著不同,这称为量子尺寸效应。

3. 特殊的光学性质

粒径小于 300nm 的纳米材料具有可见光反射和散射能力,它们在可见光范围内是透明的,但对紫外光具有很强的吸引和散射能力(当然吸收能力还与纳米材料的结构有关)。当黄金(Au)被细分到小于光波波长的尺寸时,即失去了原有的富贵光泽而呈黑色。事实上,所有的金属在纳米颗粒状态都呈现为黑色。尺寸越小,颜色愈黑,银白色的铂变成铂黑,金属铬变成铬黑。金属纳米颗粒对光的反射率很低,通常可低于1％,大约几千纳米的厚度就能完全消光。利用这个特性,纳米材料可以作为高效率的光热、光电等转换材料,可以高效率地将太阳能转变为热能、电能。此外又有可能应用于红外敏感元件、红外隐身技术等。

4.特殊的热学性质

在纳米尺寸状态,具有减少了空间维数的材料的另一种特性是相的稳定性。当人们足够地减少组成相的尺寸时,由于在限制的原子系统中的各种弹性和热力学参数的变化,平衡相的关系将被改变。固体物质在粗晶粒尺寸时,有其固定的熔点,超细微化后,却发现其熔点显著降低,当颗粒小于10nm时变得尤为显著。如银的常规熔点为690℃,而超细银熔点变为100℃,因此银超细粉制成的导电浆料可在低温下烧结;块状的金的熔点为1064℃,当颗粒尺寸减到10nm时,则降低为1037℃,降低27℃,2nm时变为327℃。这样元件基片不必采用耐高温的陶瓷材料,甚至可用塑料替代。

100～1000nm的铜、镍纳米颗粒制成导电浆料可代替钯与银等贵重金属。纳米颗粒熔点下降的性质对粉末冶金工业也具有一定的吸引力。例如,在钨颗粒中附加质量分数为0.1％～0.5％的纳米镍颗粒后,可以使烧结温度从3000℃降低到1200℃～1300℃,以致可在较低的温度下烧制成大功率半导体管的基片。

5.特殊的力学性质

由于纳米超微粒制成的固体材料分为两个组元:微粒组元和界面组元。具有大的界面,界面原子排列相当混乱。图10-9为纳米块体的结构示意图。陶瓷材料在通常情况下呈现脆性,而由纳米超微粒制成的纳米陶瓷材料却具有良好的韧性,使陶瓷材料具有新奇的力学性能。这就是目前的一些展销会上推出的所谓"摔不碎的陶瓷碗"。

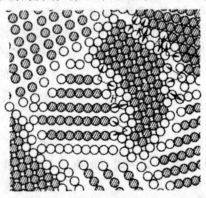

图10-9 纳米块体的结构示意图

氟化钡纳米材料在室温下可大幅度弯曲而不断裂。人的牙齿之所以有很高的强度,是因为它是由磷酸钙等纳米材料构成的。纳米金属固体的硬度是传统的粗晶材料硬度的3～5倍。至于金属—陶瓷复合材料,则可在更大的范围内改变材料的力学性质,应用前景十分广阔。

10.2.3　典型纳米材料的制备

1. 碳纳米管的制备

（1）石墨电弧法

Iijima 等在惰性气体的保护下，以铁、镍、钴等催化下，让石墨电极进行电弧放电，所产生的高温使石墨电极蒸发，气态碳离子沉积于阴极而生成碳纳米管，其直径仅为 1nm，而且质量和产量都很高。这个方法是制备碳纳米管的经典工艺方法。

（2）激光蒸发法

此法也是物理气相沉积，是目前最佳的制备单壁碳纳米管的方法。与电弧法相比，它可以远距离控制单壁碳纳米管的生长条件，更适合于连续生产，所得的碳纳米管质量较好。

（3）催化裂解法

碳氢化合物在过渡金属催化剂上分解而得到碳纳米管。Ivanov 等用此法制备出的碳纳米管长度达到 $50\mu m$。此法较电弧法简单，也能大规模生产，但碳纳米管的层数较多，形态复杂。

（4）电解碱金属熔融盐法

为了避免碳纳米管与其他纳米颗粒的混合状态、碳纳米管相互缠绕、质量和产率低等缺点，有人利用熔盐电解碱金属卤化物生长出直径为 $10\sim50nm$，长度 $20\mu m$ 的碳纳米管及金属线。如果在氯化钠熔盐体系中电解，50%的普通石墨转化为碳纳米管。

2. 碳纳米管列阵的制备

利用催化裂解 CH_4 来制备不同形貌的碳纳米管，具体制备为：水平管式电炉内置一石英管（$\phi50mm\times1400mm$），电炉恒温区为 200mm。取 100mg 催化剂前驱体置于恒温区的石英舟内，在氢气气氛下慢慢升温还原，反应温度稳定 10min 后，以 $50mL\cdot min^{-1}$ 流速导入 CH_4，反应 2h 冷却。

分别在 500℃、600℃、700℃下用 $Ni_{0.5}Mg_{0.5}O$ 制备碳纳米管。TEM 结果表明，随着反应温度的升高，催化剂颗粒先增大后减小，其形貌分别类似于六边形（500℃）、锐化的五边形（600℃）和尖卵形（700℃），碳析出的晶面夹角愈来愈小；碳纳米管的外径由 500℃ 的 $25\sim30nm$ 增加到 600℃ 的 $35\sim40nm$，再减小到 700℃ 的 $15\sim20nm$，而碳纳米管的内径随温度增加略有增加；在 500℃ 生长的碳纳米管短，而 600℃ 和 700℃ 生长的碳纳米管要长得多。一般认为碳在金属颗粒体相中的扩散是碳纳米纤维生长过程的控制步骤。500℃ 时甲烷在某一浓度下分解出的碳物种的生成速率可能超过碳在金属颗粒体相中的扩散及在其他晶面堆积成管的速率，导致碳物种在原地堆积覆盖了甲烷催化裂解的活性表面，使整个反应停止，碳纳米管生长得短。反应温度提高，碳在金属颗粒体相中的扩散加快，达到使整个反应停止所需的甲烷浓度极限更高，反应时间更长，所以 600℃ 和 700℃ 时碳纳米管生长得长。

10.2.4　纳米材料的表征与应用

1. 纳米材料的表征

（1）纳米材料的尺寸评估

描述纳米微粒尺寸、颗粒度的物理量有晶粒、一次颗粒、团聚体以及二次颗粒。晶粒是指单晶颗粒,即颗粒内为单相、无晶界。一次颗粒是指含低气孔率的一种独立的粒了。团聚体是由一次颗粒通过表面力或固体的键合作用而形成的更大的颗粒。团聚体内含有相互连接的气孔网络。二次颗粒是指人为制造的粉料团聚体。例如,制备陶瓷的工艺过程中所指的"造粒"就是制造二次颗粒。纳米微粒一般指一次颗粒。它的结构可以为多晶体,消退粒径小到一定值后为单晶体。只有纳米微粒为单晶体时,纳米微粒的粒径才与晶粒尺寸相同。球形颗粒的颗粒尺寸(粒径)定义为颗粒的直径。对不规则颗粒,尺寸的定义常为等当直径,如投影面积直径等。测量纳米颗粒的粒径方法常用的有扫描隧道显微镜观察法、透视电镜观察法、X 射线衍射线线宽法等。

(2)元素分析

不同尺寸的纳米颗粒,其化学元素组成是不一样的,特别是在添加不同的有机配体来惰化和修饰表面后更是如此。通过元素分析可以确定不同尺寸纳米颗粒的组成,对于纳米晶体,元素分析数据是晶体结构解析的重要辅助手段。

(3)红外光谱

同一类型、不同尺寸的纳米颗粒在红外光谱的指纹区有微弱的位移,虽然这种位移很弱,在某些情况下甚至无法观察到,但对一些纳米粒子还是一项很重要的性质。

(4)紫外－可见光谱

利用纳米级分子聚集体存在量子尺寸效应这一特点,可以通过观测组装过程中紫外－可见光谱(电子光谱)的吸收突变(峰值)位置,探讨构筑分子聚集体的过程与机理。通过比较与测定一系列不同大小粒径的分子聚集体(粒径分布要窄)的电子吸收光谱数据,经量子化学计算分析处理可以得到一批极有价值的理论数据。

(5)X 射线单晶衍射分析

合成与培养适合进行 X 射线衍射单晶结构分析用的簇合物单晶,以便解析簇合物分子的结构,研究纳晶内原子与原子之间的成键情况及其所处的位置。

(6)荧光光谱

伴随着量子尺寸效应,随着粒径的减小,与紫外－可见光谱吸收波长一样,荧光发射向更高的能级移动(蓝移),每一尺寸的纳米级颗粒都对应一荧光发射波长。而量子尺寸效应带来的能级改变、能隙变宽使半导体纳米微粒产生光学非线性响应,也使半导体纳米微粒氧化还原能力增强,并具有更优异的光电催化活性。

2.纳米技术的应用

纳米材料作为一种新型材料,具有很广泛的应用领域。国际上对纳米技术的研究已有 40多年的历史,最初是从金属粉末、陶瓷等领域开始的。但近几年来取得了巨大进展,主要是打破了许多学科的界限,从化学到生物学,从材料科学到电子工程,科学家创造了许多方法和手段,拓展了纳米技术,使纳米技术最终从实验室走向了市场。目前世界范围内的纳米技术已在电子、冶金、石油化工、医药和生物工程等领域得到了广泛应用。

(1)纳米技术在微电子学上的应用

纳米电子学的主要思想是基于纳米粒子的量子效应来设计并制备纳米量子器件,它包括纳米微粒与微孔固体组装体系、纳米有序无序阵列体系、纳米超结构组装体系。纳米电子学的最终目标是将集成电路进一步减小,研制出由单原子或单分子构成的在室温能使用的各种器件。具有奇特性能的碳纳米管的研制成功,为纳米电子学的发展起到了关键的作用。碳纳米管是由石墨碳原子层卷曲而成的无缝纳米级管状晶体,径向尺层控制在 100nm 以下。电子在碳纳米管的运动在径向上受到限制,表现出典型的量子限制效应,而在轴向上则不受任何限制。

(2)纳米技术在光电领域的应用

纳米技术的发展使微电子和光电子的结合更加紧密,在光电信息传输、存储、处理、运算和显示等方面,使光电器件的性能大大提高。将纳米技术用于现有雷达信息处理上,可使其能力提高几百倍,甚至可以将超高分辨率纳米孔径雷达放到卫星上进行高精度的对地侦察。

(3)纳米技术在陶瓷领域的应用

陶瓷材料作为材料的三大支柱之一,在日常生活及工业生产中起着举足轻重的作用。但是,由于传统陶瓷材料质地较脆,韧性、强度较差,因而使其应用受到了较大的限制。随着纳米技术的广泛应用,纳米陶瓷随之产生。纳米陶瓷是指显微结构中的物相具有纳米级尺度的陶瓷材料,也就是说晶粒尺寸、晶界宽度、第二相分布、缺陷尺寸等都是在纳米量级的水平上。希望纳米陶瓷能克服陶瓷材料的脆性,使陶瓷具有像金属一样的柔韧性和可加工性。

(4)纳米医学材料

传统的氧化物陶瓷是一类重要的生物医学材料,在临床上已有多方面的应用,例如制造人工骨、肩关节、骨螺钉、人工齿、人工足关节、肘关节等,还用作负重的骨杆,锥体人工骨。纳米陶瓷的问世,将使陶瓷材料的强度、硬度、韧性和超塑性大为提高,因此在人工器官制造,临床应用等方面,纳米陶瓷将比传统陶瓷有更广泛的应用,并有极大的发展前景。纳米微孔二氧化硅玻璃粉已被广泛用作功能性基体材料,譬如微晶储存器、微孔反应器、化学和生物分离基质、功能性分子吸附剂、生物酶催化剂载体、药物控制释放体系的载体等。纳米碳纤维具有低密度、高比模量、高比强度、高导电性等特性,而且缺陷数量极少、比表面积大、结构致密。利用这些超常特性和它的良好生物相容性,可使碳质人工器官、人工骨、人工齿、人工肌腱的强度、硬度和韧性等多方面性能显著提高。还可利用其高效吸附特性,把它用于血液的净化系统,以清除某些特定的病毒或成分。

(5)纳米技术在生物工程上的应用

生物分子是很好的信息处理材料,每一个生物大分子本身就是一个微型处理器,分子在运动过程中以可预测方式进行状态变化,其原理类似于计算机的逻辑开关,利用该特性并结合纳米技术,可以此来设计量子计算机。科学家已经考虑应用几种生物分子制造计算机的组件,其中细菌视紫红质最具前景。该生物材料具有特异的热、光、化学物理特性和很好的稳定性,并且其奇特的光学循环特性可用于储存信息,从而起到代替当今计算机信息处理和信息存储的作用。在整个光循环过程中,细菌视紫红质经历几种不同的中间体过程,伴随相应的物质结构变化,具有潜在的并行处理机制和用作三维存储器的可能。纳米计算机的问世,将会使当今的信息时代发生质的飞跃。它将突破传统极限,使单位体积物质的储存和信息处理的能力提高上百万倍,从而实现电子学上的又一次革命。

(6)纳米技术在化工领域的应用

纳米粒子作为光催化剂,有许多优点。首先是粒径小,比表面积大,光催化效率高。另外,纳米粒子生成的电子、空穴在到达表面之前,大部分不会重新结合。因此,电子、空穴能够到达表面的数量多,则化学反应活性高。其次,纳米粒子分散在介质中往往具有透明性,容易运用光学手段和方法来观察界面间的电荷转移、质子转移、半导体能级结构与表面态密度的影响。

10.2.5 纳米材料的发展前景及展望

在充满生机的21世纪,信息、生物技术、能源、环境、先进制造技术和国防的高速发展必然对材料提出新的需求,元件的小型化、智能化、高集成、高密度存储和超快传输等要求材料的尺寸越来越小;航空航天、新型军事装备及先进制造技术等对材料性能要求越来越高。纳米材料和纳米结构是当今新材料研究领域中最富有活力,对未来经济和社会发展有着重要影响的研究对象,也是纳米科技中最为活跃、最接近应用的重要组成部分。正像美国科学家估计的"这种人们肉眼看不见的极微小的物质很可能给予各个领域带来一场革命"。纳米材料和纳米结构的应用将对如何调整国民经济支柱产业的布局、设计新产品、形成新的产业及改造传统产业注入高科技含量提供新的机遇。

纳米材料的发展前景主要体现在以下几个方面:

(1)信息产业中的纳米技术

信息产业在国际上占有举足轻重的地位,纳米技术的应用主要体现在四个方面:

①光电子器件、分子电子器件、薄层纳米电子器件。

②网络通信、宽频带的网络通信、纳米结构器件、芯片技术等。

③压敏电阻、非线性电阻。

④网络通信的关键纳米器件。

(2)能源环保中的纳米技术

合理利用传统能源和开发新能源是我国当前和今后的一项重要任务。利用纳米改进汽油、柴油的添加剂,具有助燃、净化作用,也可以通过转化太阳能得到电能、热能,提供新型能源。

(3)环境产业中的纳米技术

纳米技术对空气中20nm以及水中的200nm污染物的降解时不可替代的。要净化环境,必须用纳米技术。

(4)纳米生物医药

目前,国际医药行业面临新的决策,那就是用纳米尺度发展制药业。

(5)纳米技术对传统产业改造

对于中国来说,当前是纳米技术切入传统产业、将纳米技术和各个领域相结合的最好机遇。

综合看来,纳米材料作为新型的技术产业,已经在国际上占有不可取代的地位,如何利用纳米材料和技术为人类造福,改造保护环境是研究的重点和方向。21世纪将是纳米科技迅速发展的时段,开发、创造新型材料将会促进国家经济、国防建设等的发展,具有深远的意义。

10.3 稀土材料

我国是世界稀土资源最丰富的国家,储量超过世界总量的40%,在稀土研究方面有着得天独厚的优势。稀土元素独特的物理化学性质,决定了它们具有极为广泛的用途。稀土元素由于原子的结构特殊,电子能级异常丰富,具有许多优异的光、电、磁、核等特性。被称为"现代工业的维生素"和神奇的"新材料宝库"。在新材料领域,稀土元素丰富的光学、电学及磁学特性得到了广泛应用,在高技术领域,稀土新材料发挥着重要的作用。稀土新材料主要包括稀土发光材料、稀土永磁材料、稀土超磁致伸缩材料、稀土陶瓷材料,以及其他稀土新材料,如巨磁阻材料、磁制冷材料、光制冷材料、磁光存储材料等。

10.3.1　稀土发光材料

物质发光现象大致分为两类:一类是物体受激发吸收能量而跃迁至激发态(非稳定态)在返回到基态的过程中,以光的形式放出能量;另一类是物质受热,产生热辐射而发光。以稀土化合物为基质和以稀土元素为激活剂的发光材料多属于前一类,即稀土荧光粉。稀土元素原子具有丰富的电子能级,因为稀土元素原子的电子构型中存在 4f 轨道,为多种能级跃迁创造了条件,从而获得多种发光性能。稀土是一个巨大的发光材料宝库,在人类开发的各种发光材料中,稀土元素发挥着非常重要的作用。

根据激发源的不同,稀土发光材料可分为光致发光(以紫外线或可见光激发)、阴极射线发光(以电子束激发)、X 射线发光(以 X 射线激发)以及电致发光(以电场激发)材料等。光致发光材料——灯用荧光粉,主要用于各类不同用途的光源,如照明、光化学光源、复印机光源等。其中三基色荧光粉(由红、绿、蓝三种稀土的荧光粉按一定比例混合而成)制成的节能灯,由于光效高于白炽灯两倍以上,光色也较好,受到世界各国的重视。阴极射线发光材料——显示用荧光粉,主要用于示波器、电视机、雷达和计算机等各类荧光屏和显示器。蓝色和绿色荧光粉仍使用非稀土的荧光粉,但绿色荧光粉发光特性较好。目前稀土发光材料,在照明、信息、显示等方面已获得广泛的应用,成为人类生活中不可缺少的重要组成部分。

1. 光致发光材料——灯用荧光粉

20 世纪 80 年代中期以来,随着含铕较少的较便宜的荧光粉开发成功,稀土荧光粉做成的高性能荧光灯应用迅速增长。我国新开发的大功率强光型 $55\sim120W$ 适用于室外照明的稀土紧凑型节能荧光灯管,光效在 $801m\cdot W^{-1}$ 以上。

新一代高频环保节能灯管 T5 荧光灯管,是理想的节能照明光源。灯管的特点是涂敷稀土三基色荧光粉为发光体,采用固态汞减少二次污染及高频电点灯的新技术,光色好、光效高、无频闪、提高了光的质量、降低了能耗、减少了汞污染、净化了生产环境、缩短了工序、提高了生产效率,是今后几年大力推广的产品,市场前景优于当前的紧凑型节能荧光灯。

稀土荧光粉用于高压汞灯中已有多年。这种灯的原理是利用氩气和汞蒸气中的放电作用,它的光强度高于荧光灯。所用铕激活的钡酸钇荧光粉起改善光色作用。高压汞灯的主要应用是街道和工厂照明,这种场合需要强的白光。但是,近年来钠放电灯和金属卤化物 HQT 灯已代替了高压汞灯。

2. 阴极射线发光材料——显示用荧光粉

主要用于电视机、示波器、雷达和计算机等各类荧光屏和显示器。稀土红色荧光粉用于彩色电视机荧光屏,使彩电的亮度达到了更高水平。蓝色和绿色荧光粉仍使用非稀土的荧光粉,但绿色荧光粉发光特性较好,有开发前景。计算机不像电视机那样重视颜色的再现性,而优先考虑亮度,因而采用橙色更强的红色。

此外,稀土飞点扫描荧光粉已广泛用于彩色飞点扫找管、扫描电镜观察镜、电子显示管。

作为阴极射线管的一种,可用于 40 英寸大屏幕电视机。投射式阴极射线管要求画面的高辉度,并在高负荷条件下使用。因此要求荧光屏具有高辉度、高电流密度的励磁条件,且在高温下可明亮地发光,最能符合这些条件的是稀土荧光粉,红粉为 Y_2O_3:Eu,绿粉以 Tb 为激活剂。荧光粉的原料为 Y,La,Eu,Tb 的氧化物和氯化物。高清晰度大屏幕彩色投影电视有很强的逼真感,不仅对提高生活质量具有积极意义,而且对军事指挥系统亦有意义。投影管中的荧光粉要承受更大的电流密度及阴极电压,还要避免温度猝灭效应。目前只有稀土荧光粉能满足这种苛刻要求。

3. 高技术用特种发光材料

主要开发光电子信息技术需要的发光材料,如衰减速率快、能量转换效率高、耐辐照的新型闪烁体,用于高能加速器和 X 射线层析仪,光通讯需要的红外转换材料等。

10.3.2 稀土磁性材料

1. 稀土永磁材料

稀土永磁材料是以稀土金属和过渡元素为主所组成的、能长期保持磁性的金属间化合物。稀土—过渡金属的金属间化合物是最重要的永磁材料,在很多领域有着广泛的用途。目前,综合磁性能最好材料是 $Nd_2Fe_{14}B$,它保持了磁能积最高等多项记录,价格便宜,是主要应用的稀土永磁材料。$Nd_2Fe_{14}B$ 的 Curie 温度比较低(585 K)。$Sm_2Fe_{17}N_3$ 和 $NdFe_{10}MoN$ 是近年来开发的新型稀土永磁材料,具有良好的内禀磁性,原料比较便宜,是很有前途的材料。

人们对稀土—过渡金属的二元体系的磁性质进行了系统的研究。稀土可以与 3d 过渡金属形成多种化合物,稀土—铁二元体系中有 $REFe_2$,$REFe_3$,RE_6Fe_{23} 和 RE_2Fe_{17},镍和钴体系的化合物更多。考查几个典型的稀土—过渡金属体系,图 10-10 是钇、钆与镍二元化合物的磁有序温度,稀土—镍体系的磁有序温度都比较低,Gd_2Ni_{17} 的 Curie 温度最高,为 200K 左右;YNi_5 具有 Pauli 顺磁性,Y_2Ni_7 的磁有序温度很低,YNi_2 又转变为 Pauli 顺磁性。钆—镍二元化合物的变化规律类似,但由于钆具有磁矩,$GdNi_2$ 具有磁有序,但转变温度很低。过渡金属的电负性比稀土金属大,在化合物中,稀土金属的电子向过渡金属 d 轨道迁移,因此,稀土含量的变化意味着能带的充填状况变化。从稀土—镍体系的磁性变化看,$REFe_5$ 体系 Fermi 能级附近的能态密度较小,随稀土含量增加,能带中的电子数目增加,Fermi 能级附近的能态密度随之变化,使 $REFe_5$、RE_2Fe_7 到 $REFe_3$ 体系的磁有序温度变化。

稀土与钴和铁的化合物 Curie 温度较高,但磁有序温度的变化规律不同,稀土-铁和稀土-钴的磁有序温度随组成的变化分别如图 10-11 和 10-12 所示。可以看到,而在稀土-铁体系中,稀土含量增加,Curie 温度上升;在稀土-钴体系中,稀土含量增加,Curie 温度下降。稀土种类对稀土-钴体系的磁性能影响也很大(图 10-13),稀土含量比较高时,钴对材料的磁矩没有贡献,Curie 温度主要由稀土金属间的相互作用(RE-RE)决定,体系的 Curie 温度比较低(如 RE-CO_2 等)。稀土含量比较低时,体系的 Curie 温度主要决定于过渡金属之间磁相互作用,Curie 温度几乎不受稀土金属种类的影响。稀土-铁体系的 Curie 温度都与稀土金属种类有关,说明稀土金属对化合物的磁性质有较大的贡献。

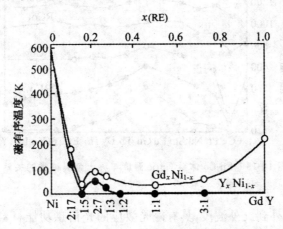

图 10-10　Ln-Ni 二元体系的磁有序温度

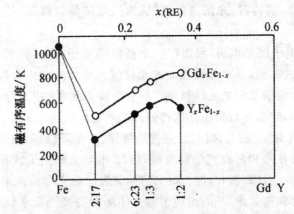

图 10-11　Ln-Fe 体系的磁有序温度

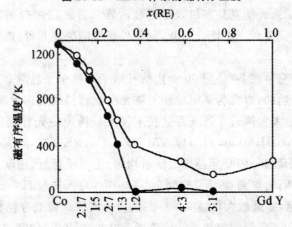

图 10-12　Ln-Co 体系磁有序温度与组成的关系

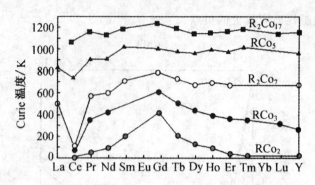

图 10-13 Ln-Co 体系 Curie 温度与稀土金属种类的关系

2.稀土磁光材料

磁光材料是指在紫外到红外波段,具有磁光效应的光信息功能材料。利用这类材料的磁光特性以及光、电、磁的相互作用和转换,可制成具有各种功能的光学器件,如调制器、隔离器、显示器、存储器、环行器、偏转器、光信息处理机、激光陀螺偏频磁镜、开关、磁强计、磁光传感器、印刷机等。

稀土元素由于 4f 电子层未填满,因而产生未抵消的磁矩,这是强磁性的来源,由于 4f 电子的跃迁,这是光激发的起因,从而导致强的磁光效应。单纯的稀土金属并不显现磁光效应,这是由于稀土金属至今尚未制备成光学材料。只有当稀土元素掺入光学玻璃、合金薄膜、化合物晶体等光学材料之中,才会显现稀土元素的强磁光效应。

1966 年发展了磁光开关、磁光调制器、磁光隔离器、磁光环行器、磁光旋转器、磁光相移器等磁光器件。由于光纤技术和集成光学的发展,1972 年起又诞生了波导型的集成磁光器件。在 20 世纪 60 年代后期,因计算机存储技术的发展,开发了磁光存储技术。后来由于全息磁泡和光盘技术的日趋完善和商品化,从而出现了磁光印刷和磁光光盘系统。利用磁光效应研究圆柱状磁畴(磁泡)而发展了磁泡技术。因信息技术的需要,在 20 世纪 70 年代中后期,在磁泡技术的基础上,又发展了磁光信息处理机及磁泡显示器。后来利用磁光效应发展了一个全固态(无机械部件)的磁光偏频激光陀螺。因此,每一种新型的磁光器件,都是在研究磁光效应的基础上开发成功的。

磁光存储材料的研究早在 20 世纪 50 年代就开始了。稀土—过渡金属非晶态膜 GdCo 作为磁光存储材料是有前途的,以此为契机推动了磁光存储材料的飞速发展。加上半导体激光、制膜等周边技术的发展,大大推进了磁光存储技术发展。稀土磁光存储材料是稀土与过渡金属的非晶态薄膜 RE-TM,RE=Gd,Tb,Dy,TM=Fe,Co;RE-TM 非晶态薄膜垂直磁化膜具有较大各向异性,存储密度高;因是非晶态故反射均匀、信号质量好、信噪比高;室温矫顽力大,可靠性高,信号不易损坏;居里温度可调整到 100℃ 左右,写入温度低。这种材料被用作磁光盘 MO,可随机读写信息,容量极大可达 2.6 GB,读写速度快。磁光存储材料在信息时代发挥着重要作用。日本于 1988 年研制成功第一代磁光盘并投放市场,1995 生产的 5.25 英寸磁光盘双面存储容量达到 1000MB。磁光盘兼具有磁盘和光盘两者优点,即可以直接重写作业、寿命长、容量大。目前已经进入 1300MB 的研究阶段。磁光盘主要用于大容量数据存取、广告、娱乐业等。5.25 英寸磁光盘逐渐淘汰,3.5 英寸磁光盘为主流,2.5 英寸磁光盘为家庭数码电器、数码相机、数码摄像机等主流。用 GdFeCo, TbFeCo, TbFeCoAl 等金属间化合物薄膜制成光盘，探找可实现垂直磁化的、抗氧化的、长寿命的 40 年新型磁记录材料，以提高存储密度至每平方英尺 100GB 和存储速度。

3. 稀土磁制冷材料

磁制冷材料是用于磁制冷系统的具有磁热效应的物质。磁制冷首先是给磁体加磁场，使磁矩按磁场方向整齐排列，然后再撤去磁场，使磁矩的方向变得杂乱，这时磁体从周围吸收热量，通过热交换使周围环境的温度降低，达到制冷的目的。磁制冷材料是磁制冷机的核心部分，即一般称谓的制冷剂或制冷工质。

磁制冷所用的制冷材料基本都是以稀土金属为主要组元的合金或化合物，尤其是室温磁制冷几乎全是采用稀土金属 Gd 或 Gd 基合金。磁制冷的制冷效率高，能量消耗低，更主要的是使用无环境污染、无害的稀土材料作为制冷工质，取代目前使用氟里昂制冷剂的电冰箱、冷冻机、冰柜及空调器等，可以消除由于生产和使用氟里昂类制冷剂所造成的环境污染和大气臭氧层的破坏，因而能保护人类的生存环境，具有显著的环境和社会效益。

低温磁制冷装置具有小型化和高效率等独特优点，广泛应用于低温物理、磁共振成像仪、空间技术、远粒子加速器、红外探测及微波接收等领域，某些特殊用途的电子系统在低温环境下，其可靠性和灵敏度能够显著提高。

10.3.3　稀土催化材料

催化剂是一种能够改变反应速率但自身不发生化学变化的物质。它不参与反应，但少量存在就能加快反应，即改变化学反应速率。稀土催化剂及助催化剂种类繁多，但目前形成产业化的只有汽车尾气净化催化剂、石油裂化催化剂及合成橡胶催化剂。由于稀土与其他金属催化组分具有良好的协同作用，因而稀土催化材料不仅具有良好的催化性能，而且具有良好的抗中毒性能和很高的稳定性。例如，镧具有很好的稳定性能，已成为催化领域的重要合成元素；铈可变价，具有良好的储、放氧功能，广泛应用于汽车尾气净化催化剂中。

随着汽车的普及和人们对汽车尾气污染危害认识的加深。要求控制汽车尾气污染的呼声越来越高。汽车排气限制措施促进了对汽车尾气的治理，特别是促进了对汽车尾气净化催化剂和汽车尾气净化装置的研究。汽车尾气中的有害成分主要有一氧化碳（CO）、氮氧化物（NO_x）碳氢化合物（HC）。稀土汽车尾气净化催化剂所用的稀土主要是以氧化铈、氧化镧和氧化镨的混合物为主，稀土汽车尾气净化催化剂由稀土与锰、钴、铅的复合氧化物组成，是一类三元催化剂，具有钙钛矿、尖晶石型结构，氧化还原活性较高，其中氧化铈是关键成分。由于氧化铈的氧化还原特性，能有效地控制排放尾气的组分。净化汽车尾气的催化剂在汽车排气管内，借助于排气温度和空气中氧的浓度，对尾气中的一样化碳，碳氢化合物和一氧化氮，同时起氧化还原作用，使其转化成无害物质二氧化碳，水，氮气。用于汽车尾气净化催化剂的载体通常有金属蜂窝体、陶瓷、氧化铝小球和金属网状骨架等。稀土可作为陶瓷载体的稳定剂，也可作为活性组分。

天然气催化燃烧催化剂近年来已成为一个研究热点，随着煤和石油资源的日益枯竭，天然气作为一种清洁能源发挥着愈来愈重要的作用。天然气在普通燃烧时，由于操作温度很高（有时近 2000℃），会有大量氮氧化物（NO_x）形成，对环境造成污染，而且燃烧效率较低，易熄火。天然气催化燃烧是一种无焰燃烧，将甲烷与空气进行预混合后，均匀通过催化床层，在活性粒子的催化作用下实现燃烧，具有很高的燃烧效率与能量利用率。由于催化燃烧工作温度都在 1300℃ 以下，从而大幅度抑制了氮氧化物的生成，未燃烃排放可大大降低。但该技术对催化材料活性和稳定性要求较高，开发难度较大，因此目前国内外尚未大规模商业化应用。国外目前对该技术研究投资力度加大，发展速度较快。

燃料电池由于能量转换效率高、无污染等突出优点，被认为是最有发展前景的绿色能源，成为各国研究开发的热点之一。稀土在燃料电池中的应用也成为学者们研究的重点之一，如燃料电池阳极催化剂、固体电解质、电极材料、连接体材料等。

10.3.4　总结与展望

稀土元素是一种重要的材料成分，特别是在国防、航天航空等领域具有重要应用。由于稀土元素的储量相对较少而且主要集中在我国，使得在世界上形成了一种对稀土金属的争夺局面。研究使用稀土元素的高技术、在重要和关键材料上使用稀土金属、增强稀土元素使用效率是解决稀土危机的一种策略。

稀土永磁体磁能密度大，可以制备更小型永磁体，对电磁等器件小型化来说具有很重要的意义。元素取代、改变微结构、改进合成方法等都可以改善永磁体的性能。稀土永磁体已经发展了三代产品，未来提高永磁体的磁能密度需要开发新型的材料。纳米交换耦合复合磁体有可能成为第四代稀土永磁体。现在对这类材料的结构、制备方法、组分的研究都还处于初级阶段，需要更加深入的研究。

磁制冷技术是使用固体材料作为工质，这就解决了传统的气体压缩制冷对环境的污染问题。传统的制冷技术使用的液体材料对环境有很大的危害性，例如最早使用的氟利昂，就对臭氧层有很大的破坏力。磁制冷技术使用固体工质，不但减少了环境污染，还增加了机器效率，噪声小，稳定性高。如果能大量应用磁制冷技术取代传统的气体压缩制冷技术，将会带来巨大的环境效益和社会效益，并可节约能源。磁制冷材料是磁制冷技术需要解决的一个重要问题，寻找到具有高磁热效应、室温工作的材料对推进磁制冷技术的发展有重要作用。稀土基的磁制冷材料在磁制冷材料中有重要的地位，发现的具有巨磁热效应的 $Gd_5Si_2Ge_2$ 合金是研究磁热材料的一个里程碑，极大地促进了科学家们研究磁制冷的热情。磁制冷材料的转变温度需要提高到室温水平；减小材料的热滞后和磁滞后；要有巨磁热效应；降低材料的价格等，这些都是在材料研究中要继续完成的工作。实际使用中材料的循环稳定性差，滞后损失，磁场作用下温度变化慢等影响着材料的实际应用。如果室温磁制冷材料能大规模地商业应用，将带来巨大的社会和经济效益。

10.4　新能源材料

能源是人类社会进步最为重要的基础，能源结构的重大变革导致了人类社会的巨大进步。从经济社会走可持续发展之路和保护人类赖以生存的地球生态环境的高度来看，发展可再生资源具有重大战略意义。化石能源一直是人类社会发展的主要动力，人类所需初级能量的大部分来自化石能源。随着工业化发展和人口的增长、人类对能源的巨大需求和对化石能源的大规模的开采和消耗已导致资源基础在逐渐削弱、退化,并在化石能源开采利用过程中造成了严重的环境污染与不可逆的环境破坏。这样,不可再生的化石能源的开发利用所包含的耗竭性和不可逆性,便形成一种内在的危险性机理,威胁着经济社会发展的可持续性。开发替代的可再生能源是非常必要和迫切的。

新能源的出现与发展来源于两方面:一是,能源技术本身发展的结果;二是,由于这些能源有可能解决上述的资源与环境发展问题而受到支持与推动。新能源的发展必须靠利用新的原理来发展新的能源系统,同时还必须靠新材料的开发与利用,才能使新的系统得以实现,并进一步提高效率、降低成本。

材料的作用主要有以下几方面:

(1)新材料把原来应用已久的能源变成了新能源

如人类过去利用氢气燃烧来获取能量,现在靠催化剂、电解质使氢与氧直接反应而产生电能,并在电动汽车中得到应用。

(2)新材料可以提高储能和能量转化效果

如储氢合金可以改善氢的储存条件,并将化学能转化为电能,镍氢电池、锂电池等都是靠电极材料的储能效果和能量转化而发展起来的新型二次电池。

(3)新材料决定着能源的性能、安全性及环境协调性

如新型核反应堆需要耐腐蚀、耐辐射材料,这些材料的开发与应用对反应堆的安全性能和环境污染起决定性作用。

(4)材料的组成、结构、制作与加工工艺决定着新能源的投资与运行成本

如太阳能电池所用的电极材料及电解质的质量决定着光电转化效率;燃料电池材料决定着电池的性能与寿命;锂离子电池的电极材料与电解质的质量决定着锂离子电池的性能与寿命。其工艺与设备又决定着能源的成本及能否对其进行大规模应用的关键 。

10.4.1　储氢材料

氢是一种无公害的燃料,众所瞩目,但能否成为广泛应用的能源,其中安全贮藏和运输是关键问题之一。传统储氢方法有两种:一种方法是利用高压钢瓶(氢气瓶)来储存氢气,但钢瓶容积小,还有爆炸的危险;另一种方法是储存液态氢,将气态氢降温到−253℃变为液体进行储存,但液体储存箱非常庞大,需要极好的绝热装置来隔热,才能防止液态氢汽化。近年来,一种新型、简便的储氢方法应运而生,即利用储氢合金(金属氢化物)来储存氢气。

研究证明,某些金属具有很强的捕捉氢的能力,在一定的温度和压力条件下,这些金属能够大量"吸收"氢气,反应生成金属氢化物,同时放出热量。将这些金属氢化物加热,它们又会分解,将储存在其中的氢释放出来。这些会"吸收"氢气的金属称为储氢合金。

储氢合金的储氢能力很强。单位体积储氢的密度,是相同温度、压力条件下气态氢的1000 倍,也即相当于储存了 1000 个大气压的高压氢气。由于储氢合金都是固体,既不用储存高压氢气所需的大而笨重的钢瓶,又不需存放液态氢那样极低的温度条件,需要储氢时使合金与氢反应生成金属氢化物并放出热量,需要用氢时通过加热或减压使储存于其中的氢释放出来,如同蓄电池的充、放电,因此储氢合金不愧为一种极其简便易行的理想储氢方法。目前研

究发展中的储氢合金,主要有钛系储氢合金、锆系储氢合金、铁系储氢合金及稀土系储氢合金。

储氢合金不光有储氢的本领,还有将储氢过程中的化学能转换成机械能或热能的能量转换功能。储氢合金在吸氢时放热,在放氢时吸热,利用这种放热—吸热循环,可进行热的储存和传输,制造制冷或采暖设备。

储氢合金还可以用于提纯和回收氢气,它可将氢气提纯到很高的纯度。例如,采用储氢合金,可以以很低的成本获得纯度高于 99.9999% 的超纯氢。

在工业领域独领风骚一个世纪的内燃机,很快就要面对以氢为能源的燃料电池的挑战。对现有的内燃机做适当的改动后,就能在内燃机中使用氢来代替汽油做燃料。近年来,国际上出现氢能汽车开发热,世界上主要的汽车公司都在加快研制氢能汽车的步伐。中国已研制成功了一种氢能汽车,它使用储氢材料 90kg,可行驶 40km,时速超过 50km。今后,不但汽车会采用燃料电池,舰艇、飞机、宇宙飞船等运载工具也将使用燃料电池,作为其主要或辅助能源。

由于目前大量使用的镍镉电池(Ni-Cd)中的镉有毒,使废电池处理复杂,环境受到污染。发展用储氢合金制造的镍氢电池(Ni-MH),是未来储氢材料应用的另一个重要领域。镍氢电池与镍镉电池相比,具有容量大、安全无毒和使用寿命长等优点。

目前材料的主要应用。

(1)储氢容器

储氢合金作储氢容器具有体积小、重量轻的优点。用储氢合金储氢,无需高压及储存液氢的极低温设备和绝热措施,节省能量,安全可靠。目前主要方向是开发密度小,储氢效率高的合金。

由于储氢合金在储入氢气时会膨胀,因此通常情况下要在粒子间留出间隙,以防止合金破碎。为此出现了一种"混合储氢容器",也就是在高压容器中装入储氢合金。通过与高压容器相配合,这种空隙不仅可有效用于储氢,而且整个容器也将增加单位体积的储氢量。此外,通过对氢气加高压,还能增加合金自身的储氢量。储氢容器设想使用普通的轻量高压容器。这种容器用碳纤维强化塑料包裹着铝合金衬板(底板)。装到容器中的储氢合金采用储氢量为重量 2.7%、合金密度为 5g/cm³ 的材料。对能够储入 5kg 氢气的容器条件进行了推算。与压力相同(但没有采用储氢合金)的高压容器相比,重量增加了 30%~50%,但是能够将体积缩小 30%~50%。

(2)氢气的回收与纯化

利用 $TiMn_{5.5}$ 储氢合金,可将氢气气提纯到 99.9999% 以上。可回收氨厂尾气中的氢气以及核聚变材料中氘,利用它可分离氕、氘和氚。

(3)加氢反应

一氧化碳、丙烯腈的加氢,烃的氨解、芳烃的氢化。

(4)氢化物电极

$LaNi_5$ 和 TiNi 等储氢合金具有阴极储氢能力,而且对氢的阴极氧化也有催化作用。但由于材料本身性能方面的原因,使储氢合金没有作为电池负极的新材料而走向实用化。之后,由于 $LaNi_5$ 基多元合金在循环寿命方面的突破,用金属氢化物电极代替 Ni-Cd 电池中的负极组成的 Ni/MH 电池才开始进入实用化阶段。

正极为 $Ni(OH)_2$ 电极,负极为氢化物电极,电解质为氢氧化钾水溶液,组成的 Ni/MH 电池如图 10-14 所示。

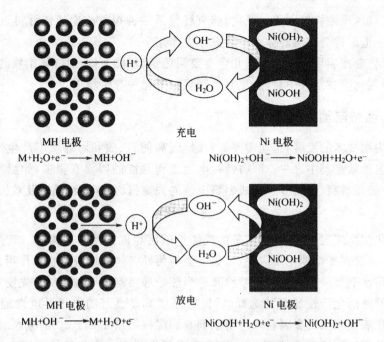

图 10-14　Ni/MH 镍氢电池充放电过程示意图

充电时,氢化物电极作为阴极储氢——M 作为阴极电解氢氧化钾水溶液时,生成的氢原子在材料表面吸附,继而扩散入电极材料进行氢化反应生成金属氢化物 MH_x;放电时,金属氢化物 MH_x 作为阳极释放出所吸收的氢原子并氧化为水。由此可知,充放电过程只是氢原子从一个电极转移到另一个电极的反复过程。

与 Ni-Cd 电池相比,Ni/MH_x 电池具有如下优点:

①比能量为 Ni-Cd 电池的 1.5~2 倍。

②主要特性与 Ni/Cd 电池相近,可以互换使用。

③无重金属 Cd 对人体的危害。

④良好的耐过充、放电性能。

⑤无记忆效应。

决定氢化物电极性能的最主要因素是储氢材料本身。作为氢化物电极的储氢合金必须满足如下基本要求:

①合适的室温平台压力。

②在碱性电解质溶液中良好的化学稳定性。

③高的阴极储氢容量。

④良好的电催化活性和抗阴极氧化能力。

⑤良好的电极反应动力学特性。

其中储氢合金的化学稳定性即氢化物电极的循环工作寿命是储氢合金作为电极材料能否实用的一个重要指标,要求其工作寿命必须大于 500 次。

(5)功能材料

化学能、热能和机械能可以通过氢化反应相互转换,这种奇特性质可用于热泵、储热、空调、制冷、水泵、气体压缩机等方面。总之,储氢材料是一种很有前途的新材料,也是一项特殊功能技术,在 21 世纪将会在氢能体系中发挥巨大作用。

目前,储氢合金在应用时存在以下几个主要问题:储氢能力低;对气体杂质的高度敏感性;初始活化困难;氢化物在空气中自燃;反复吸释氢时氢化物产生歧化。

10.4.2　燃料电池材料

随着现代尖端技术的发展,迫切需要研制轻型、高能、长效和对环境不产生污染的新型化学电源。燃料电池就是其中之一。影响燃料电池工作性能的因素有很多,如温度、压力、气体组成、电极及电解质材料、杂质等。构成燃料电池的关键材料是电极、隔膜及双极集流板。

1. 电极

电极是电化学反应发生的场所,它是由气体扩散层和催化反应层构成。气体扩散层是由多孔材料制备,并起到支撑催化反应层、收集电流与传导气体和反应产物的作用。催化反应层是由催化剂和防水剂等经混合、碾压、喷涂及适当热处理后制成。催化剂首先要对特定的电化学反应具有良好的催化活性和高的选择性,同时还要具备良好的电子导电性能和耐腐蚀性。催化剂一般为比表面积大的金属粉末。防水剂是润湿接触角 d 大于 $90°$ 的疏水组分,使电极内部的一部分气孔不被溶液充满,防水剂一般为聚四氟乙烯等。多孔气体扩散电极涉及气、液、固三相中的气相传质、液相传质和电子传递。多孔气体扩散电极可为电极表面反应及体相扩散提供尽可能大的反应界面,以便使反应物被吸附或产物脱附的阻力最小。由于多孔气体扩散电极的反应质点处于反应物质、电解质及催化剂共存的三相界面,因而电极材料的比表面越大,电极反应的阻力就越小,电极反应的效率也就越高。

在制备多孔气体扩散电极的过程中,电极表面是亲水性还是疏水性可依据加入的胶黏剂及相关组分的性质来决定。

疏水性扩散电极是由微细碳粉与塑料材料结合而成,因电极中含有疏水剂而使电解液不能完全润湿电极。为改善其导电性能,一般加入金属丝网以加强电流的收集。在疏水气体扩散电极中,气孔与液孔的分布随润湿接触角而改变,而电极在疏水剂的作用下可在催化层中形成大量的电解液薄膜高效反应界面,因此,疏水气体扩散电极既可阻止电解质渗透到电极内部结构,又可促进气体扩散至电极反应界面。

亲水电极是由金属粉末烧结制成,其扩散层孔隙大于反应层,使得气体的外加压力等于或大于毛细作用力时气体就可进入电极的小孔。多孔金属扩散电极具有良好的导电性能,可使平面电极的电流汇聚到电极的接头上。据此可将单体电池组合在一起制成电池堆,再根据电压或电流的需要进行串联或并联以制备实际需要的燃料电池。

2. 隔膜

燃料电池隔膜的作用是传导离子,并且将氧化剂与燃料分隔,该隔膜材料在电池的工作条件下必须具备耐腐蚀、结构稳定的性能,以确保电池的工作寿命长。除此之外,隔膜不允许有电子导电,否则会导致电池内部漏电而降低电池的工作效率。因此隔膜材料,如磷酸燃料电池所用的碳化硅膜、碱性燃料电池所用的石棉膜、质子交换膜燃料电池所用的全氟磺酸质子交换膜等,一般为无机或有机的绝缘材料。依据结构的特点,隔膜一般可分为无孔膜和微孔膜。无孔膜是由离子导电的离子交换树脂或氧化物制备而成。无孔膜本身是无孔的,可以耐受隔膜两侧反应气体的较大压差,而且膜可以很薄,充分降低电池隔膜的欧姆电阻,从而获得大的输出功率;微孔膜则是借助毛细作用力浸泡电解质溶液或熔盐离子以实现离子导电,微孔膜的孔必须小于电极的孔以保证电极在工作时微孔膜内始终被电解液浸泡。在设计制备微孔膜的隔膜时,可依据电解液的表面张力、浸润角的大小和可能的最大压力差来确定隔膜被允许的最大孔径,以利于电解液的有效填充和最佳的离子导电。

3.双极集流板

双极集流板是分隔燃料与氧化剂的材料,它应具有阻气功能,另外它还起着集流、导热、抗腐作用。目前采用的双极集流板材料主要是无孔石墨和各种表面改性的金属板。石墨双极集流板的导电、导热性能优良,且耐腐性好,但其加工工艺复杂、生产成本高,且因质脆而难以提高电池的体积比功率。合金双极集流板生产工艺相对简单,有利于降低生产成本,但需要进行表面处理以解决金属板材的腐蚀问题。

在双极集流板的制作过程中,需要加工相关沟槽,目的是为燃料、氧化剂及反应产物提供进出通道,这又称为燃料电池的流场。根据燃料电池的工作特性和需要,流场可设计成不同的形状以使电极板获得充足的反应剂、最件的沟槽面积、扩散传质以及适中的压力降。

4.燃料电池简介

燃料电池的分类有很多种,但按使用电解质的不同,可分为碱性燃料电池、质子交换膜燃料电池、熔融碳酸盐燃料电池及固体氧化物燃料电池五类。

(1)碱性燃料电池

碱性的氢-氧燃料电池结构如图 10-15 所示。以多孔的镍电极为电池负极,多孔氧化镍覆盖的镍为正极。用多孔隔膜将电池分成三部分,中间部分盛有 70%KOH 溶液,左侧通入燃料氢气,右侧通入氧化剂氧气。气体隔膜扩散到 KOH 溶液部分,发生下列电极和电池反应:

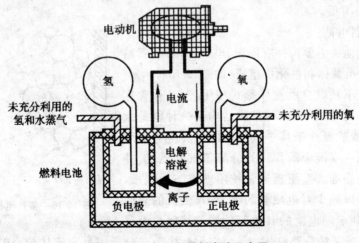

图 10-15 氢-氧燃料电池示意图

负极:$H_2 + 2OH^- - 2e^- \longrightarrow 2H_2O$

正极:$\frac{1}{2}O_2 + H_2O + 2e^- \longrightarrow 2OH^-$

电池反应：$H_2 + \dfrac{1}{2}O_2 \longrightarrow H_2O$

碱性燃料电池与其他燃料电池相比，其显著的优点是能量转换率高，一般可达约70%；另外它可采用非贵金属做电极，这既可降低催化剂的成本，还可以摆脱贵金属资源限制。碱性燃料电池在使用中，原则上必须使用纯氢和纯氧，因为如果使用空气，碱性电解质因吸收二氧化碳会生成碳酸盐，这将阻塞气体扩散通道，使电流效率降低，并严重影响到电池的使用寿命。对这一难题可望通过循环更新电解液来解决。碱性燃料电池在今后的研究与开发中，将主要集中在：提高使用寿命；降低成本，使之能与内燃机竞争；健全系统标准化及自动化。

（2）质子交换膜燃料电池

质子交换膜燃料电池是以全氟磺酸型同体聚合物为电解质构成质子交换膜燃料电池的关键材料与部件为电极、电催化剂、质子交换膜及双极集流板，质子交换膜燃料电池的电催化剂采用以铂为主体的催化组分。铂/碳电催化剂可由化学络合沉淀反应制得。质子交换膜燃料电池的电极是典型的气体扩散电极，它一般包含扩散层和催化层。扩散层的作用有支撑催化层、提供电子通道并收集电流、提供气体通道、提供排水通道。催化层则是电化学反应发生的场所，是电极的关键。催化层一般是由铂、碳电催化剂和聚四氟乳液覆盖在扩散层而形成的薄层亲水层。

影响质子交换膜燃料电池性能的主要因素有温度、压力、杂质（如一氧化碳）等。对与温度和压力有关的质子传导、电池密封、热量排放及增湿技术等需要综合考虑，以获得性能较好的电池组。燃料中（特别是以甲醇为燃料时）往往含有极少量的一氧化碳，这就极易使催化剂中毒失效，解决一氧化碳中毒的根本办法是降低燃料中一氧化碳的浓度。质子交换膜燃料电池的研究与开发已取得实质性的进展，未来开发的关键是开发新型高效电催化剂，降低成本。质子交换膜燃料电池因其高效、清洁、安全、可靠等优点，已作为移动电源、家庭电源和分散电站，在军事与民用方面获得成功的试验，也显示了迷人的前景，将成为最引人瞩目的电池类型。

（3）磷酸燃料电池

磷酸燃料电池的主要构件有电极、电解质基质、管路系统等c电极是由载体和催化层组成（如图10-16所示）。

磷酸电解质不是以自由流体形式使用，而是包含在碳化硅制成的多孔基质中，这种基质结构是一种电绝缘的微孔隔膜，将磷酸浸泡于其中以利于电极反应时形成稳定的三相界面。双极板的作用是分隔氢气和氧气，并传导电流使两极导通。双极板通常使用玻璃态的碳板，厚度应尽可能薄以减少对电或热的阻力，双极板的表面应平整光滑，以利于同电池的其他部件均匀接触。管路

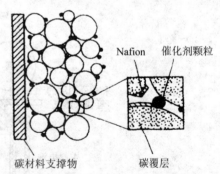

图10-16　多孔电极扩散示意图

系统包括内部及外部的管路结构。管路在设计中要充分考虑反应气体较小的压力降，另外也要包括绝缘、稳定、密封等性能。电池组在冷却时通常采用水冷，为防止腐蚀发生，对水质要求高。磷酸燃料电池的阳极通常以富氢并含二氧化碳的重整气为燃料，而阴极则以空气为氧化剂，因而对二氧化碳有较好的承受力，但一氧化碳和硫化氢等杂质气体对电极活性的抑制作用

较大。

（4）熔融碳酸盐燃料电池

熔融碳酸盐燃料电池的关键材料与技术为阳极、阴极、隔膜和双极板等。阳极一般为镍-铬或镍-铝合金，但合金在工作时均有不同大小的蠕变。阴极一般采用氧化镍，但它在使用过程中可溶解、沉淀，并在电解质基质中重新形成枝状晶体，导致电池性能降低及寿命缩短。隔膜是熔融碳酸盐燃料电池的核心部分，它起到电子绝缘、离子导电、阻气密封等作用。

熔融碳酸盐燃料电池组是将阴极和阳极分置于隔膜的两侧，之后放上双极板，然后再循环叠加按压滤机方式装配制成。在电池组与气体管道的连接处要注意安全密封技术，在设计制造时，一般采用错流方式考虑燃料气与氧化剂的相互流动。

熔融碳酸盐燃料电池可应用的燃料气广泛，如可将天然气及一氧化碳经催化重整后直接应用，非常适用于大规模及高效率的电站应用。电极催化剂材料为非贵金属，电池堆易于组装，热电联供效率可达 70% 以上。

我国是一个产煤大国，充分利用煤炭资源作燃料来发展熔融碳酸盐燃料电池对国家的发展具有战略意义。在技术开发方面，研究的重点将主要集中于采用纳米合成技术来制备粒径分布均匀、晶相稳定、抗烧结性强的超细 $LiAlO_2$ 粉材，并开发新的加工制造技术以提高隔膜的稳定性；研究掺杂技术对已有的阳极和阴极材料进行改性或研制新的阳极和阴极材料，以抑制阴极材料的熔解及阳极材料的蠕变；进一步降低材料的生产成本。

（5）固体氧化物燃料电池

固体氧化物电解质燃料电池在开发过程中，电极材料、电解质材料、双极连接材料和密封技术是比较关键的研究课题。由于电解质的电导率低，要获得具有商业意义的输出功率密度，电池必须在相对高温工作（约 900℃～1000℃）。而当固体氧化物燃料电池操作温度过高时，所发生的电极/电解质、双极板/电解质等许多界面反应及电极的烧结退化等都会降低电池的工作效率和稳定性，同时亦使电极关键材料的选择受到较大的限制。如果将固体氧化物电解质燃料电池的工作温度降低至 800℃ 以下，就可避免电池组件间的相互作用及电极的烧结退化，从而使电池结构材料选择的范围得以扩大。在研究过程中，需要充分考虑减小电解质隔膜的电阻和提高电极的催化活性。

10.4.3　燃料电池的展望

目前，碱性燃料电池已经在载人航天飞行中成功应用，并显示了巨大的优越性。我国研制的航天用的碱性燃料电池与国外的差距很大，为适应我国航天事业的发展，应在改进电催化剂与电极结构上下工夫，提高电极活性，改进石棉膜的制备工艺，减薄石棉膜的厚度，减小电池内阻，确保电池可在 $300\sim600mA/cm$ 的条件下稳定工作，并大幅度提高电池组比功率和加强液氢和液氧容器的研制。

RFC 是在空间站用的高效储能电池，随着宇航太空事业的发展，大功率的储能电池组具有不可比拟的优越性，国内在这方面的研究重点应放在双效氧电极方面，力争在电催化剂和电极制备方面取得突破，为 RFC 电池奠定基础。

参考文献

[1]张骥华.功能材料及其应用.北京:机械工业出版社,2009.

[2]陈荣,高松.无机化学学科前沿与展望.北京:科学出版社,2012.

[3]史文权.无机化学.武汉:武汉大学出版社,2011.

[4]张祖德.无机化学.合肥:中国科学技术大学出版社,2008.

[5]陈亚光,胡满成,魏朔.无机化学.下册.北京:北京师范大学出版社,2011.

[6]马瑛.无机物工艺(第2版).北京:化学工业出版社,2011.

[7]何开元.功能材料导论.北京:冶金工业出版社,2000.

[8]曾兆华,杨建文.材料化学.北京:化学工业出版社,2008.

[9]吴文伟.无机化学(重印).北京:国防工业出版社,2011.

[10]戴金辉,葛兆明.无机非金属材料概论(第2版).哈尔滨:哈尔滨工业大学出版社,2004.

[11]龚孟濂.无机化学.北京:科学出版社,2010.

[12]邵学俊,董平安,魏益海.无机化学(第二版).下册.武汉:武汉大学出版社,2003.

[13]天津大学无机化学教研室.无机化学(第4版).北京:高等教育出版社,2010.

[14]章伟光.无机化学.北京:科学出版社,2011.

[15]林建华,荆西平.无机材料化学.北京:北京大学出版社,2006.

[16]唐小真.材料化学导论.北京:高等教育出版社,1997.

[17]殷景华,王雅珍,鞠刚.功能材料概论.哈尔滨:哈尔滨工业大学出版社,2009.

[18]曾燕伟.无机材料科学基础.武汉:武汉理工大学出版社,2012.

[19]李青山.功能与智能高分子材料.北京:国防工业出版社,2006.

[20]陈建华,马春玉.无机化学.北京:科学出版社,2009.

[21]李奇,陈光巨.材料化学(第2版).北京:高等教育出版社,2010.

[22]杨久俊.无机材料科学.郑州:郑州大学出版社,2009.

[23]张其土.无机材料科学基础.上海:华东理工大学出版社,2007.

[24]宋晓岚,黄学辉.无机材料科学基础.北京:化学工业出版社,2005.

[25]薛冬峰,李克艳,张方方.材料化学进展.上海:华东理工大学出版社,2011.